Mieshelle Nagelschneider
TIPPS VON DER KATZENFLÜSTERIN

arkana

Mieshelle Nagelschneider

TIPPS VON DER KATZENFLÜSTERIN

Wie wir unsere Katze besser verstehen
und sie dazu bringen zu tun, was wir wollen

Aus dem Amerikanischen
von Andrea Panster

arkana

Der Verlag weist ausdrücklich darauf hin, dass im Text enthaltene externe Links vom Verlag nur bis zum Zeitpunkt der Buchveröffentlichung eingesehen werden konnten. Auf spätere Veränderungen hat der Verlag keinerlei Einfluss. Eine Haftung des Verlags ist daher ausgeschlossen.

Die amerikanische Originalausgabe erschien 2013 unter dem Titel *The Cat Whisperer. Why Cats Do What They Do – and How to Get Them to Do What You Want* im Verlag Bantam Books, New York, USA.

Verlagsgruppe Random House FSC® N001967

4. Auflage
Deutsche Erstausgabe
© 2013 der deutschsprachigen Ausgabe
Arkana, München,
in der Verlagsgruppe Random House GmbH,
Neumarkter Str. 28, 81673 München
© 2013 der Originalausgabe Mieshelle Nagelschneider
Lektorat: Ralf Lay
Umschlaggestaltung: Uno Werbeagentur, München
Umschlagmotiv: Getty Images/Flickr/Lawren; Fine Pic®, München
Satz: KompetenzCenter, Mönchengladbach
Druck und Bindung: GGP Media GmbH, Pößneck
Printed in Germany
978-3-442-33867-2

www.arkana-verlag.de

Inhalt

Für meinen verstorbenen Vater Blaine,
der mir durch sein Vorbild gezeigt hat,
wie ich Tieren bedingungslose Liebe schenken
und von ihnen erfahren kann.

»Gott schuf die Katze,
damit der Mensch das Vergnügen hat,
einen Tiger zu streicheln.«
Fernand Méry

Vorwort
von James R. Shultz jr.

Es ist Dienstagmorgen, 6.15 Uhr: Der Radiowecker holt mich aus dem Schlaf. Ein Meteorologe verkündet, es werde auch heute wieder ein grauer, stürmischer, verregneter Tag in Portland, Oregon. Ich liege im Bett und höre, wie die Regentropfen auf das Dach meines kleinen Hauses prasseln und mein dreifarbiges Kätzchen Ferrari hinter eine Kiste mit Kleidungsstücken huscht, die offen im Schlafzimmer auf dem Boden steht. Zu diesem Zeitpunkt bin ich seit knapp vier Monaten Tierarzt und noch nicht dazu gekommen, auszupacken und mich häuslich einzurichten. Auf dem Weg in die Küche, wo ich mir meinen Morgenkaffee und mein Brötchen machen möchte, sehe ich Ferrari mit der nun fast leeren Brötchentüte den Flur entlangflitzen. Ich muss lachen, versuche aber, sie zurechtzuweisen: »He, bring das zurück!«

Als ich nach dem Frühstück meine Sachen in den Transporter werfe, um in die Tierklinik zu fahren, meldet sich mein Piepser. Ich schnappe mir das Telefon und rufe in der Klinik an. Ich komme frisch von der Uni, und meine Gedanken, was wohl passiert sein könnte, überschlagen sich. Hatte sich ein Tier vergiftet? Oder verletzt? Würde ich operieren müssen? Am anderen Ende meldet sich Melanie, unsere Bürokraft. »Hallo! Mr Walker ist hier mit Gum Drop und möchte Sie sofort sprechen.«

»Geht es Gum Drop gut?«, frage ich.

»Sieht so aus«, antwortet sie, »aber Mr Walker hat mal wieder miese Laune.«

Ich kann ihren Seufzer hören. »Nicht der aufregende medizinische Fall, den ich mir erhofft hatte«, denke ich, während ich aus der Auffahrt biege und in die Klinik fahre. Mr Walker war schon mehrmals bei uns gewesen. Sein Kater Gum Drop macht Probleme. Er verschmäht die Katzentoilette und macht sein Geschäft lieber anderswo.

Zwanzig Minuten später treffe ich in der Klinik ein und sprinte durch den strömenden Regen zur Hintertür. Während ich meinen weißen Kittel anziehe, sehe ich flüchtig, wie Mr Walker im Wartezimmer auf und ab läuft. Die Empfangsdame bringt ihn in eines der Behandlungszimmer, und ich merke, dass er aufgewühlt wirkt, aber ich betrete den Raum mit all dem Überschwang und Optimismus, den nur ein junger Arzt haben kann. »Hallo, Mr Walker«, sage ich. »Wie geht es Gum Drop?«

Den Blick fest auf den Boden geheftet, erwidert er: »Ich möchte, dass Sie ihn einschläfern.«

In diesem Augenblick drückt sich Gum Drop auf dem Untersuchungstisch mit seinem ganzen Körpergewicht an mich und schnurrt.

»Aber warum denn?«, frage ich bestürzt. »Ist er krank? Stimmt irgendwas nicht?«

Wie sich herausstellt, ist Gum Drop einer der Patienten, über die man uns an der Universität nichts beigebracht hat. Er ist nicht krank – ganz im Gegenteil. Gum Drop ist ein wunderschöner, vier Jahre alter Ragdoll-Kater mit ausgeprägter Persönlichkeit.

»Kann man wohl sagen!«, erwidert Mr Walker mit wütender Miene. »Gestern Abend hat Gum Drop auf meinen nagelneuen Laptop gepinkelt. Jetzt ist er ruiniert. Dreitausend Dollar für die Katz!«

Ich sage ihm, wie leid mir die Sache mit seinem neuen Laptop tut, aber dass es keine Lösung ist, einen kerngesunden Kater einzuschläfern. Ich füge hinzu, dass Gum Drop den Computer vermutlich deshalb angepinkelt oder markiert hat, weil er gesehen hatte, wie viel Zeit Mr Walker daran verbrachte, und sich einfach auch einen Teil dieser Aufmerksamkeit wünschte. »Dr. Shultz, Sie haben alle Untersuchungen gemacht. Sie haben es sogar mit Medikamenten versucht und können keine gesundheitlichen Probleme bei Gum Drop feststellen. Ist das richtig?«

»Stimmt«, gebe ich zu, aber ... »Es ist ein Verhaltensproblem«, platze ich heraus und klinge dabei eher wie ein Strafverteidiger als ein Tierarzt.

»Und, kriegen Sie es wieder hin?«, will Mr Walker wissen.

Ich erkläre noch einmal, dass Verhaltensprobleme sehr verzwickt sind und Zeit brauchen. Dass wir es mit einem anderen Medikament versuchen könnten. Dass Antidepressiva helfen könnten. Während ich weiter über die Medikamente spreche und erkläre, wie wenig wir an der Universität über das Verhalten von Katzen gelernt haben, greift Mr Walker ruhig nach Gum Drop und setzt ihn in seine Transportbox. Im Gehen dreht er sich noch einmal zu mir um und sagt: »Hören Sie, Doktor. Sie haben getan, was Sie konnten. Dieser Kater ist einfach verrückt. Wenn Sie ihn nicht einschläfern, werde ich ihn irgendwo im Wald aussetzen müssen. Dann kann er pinkeln, wohin er will.«

Ich habe weder Mr Walker noch Gum Drop je wiedergesehen.

Leider ist die Geschichte von Gum Drop kein Einzelfall. In den Vereinigten Staaten werden jährlich – je nach Informationsquelle – vier bis neun Millionen Katzen eingeschläfert. Wie ich aus persönlicher Erfahrung weiß, werden unverhältnismäßig viele von ihnen nicht aus medizinischen Gründen, sondern aufgrund von Verhaltensproblemen getötet. Es kann enorm frustrierend sein, wenn eine Katze die neue Einrichtung zerstört, das ganze Haus als Katzenklo betrachtet oder die anderen Katzen attackiert und die Ursache nicht zu finden ist. Außerdem können wir mit unseren Reaktionen alles noch schlimmer machen, da sie aus Sicht der Katze sehr belastend sind und dadurch weitere Probleme nach sich ziehen können. Das hat zur Folge, dass viele Klienten die Hoffnung verlieren und meinen, mit diesem zuweilen doch sehr destruktiven und schädlichen Verhalten einfach nicht mehr leben zu können. Am Ende setzen sie die Katze aus Verzweiflung aus, um sie ihrem Schicksal zu überlassen, geben sie ins Tierheim oder entscheiden sich in manchen Fällen sogar dafür, sie einschläfern zu lassen. Nur wenn wir das Verhalten von Katzen wirklich verstehen, können wir darauf hoffen, es künftig auch verändern zu können. Und hier kommt Mieshelle ins Spiel.

Die Sache mit Gum Drop ereignete sich im Jahr 1998, und es sollten noch fünfeinhalb Jahre vergehen, bis ich die Freude hatte, die Bekanntschaft Mieshelle Nagelschneiders zu machen. Damals beschäftigten sich zahlreiche Studien und Programme mit der Erziehung und dem Verhalten von Hunden. Den Katzen waren weit weniger Untersuchungen gewidmet, und das gilt bis heute. Historisch gesehen, arbeitet der Mensch schon lange mit Hunden und richtet sie darauf ab, bestimmte Aufgaben zu erfüllen – ob Schlitten zu ziehen oder nach Katastrophen Vermisste aufzuspüren. Im Gegensatz dazu halten viele Menschen Katzen für schwer erziehbar und es für praktisch unmöglich, ihre Verhaltensmuster zu ändern. Kurz gesagt, wir glauben, die Regel wäre: »Hunde wollen geliebt werden; Katzen tun, was ihnen beliebt.«

Aber Mieshelle lehrte mich, dass ein großer Teil der Vorstellungen, die wir von Katzen haben, falsch sind. Um ehrlich zu sein, begegnete ich ihr anfangs mit einer gewissen Skepsis. Wenn sie mit einem oder mehreren ihrer vielen Tiere im Schlepptau auftauchte, um meine tierärztliche Hilfe in Anspruch zu nehmen, endete dies jedes Mal unweigerlich damit, dass wir über das Verhalten von Katzen und die komplexe Sozialstruktur in »Mehrkatzenhaushalten« sprachen. Dann bot sie ihre Hilfe bei verhaltensbedingten Fällen an, und obwohl ich ihre Ideen faszinierend fand, lehnte ich höflich ab. Nach einigen dieser Termine mit Mieshelle ertappte ich allerdings sowohl mich selbst als auch einige meiner Mitarbeiter dabei, dass wir bei Katzen mit Verhaltensproblemen gelegentlich ihren Rat einholten – der sich jedes Mal als äußerst hilfreich erwies. Bald fing ich an, sie an Klienten mit verhaltensauffälligen Katzen weiterzuempfehlen. Dabei stellte sie immer wieder unter Beweis, dass sie die einzigartige Fähigkeit besitzt, die Sprache der Katzen zu sprechen. Dazu muss man sich wirklich in diese Tiere hineinversetzen und die Welt mit ihren Augen sehen. Man muss im wahrsten Sinne des Wortes lernen, wie eine Katze zu denken. Mieshelle hat ihre einzigartige Begabung, wie eine Katze zu denken, im Laufe der Jahre weiterentwickelt und verfeinert. In Kapitel 1 werden auch Sie dieses Konzept kennenlernen. Ich erlebe immer wieder, wie lebensverändernd ihre Methoden für Katzen und ihre zuweilen höchst frustrierten Besitzer sein können.

Die positive Wirkung ihrer Verhaltensempfehlungen verstärkt sich um ein Vielfaches, wenn sie Teil eines Programms sind, das zusammen mit einem Tierarzt entwickelt wurde. In Kapitel 6 betont Mieshelle, wie wichtig regelmäßige Tierarztbesuche sind und dass Sie mögliche medizinische Gründe als Ursache des unerwünschten Verhaltens Ihrer Katze ausschließen müssen. Denn für viele Verhaltensprobleme gibt es *tatsächlich* eine medizinische Erklärung – von schlechten Zähnen und Schmerzen im Maul bis hin zu Harnwegsinfektionen. Ihr Tierarzt kann Ihnen am besten dabei helfen herauszufinden, wie es um das körperliche Befinden Ihrer Katze steht. Sind Sie mit ihm zu dem Ergebnis gelangt, dass sie körperlich gesund und das Problem verhaltensbedingt ist, können Sie mit der Verhaltensmodifikation beginnen, indem Sie eine oder mehrere Techniken aus diesem Buch einsetzen. Mieshelle kann Ihnen und Ihrer Katze helfen, diese belastenden Probleme zu bewältigen – von eher einfachen Problemen wie Unsauberkeit bis hin zu komplexeren wie der übertriebenen Fellpflege sowie aggressivem und zerstörerischem Verhalten –, damit die Beziehung zu ihr am Ende glücklicher und lohnender ist.

Ich freue mich sehr, dass Mieshelle dieses Buch geschrieben hat, und fühlte mich geehrt, als sie mich bat, ein Vorwort zu verfassen. Gewiss wird das Buch einen unschätzbaren Beitrag dazu leisten, das Wissen um das Verhalten von Katzen zu verbessern, und nicht nur das Leben vieler dieser Tiere, sondern auch das ihrer Besitzer verschönern. Hätte es im Jahr 1998 bereits Quellen wie dieses Buch gegeben, hätten Gum Drop und sein Besitzer vielleicht einige der darin erläuterten Methoden anwenden können, um ihre Probleme zu lösen und weiter harmonisch zusammenzuleben. Als Eigentümer des Meridian Park Veterinary Hospital werde ich dieses Buch *allen* meinen Klienten mit Katzen empfehlen. Vielen Dank, Mieshelle!

Dr. James R. Shultz jr.

Vorwort
von Gwen Cooper

Ich sage immer, würde ein Geist aus einer Flasche fahren und mir einen Wunsch erfüllen, bäte ich ihn darum, meinen drei Katzen für nur 24 Stunden die Gabe der Sprache zu verleihen. Ich habe seit knapp fünfzehn Jahren Katzen und sie in dieser Zeit als bezaubernd, liebevoll, wahnsinnig witzig, überraschend lieb und einfühlsam empfunden – wenn ihnen der Sinn danach steht. Leicht zu verstehen sind sie nicht. »Warum leckst du so gern an Plastiktüten?«, würde ich Scarlett, die Älteste, fragen. Von Vashti, meinem »Mittelkind«, würde ich wissen wollen: »Wieso trinkst du immer nur aus *meinem* Glas, obwohl das Wasser aus der gleichen Leitung stammt wie das in deinem Napf?« Homer, mein Jüngster, hat vor ein paar Jahren selbständig gelernt, die Toilette zu benutzen, wechselt aber – scheinbar nach Lust und Laune – zwischen Toilette und Katzenklo. »Warum heute?«, möchte ich ihn manchmal fragen, wenn er ins Bad kommt, um die Toilette zu benutzen, während ich mich schminke. »Warum jetzt?«

Als Autorin neige ich zu der Auffassung, das Schöne und das Rätselhafte seien eng miteinander verwandt. Im Laufe unseres Lebens gibt es viele Dinge, die wir mögen oder gar lieben, und wir können dies genauestens begründen. (Ich liebe diese Jogginghose, weil sie so bequem ist!) Aber die großen, lebensverändernden Lieben – von den kulinarischen Genüssen über die Kunst bis hin zu den Menschen – sind stets vom Hauch des Unergründlichen umgeben. Die Beziehungen zwischen Menschen und Katzen wurzeln in ebendieser Rätselhaftigkeit. Ich denke oft, zum Klischee der mysteriösen »Katzenfrau« fehlt das Pendant vom »Hundemann«, weil Hunde verhältnismäßig leicht zu durchschauen sind. Sie sind Rudeltiere wie der Mensch. Sich selbst überlassen, bilden sowohl Hunde als auch Menschen kleine gesellschaftliche Gruppen von bemerkenswerter Ähnlichkeit. Katzen sind keine Rudeltiere, und darum lassen sich die Beziehungen zwischen ihnen und ihren Besitzern nicht so leicht mit einem Wort erklären. Für Katzen hat es nicht zwangsläufig eine hohe Priorität, uns Freude zu bereiten – nur damit wir glücklich sind. Kuschelt sich ein Kater abends in selig schnurrender Zufriedenheit ins Kissen neben uns, ist das hübsch anzusehen, anzuhören und anzufassen. Aber er tut dies zu seinem eigenen Vergnügen, nicht zu unserem. Vieles von dem, was Katzen tun, macht uns glücklich, dass wir sie haben. Dabei ist nur eines klar: Sie tun es *nicht* nur, um uns eine Freude zu bereiten. Da wir selten genau wissen, was sie denken, können wir nur raten oder ihre Liebe und ihre Gesellschaft einfach annehmen, ohne nach dem Warum zu fragen.

Dass wir das Warum nicht kennen, ist das rätselhafte Element der Beziehungen zwischen Menschen und Katzen, und in diesem Rätsel liegt Schönheit – die Schönheit des Unwahrscheinlichen und Unerklärlichen.

Es ist gut und schön, wenn ich als Schriftstellerin über Phänomene wie Rätselhaftigkeit, Schönheit und Liebe philosophiere. Aber zuweilen beeinträchtigt diese Rätselhaftigkeit unsere Lebenssituation im Alltag. Mitunter legen Katzen ein Verhalten an den Tag, das diesen rätselhaften Charme nicht aufweist, sondern ärgerlich, destruktiv oder gar bedrohlich für uns, unser Eigentum und die anderen Menschen und Tiere in unserem Haushalt ist. Da wir nicht ganz verstehen, warum sie so etwas tun, wissen wir oft auch nicht so recht, wie wir dieses Verhalten unterbinden können, ohne die Geduld zu verlieren oder ihnen dabei ungewollt zu schaden.

Ich habe diese Lektion gelernt, als ich ungefähr zehn Jahre

Katzen hatte und an einen Punkt gelangt war, an dem sich das Rätselhafte und die Liebe überschnitten. Kurz gesagt, ich verliebte mich in einen Mann, entschloss mich zur Heirat und zog mit meinen drei Katzen zu ihm. Mein künftiger Gatte Laurence hatte keine Erfahrung mit Katzen. Aber ich versicherte ihm – in meiner ganzen, aus zehn glücklichen Jahren als Katzenmutter geborenen Aufrichtigkeit –, dass alles gutgehen würde. Es könnte sogar ein Satz wie »Du wirst sie kaum bemerken« gefallen sein.

Gibt es einen Schutzheiligen für Liebende, die einander unbewusst belügen? Wenn nicht, sollte eine Katze diese Aufgabe übernehmen.

Bei einer meiner Katzen verlief die Umstellung problemlos. Vashti ist eine Schönheit mit langem, weißem Fell und grünen Augen und sieht immer aus, als sei sie soeben einem Werbespot für Luxuskatzenfutter entsprungen. Sie verliebte sich auf den ersten Blick in Laurence. Als ihn dieses exotische Geschöpf so schnell und so fest ins Herz geschlossen hatte, war das für ihn so schmeichelhaft, dass er gleichermaßen hingerissen war.

Aber zu meiner Brut gehörten zwei weitere Katzen, deren Gewöhnung an das Leben mit einem neuen Menschen deutlich problematischer war. Scarlett ist grau getigert und sowohl in ihrer Erscheinung als auch in ihrem Temperament eine typische Katze. Sie ist so, wie sich das Menschen vorstellen, die keine Katzen mögen – majestätisch, kapriziös, freiheitsliebend und häufig spröde. Sie ist unfassbar sanft und liebevoll zu mir, aber so mancher glücklose Besucher, der sie zu streicheln versucht, wird für seine Mühe mit einem blutigen Arm belohnt. (Um Hilfe bei aggressivem Verhalten geht es in Kapitel 7.)

Wenn sich Scarlett einer Sache im Leben sicher war, dann dieser: Der Fremde, mit dem sie plötzlich zusammenleben musste, hatte nicht das Recht, sie anzufassen, sich ihr zu nähern oder sich auch nur im selben Raum aufzuhalten. Die herrische kleine Scarlett war es gewohnt, dass alles nach ihrem Kopf ging, und setzte ihre Regeln Laurence gegenüber auf die gleiche Weise durch, wie sie es bei meinen anderen beiden Katzen tat. Jedes

Mal, wenn er sich ihr näherte, an ihr vorüberging oder ihr nach ihrem Dafürhalten zu nahe kam, fauchte sie ihn an und ließ ihn wütend ihre Krallen spüren. Das konnte sogar mitten in der Nacht passieren, wenn Laurence ins Badezimmer ging, was die Sache doppelt nervenaufreibend machte.

Dann war da noch Homer, mein Baby. Homer ist von Geburt an blind und neigt stärker als die beiden anderen dazu, sich von seinem emotionalen Umfeld in seiner Stimmung beeinflussen zu lassen. Und die Spannungen zwischen Laurence und Scarlett sowie zwischen Laurence und mir, wenn er wütend wissen wollte, weshalb ich Scarlett für ihr Fehlverhalten nicht zur Rechenschaft zog, waren greifbar.

Je größer die Spannungen zu Hause, desto angespannter wurde auch Homer. Und je angespannter er wurde, desto geneigter war er, eher aggressiv als verspielt hinter Scarlett – einem der Auslöser für diese Spannungen – herzujagen. Und je aggressiver Homer war, desto angespannter wurde Scarlett und desto wahrscheinlicher wurde es, dass sie versuchen würde, sich sicherer zu fühlen, indem sie auf Laurence losging.

Ein solcher Kreislauf – eine Kette von Ereignissen, bei der eine Reaktion die nächste auslöst, die wiederum die nächste verursacht und so fort, bis man wieder beim Ursprung angelangt ist und der Kreis sich schließt – wird von Wissenschaftlern als »positive Rückkopplung« bezeichnet.

Laurence und ich fanden es einfach »schlecht«.

Das ging einige Monate so weiter, bis ich eines Tages auf der Internetseite Salon.com einen Artikel über Mieshelle Nagelschneider las. In dem Text wurde sie als die »Katzenflüsterin« bezeichnet, und es wurden erstaunliche Erfolge bei scheinbar hoffnungslosen Fällen erzählt, in denen diese Expertin für das Verhalten von Katzen mit jahrzehntelanger Erfahrung eingegriffen hatte. Sie hatte geduldigen Katzenbesitzern geholfen, die verschiedensten Probleme zu korrigieren – angefangen bei Katzen, die an unerwünschten Stellen urinierten (wenn ich mich recht entsinne, in einem Fall sogar auf das Gesicht des schlafenden Besitzers), bis hin zu aggressivem Verhalten gegenüber Artgenossen oder gar ihren Eigentümern.

Da ich verzweifelt nach einer Möglichkeit suchte, die vielleicht funktionieren könnte, machte ich Mieshelles Internetseite ausfindig und vereinbarte einen Termin für ein Beratungsgespräch. Zunächst wies sie mich an, strategische Stellen im ganzen Haus mit synthetischen Pheromonen* zu besprühen, da bestimmte Duftstoffe eine beruhigende Wirkung auf Katzen haben, sie entspannter und weniger aggressiv machen. Selbst wenn sich dadurch nicht alle Spannungen zwischen Scarlett und Laurence beseitigen ließen, würde es vielleicht dazu beitragen, zumindest die Probleme zu lösen, die plötzlich zwischen Scarlett und Homer entstanden waren.

Mieshelles zweite Empfehlung, um die Spannungen zwischen den Katzen abzubauen, war ein Verfahren, von dem ich weder zuvor noch seither etwas gehört habe. Sie bezeichnete es als »Pheromonaustausch«. Geduldig erklärte sie, dass ich lernen würde, den »sozialen Vermittler« zwischen meinen Katzen zu spielen und einen »Gruppengeruch« zu erzeugen, der dafür sorgen würde, dass die Tiere besser miteinander auskamen, und der ihre Feindseligkeit verringern würde. Daraufhin zeigte sie mir ganz genau, wie ich das Verfahren anwenden sollte, das ihre Klienten »die Nagelschneider-Methode« nennen, so wie sie es auch in dem Buch tun wird, das Sie gerade in den Händen halten.

Um die Katzen mit Laurence zu versöhnen, lautete Mieshelles dritte wichtige Empfehlung, dass er anfangen sollte, sich an ihrer Fütterung zu beteiligen. Wenn er sie ein- oder zweimal täglich fütterte, konnte es Scarlett damit vielleicht helfen, zwischen »Menschen, die eine Bedrohung sind« (ihrer Ansicht nach alle außer mir), und »Menschen, die eine Nahrungsquelle sind«, zu unterscheiden. Der Grundgedanke war, Laurence von der »Liste« der Bedrohungen zu streichen und auf die »Liste«

---

* Pheromone sind Botenstoffe (organische Moleküle), die der biochemischen Kommunikation zwischen Lebewesen einer Spezies dienen (vom griechischen phérein für »tragen, überbringen« und hormān für »antreiben, erregen«).

der Nahrungslieferanten zu setzen. Nicht in der Hoffnung, dass die beiden gleich Freundschaft schlössen, sondern Scarlett ihm zumindest so viel Respekt und Vertrauen entgegenbrächte, dass sie nicht jedes Mal mit den Krallen auf ihn losginge, wenn ihre Wege sich kreuzten.

Einige der vielen Empfehlungen (denn es waren mehr als drei) erschienen mir damals so einfach, dass ich kaum glauben konnte, nicht selbst darauf gekommen zu sein. Aber natürlich betrachtete ich die Situation aus der Perspektive eines frustrierten Menschen. Mieshelle dagegen kam von außen und dachte wie eine Katze darüber.

Und siehe da, schon nach wenigen kurzen Wochen zeigten die von ihr empfohlenen Maßnahmen Wirkung! Heute empfindet Scarlett zwar nicht gerade Sympathie für Laurence, aber sie duldet ihn und zollt ihm widerwillig Respekt. (Und für eine Katze wie Scarlett ist das ein großes Zugeständnis!) Sie sitzt und schläft friedlich weiter, wenn er zufällig an ihr vorübergeht, und streicht sogar zärtlich um seine Knöchel, wenn er abends nach Hause kommt.

Nachdem die Spannungen zu Hause dramatisch nachgelassen hatten, fing auch Homer an, wieder fröhlich mit Scarlett zu spielen, und stellte sein aggressives Verhalten ein. Unsere Katzen sind ruhig und glücklich, genau wie Laurence und ich. Als wir vor etwas mehr als einem Jahr heirateten, vergrößerte Laurence Fotos von allen Katzen und stellte die Poster bei unserer Hochzeit auf, um unsere Gäste mit den drei neuesten Lieben seines Lebens »bekannt zu machen«.

Doch trotz alledem, obwohl die Katze für die meisten Menschen ein ebenso verlockendes wie quälendes Rätsel bleibt, das sich auf ewig unserem völligen Verständnis entzieht, sind einige von uns mit der nahezu übernatürlichen Gabe gesegnet zu durchschauen, was in den Köpfen dieser Tiere vorgeht. Mieshelle gehört dazu. Hätte ich damals, als ich bei Laurence einzog, das Glück gehabt, dieses Buch zu besitzen, das Sie nun in den Händen halten, hätte ich meinem Mann und meinen Katzen (und mir selbst) Monate der Frustration und der Spannungen ersparen können.

Die Liebe wird aus dem Geheimnis geboren, und unsere Katzen sind ebenso geheimnisvoll wie geliebt. Der größte Segen aber ist zuweilen, wenn ein Licht die Dunkelheit erhellt. Mieshelle Nagelschneider trägt ein solches Licht. Gestatten Sie ihr, Ihnen damit zu leuchten.

Gwenn Cooper[1]

Einleitung
Über Katzen und wie ich lernte,
mit ihren Augen zu sehen

Mit den Wolfsjungen wuchs [Mogli] auf ... Vater Wolf lehrte ihn
alles, was ein Wolf wissen musste, und weihte ihn in das Leben der
Dschungel ein, bis jedes Rascheln im Grase, jeder Hauch der warmen
Nachtluft, jeder Ruf der Eule über seinem Kopf, jeder Kratzer von den
Krallen der Fledermäuse, wenn sie eine Weile im Baum gerastet
hatten, und jeder klatschende Sprung des kleinsten Silberfisches im
Teiche – bis dies alles seine genaue Bedeutung für ihn hatte.[2]
RUDYARD KIPLING: *Das Dschungelbuch*

Vielleicht lesen Sie dieses Buch, weil Sie Katzen lieben und sich
für sie interessieren. Aber vielleicht sind Sie auch mit Ihrem
Latein am Ende, weil Ihr Liebling gerade die teuren neuen
Schuhe Ihres Freundes mit Urin markiert, Ihr nagelneues Sofa
ruiniert hat oder seine Toilette verschmäht und in anderen
Ecken Ihrer Wohnung sein Geschäftchen macht. Sie haben alles
versucht. Sie fühlen sich schuldig. Schreien Sie Ihre Katze an?
Haben Sie ihr sogar einmal einen Klaps gegeben oder etwas
nach ihr geworfen? Fürchten Sie, dass Sie das Tier misshandeln,
dass es niemals Manieren lernen wird und dass Sie sich von
Ihrem Freund oder gar der Liebe Ihres Lebens (also Ihrer Katze)
trennen müssen? Ich werde Ihnen helfen, sie zu verstehen. Ich
werde Ihnen sagen, warum sie tut, was sie tut, und wodurch Sie

das Problemverhalten verursachen oder verschlimmern. Damit Sie, Ihre Katze – oder Katzen – und alle anderen Mitglieder Ihres Haushalts glücklich und zufrieden leben können. Ich werde Ihnen die gleichen leicht umsetzbaren Lösungen zeigen, zu denen ich meinen Klienten seit zwanzig Jahren rate.

Die empfohlenen Veränderungen werden Ihnen, Ihrer Katze und den Menschen in Ihrem Leben ein friedlicheres Zusammenleben ermöglichen. Falls Sie mehr als eine Katze haben, werde ich Ihnen zeigen, wie Sie den Tieren zu einem besseren Miteinander verhelfen können. Katzen, die noch nie einen Artgenossen bei der Fellpflege unterstützt haben, werden mit Begeisterung ihre Freunde putzen – und das wird sie noch fester zusammenschweißen. Katzen, die bisher allein geschlafen haben, werden sich aneinanderkuscheln. Ihre Katzen werden sich zu den Tieren entwickeln, die sie sein sollen. Sie werden selbstbewusster und geselliger, entspannter und sicherer, einfach »mehr Katze« sein. Meine Klienten berichten, die Tiere, von denen sie mir in der Beratung erzählten oder die ich persönlich kennenlernen durfte, hätten sich in der Zeit danach vollkommen verändert. Bei Zweitbesuchen kann ich ihre Einschätzung nur bestätigen. Statt ein Schlachtfeld zu betreten, komme ich in ein Katzenparadies. Die Katzen liegen entweder einzeln an Stellen, die sie zwar gemeinsam, aber zeitlich versetzt nutzen, oder kuscheln sich aneinander. Da wird weder gefaucht noch gerauft, sie jagen einander nicht und gehen nicht aufeinander los.

Ich werde Sie davon überzeugen, dass sich Verhaltensauffälligkeiten bei Katzen fast immer auch auf der Verhaltensebene lösen lassen und dass eine medikamentöse Behandlung selten nötig ist. Kurz gesagt, schreibe ich hier, um Ihnen mitzuteilen, dass es in den meisten Fällen effektive, natürliche, humane und dauerhafte Hilfe für Ihre Katze gibt. Eine solche Veränderung dauert im Durchschnitt dreißig Tage. Das heißt, sie kann mal mehr, mal weniger als einen Monat in Anspruch nehmen. Sind Sie bereit?

Beginnen wir mit Susan und Nada. Nada war eine kleine grau getigerte Katze, die eines ihrer Beine wundgeleckt hatte. Sie lebte in einer Villa in einem vornehmen Vorort von Seattle. Das moderne, weitläufige Gebäude strahlte in gedämpftem Weiß vom höchsten Hügel weit und breit. Als Susan die Tür öffnete, sah ich, dass sich diese minimalistische Ästhetik auch im Inneren des Hauses fortsetzte: Ich sah Deckengewölbe, weite und fast völlig kahle Räume mit weißen Wänden, einen grasgrünen Teppich. In dem riesigen Wohnzimmer stand nichts außer einem Sofa. Schon vor der ersten Begegnung mit Nada war mir klar, dass sie ein ziemlich großes Stimulationsdefizit haben dürfte.

Wie alle vermeintlichen »Hauskatzen« war sie, wie ich später noch erklären werde, im Grunde ein wildes Tier. Doch nun war sie zu einer Art Requisit in der minimalistischen Vision einer Besitzerin geworden, die sehr klare Vorstellungen davon hatte, wie Menschen – oder zumindest einige davon – leben sollten. Die ganze Situation erinnerte mich an einen Tom-&-Jerry-Comic mit dem Titel »Push-Button Kitty«. Darin wird eine künstliche Katze namens »Mechano« mit den Worten beworben: »Kein Füttern, keine Arbeit, keine Haare.« Also keine *Katze*. Nur ein Mensch, der schon einmal in Einzelhaft saß, kann in vollem Umfang nachvollziehen, was Nada durchmachte.

Als sie schließlich ins Zimmer tappte, ging sie in dem höhlenartigen Raum fast unter. Anfangs war sie noch ein wenig schüchtern. Aber schon bald taute sie so weit auf, dass sie zu mir lief und sich an meinen Beinen rieb. Ich wusste, was sie da tat: *Ich werde dich mit meinem Duft markieren, damit ich mich wohler fühle. Wenn ich nicht so viel Vertrauen zu dir hätte, würde ich mich an dem Stuhlbein dort drüben reiben, um mich zu beruhigen.*

Ich beugte mich zu ihr hinunter und kraulte ihr die Wangen. »Danke, Nada.«

Wir sahen zu, wie Nada in einen entfernten Winkel des Wohnzimmers spazierte. Susan und ich machten Konversation. Als ich erneut einen Blick auf die Katze warf, lag sie auf dem

Boden und leckte ihr kahles, entzündetes Bein. Susan sah mich an und zuckte mit den Schultern. Am Telefon hatte sie die Stelle an Nadas Bein als »rohes Fleisch« beschrieben. Sie hatte nicht übertrieben. Katzen haben eine Zunge wie Sandpapier, und Nada hatte damit eine handtellergroße Stelle am Oberschenkel wund geleckt. Susan war mit ihr beim Tierarzt gewesen und hatte erfahren, dass es kein medizinisches Problem war und weder eine Nahrungs- noch eine Kontaktallergie vorlag. Es war verhaltensbedingt. Die arme Nada zeigte ein klassisches Zwangsverhalten – übertriebene Fellpflege.

Es kommt recht häufig vor, dass Katzen mit der Fellpflege übertreiben (oder sich die Haare ausrupfen beziehungsweise fressen). Hier handelt es sich um ein kompensatorisches Putzverhalten, das ihnen in belastenden Situationen helfen soll, sich besser zu fühlen. Es ist eine von mehreren zwanghaften Verhaltensweisen bei Tieren, die ständig oder immer wieder Stress durch Frustration *(Ich will, aber ich kann nicht)* oder inneren Konflikten *(Ich will zwei Dinge, die sich gegenseitig ausschließen)* ausgesetzt sind. Wie Menschen, die zu viel essen oder einem anderen Suchtverhalten nachgeben, kanalisieren Katzen ihre Angst oft in Aktivitäten, die ihnen vorübergehend Linderung verschaffen. Meist entstehen durch das übertriebene Putzverhalten Stellen, die fast vollständig kahl oder nur mit einem feinen Flaum bedeckt sind. Manchmal sind nur kleine Flecken, ein andermal die ganze Brust und der ganze Bauch betroffen. Nur selten bekommt man es mit Verletzungen oder Wunden wie bei Nada zu tun. Einen so schlimmen Fall hatte ich noch nie gesehen. Und nun war es meine Aufgabe herauszufinden, was Nada so belastete, und die Angelegenheit zu klären, bevor sie an ihrem Bein einen bleibenden Schaden anrichtete. Dazu musste ich lediglich das Wissen umsetzen, das ich über Katzen gesammelt hatte – und das auch Sie bald kennen werden. Ich musste mein Wissen auf die Auslöser in ihrem Umfeld übertragen und helfen, sie von ihrem extensiven Putzverhalten abzubringen.

Ich sah mich in dem zenartigen Haus um und begann, Hinweise zu sammeln. Dabei fiel mir auf, dass weit und breit kein Katzenspielzeug zu sehen war. (Es war so gut wie *überhaupt nichts* zu sehen.) Im Großen und Ganzen hatte es den Anschein, als sei das Haus ohne Rücksicht auf die Bedürfnisse einer Katze eingerichtet worden. Als Nada sich hingelegt hatte, um ihr Bein zu lecken, hatte Susan obendrein angefangen, mit sanfter Stimme auf sie einzureden. Sie war zu ihr gelaufen, um sie tröstend zu streicheln. Ich bat Susan, mit Nada zu spielen. Ich wollte sehen, wie die beiden miteinander umgingen. Dabei wurde mir klar, dass Susan keine Ahnung hatte, wie man mit einer Katze spielt. Sie schnalzte das von der Spielangel hängende Federbüschel blitzschnell hin und her − aber immer so, dass es außer Nadas Reichweite blieb. (In Kapitel 5 werde ich den korrekten Ablauf der alles entscheidenden Spiel- oder Jagdsequenz erklären, siehe Seite 160.) Der vielleicht wichtigste Hinweis aber war, dass Nada mit der übertriebenen Fellpflege begonnen hatte, *nachdem* ein Kater ins Haus gekommen war. Die beiden hatten sich nicht vertragen und lebten nun auf verschiedenen Stockwerken.

Die Hinweise auf die Ursache von Nadas Problem lieferten mir Informationen darüber, was geändert werden musste − nicht bei Nada, sondern bei Susan. Da die angespannte Beziehung zwischen den Katzen Nada sicher enorm belastete, würde Susan den beiden beibringen müssen, miteinander auszukommen. Um Nada körperlich und geistig zu fordern, ihr Möglichkeiten zur Stressbewältigung zu geben und ihr Selbstvertrauen zu steigern, musste Susan unbedingt etwas gegen das fast völlige Fehlen anregender Beschäftigungsmöglichkeiten tun. Sie musste sich ihre *frustrierende* Art abgewöhnen, mit Nada zu spielen. Außerdem durfte sie ihr keine Aufmerksamkeit mehr schenken, wenn sie sie dabei ertappte, wie sie ihr Bein leckte.

Zum Glück konnte ich Susan vermitteln, die Welt mit den Augen ihrer Katze zu sehen. Als ihr bewusst wurde, wie sie zu Nadas Problemen beigetragen hatte, hielt sie sich gewissenhaft an meinen dreiteiligen CAT™-Plan zur Verhaltensänderung. Sie gestaltete die Umgebung so, dass sie anregender und amüsanter für Nada und ihren Artgenossen war. Sie lernte, effektiver mit beiden zu spielen. Sie befolgte auch den Plan für das »zweite Kennenlernen« sowie den wichtigen Pheromonaustausch, der in Kapitel 4 beschrieben wird. Er hilft, zwei feindselige Katzen wieder miteinander zu versöhnen, damit sie noch einmal von vorn anfangen und Freundschaft schließen können. Nach wenigen Wochen war Nada sehr viel glücklicher, noch ein paar Wochen später konnte sich ihre schwer geschädigte Haut allmählich erholen und war nach einer weiteren Weile völlig verheilt. Ich war nur deshalb imstande gewesen, auf diese Weise von der Diagnose bis hin zur Verhaltenstherapie mit Nada zu arbeiten, weil ich gelernt hatte, das Leben einer Katze durch ihre Augen zu sehen. Das können auch Sie!

Bei mir begann dieser Prozess schon sehr früh, etwa zur selben Zeit, als ich anfing zu sprechen.

Meine tierische Familie

Ich stamme aus einer Familie, in der Tiere eine wichtige Rolle spielen. Meine Onkel und mein Großvater mütterlicherseits waren Rinderzüchter in Jordan Valley im Osten des US-Bundesstaates Oregon und nahmen an Rodeos teil, wo sie regelmäßig Preise absahnten. Meine Großtante und mein Großonkel väterlicherseits waren Trickreiter, genau wie ihre Eltern davor. Sie liebten ihre Pferde. Ihr Enkel – mein Cousin Tad Griffith – ist Eigentümer einer Stunt- und Produktionsfirma in Kalifornien und arbeitet eng mit Tieren zusammen.

Meine Tante Vicki züchtet schon sehr lange in meiner Heimatstadt Redmond in Oregon Toggenburger Ziegen. Die älteste bekannte Milchziegenrasse stammt aus dem gleichnamigen Tal in der Schweiz. Tante Vicki hatte auch echte Hauskatzen, die bei ihr im Haus lebten. Die Ziegen waren entzückend. Aber die

Katzen — *Wohnungskatzen, bei Bastet!* — machten mich krank vor Neid. Meine Familie besuchte Tante Vicki jeden Sonntag, und dann spielte ich die ganze Zeit mit den Katzen. Elsie, eines ihrer Tiere, ließ sich nicht gern streicheln oder auf den Arm nehmen. Meine Cousine Samantha war schon etwas älter und erinnerte mich immer wieder: »Denk daran, Mieshelle, Elsie beißt!« Ich fand allerdings heraus, dass Elsie sich sehr wohl streicheln ließ — nur eben nicht sehr lange. Man musste aufpassen und nach bestimmten Reaktionen Ausschau halten, die verrieten, dass sie genug hatte. Ich streichelte sie eine Weile, aber ich hörte auf, *bevor* sie die Ohren anlegte oder mit dem Schwanz schlug. Samantha prahlte überall, ich hätte ein Händchen für Elsie, aber ich wusste, dass ich sie einfach so streichelte, wie sie es gernhatte, und dass ich aufhörte, bevor es ihr zu viel wurde. So lernte ich mit fünf Jahren meine erste Lektion, dass man einer Katze seinen Willen nicht *aufzwingen,* aber das eigene Verhalten ein wenig anpassen kann, um zu einem für beide Seiten zufriedenstellenden Ergebnis zu kommen.

Auf der Farm

Im Beisein anderer Kinder war ich immer etwas introvertiert und schüchtern. Aber zum Glück durfte ich nach Lust und Laune mit den Tieren auf der Farm spielen, auf der unsere Familie in der Wüste mitten in Oregon lebte. Ich freundete mich mit ihnen an. Ich fand Tiere sehr viel interessanter und kam besser mit ihnen klar als mit meinen erheblich älteren Brüdern oder den anderen Kindern in meiner Nachbarschaft. Und wie viele Menschen haben schon einen wilden Kolibri zum Freund?

Ja, wirklich! Als ich ihn zum ersten Mal bemerkte, war ich etwa vier Jahre alt. Wenn ich mich draußen aufhielt, spürte ich immer wieder ein Flattern, eine Art Vibration an meinem Ohr. Als ich ihn zum ersten Mal sah, hielt ich ihn für ein Insekt oder eine Biene, aber man sagte mir, das schillernde grüne Geschöpf sei ein Kolibri. Er flog über meinen Kopf hinweg und vor mir her und schwebte eine Weile in der Luft, als wollte er mir etwas mitteilen. Dann flitzte er davon, um sofort wieder zu mir zurückzukehren und dieses seltsame Gefühl an meinem Ohr zu verursachen. Mein Vater neckte mich damit, dass mir auf Schritt und Tritt ein Kolibri folgte, was mir schrecklich peinlich war. Ich dachte, er fände es lächerlich. Aber eines Tages hörte ich, wie er vor Verwandten, die bei uns zu Besuch waren, mit mir und meinem Kolibri angab. Da wurde mir klar, dass es etwas Besonderes war.

Mein Vater war ein brummiger, fleißiger Mann. Gefühle zeigte er nur in Gegenwart von Tieren. Er *schmolz* geradezu dahin, was wohl einer der Gründe ist, weshalb auch ich sie so liebe. Mein Vater hielt alle Tiere, die man in einem bäuerlichen Familienbetrieb erwarten würde. Wenn ich sage, er *hielt* sie, meine ich damit, dass er sich nicht dazu überwinden konnte, auch nur eines davon auf den Tisch zu bringen. Er und meine Mutter waren auf Rinderfarmen groß geworden, wo Tiere nur ihres Fleisches wegen gezüchtet wurden. Aber unsere Kälbchen wuchsen ihm so sehr ans Herz, dass er sie nicht zu Steaks verarbeiten konnte – obwohl er sie zu diesem Zweck gekauft hatte. So wuchsen die zehn Kälbchen zu zehn Kühen heran, die dann einfach meine größten Haustiere waren. Im Grunde hatten wir keine Landwirtschaft, sondern einen großen Streichelzoo.

Wir hatten natürlich auch Pferde: Missouri Foxtrotter. Ich entwickelte schon früh ein Faible für Pferde und begann mit dem Reiten. Wir hatten ein Rocky-Mountain-Pferd namens »Sindbad«. Mein Vater hatte es geschenkt bekommen, da es angeblich »zu nichts zu gebrauchen« war. Einer seiner Hufe war verletzt, und er konnte nicht gut laufen. Aus diesem Grund meinte mein Vater wohl, dass ich bei ihm sicher wäre. Ein Pferd ist ein wunderbarer Einstieg in die Welt der Tiere. Wie jeder Pferdefreund weiß, verfügen diese großen Geschöpfe über ein ganz besonderes, fast schon greifbares Bewusstsein. Wenn ich neben einem Pferd stehe, kann ich die Energie eines fühlenden Herzens und einer empfindsamen Seele spüren.

Wir hatten zwei Schafe – mit denen ich Picknicks veranstaltete – und das verschiedenste Federvieh. Ich saß mit den Gänsen und Enten in der Hundehütte und schwamm (sehr zum Leidwesen meiner Mutter) mit ihnen in ihrem schmutzigen Teich. Auch die Hühner bedurften meiner Gesellschaft, und ich kletterte aufs Dach, um mit dem Hahn zu krähen.

Und dann war da noch der riesige Bulle in einem Gehege neben dem Haus. Sobald sich jemand näherte, ging er auf ihn los. Meine Eltern hatten mich unzählige Male gebeten, mich von ihm fernzuhalten. Sogar die Hunde hatten Angst vor ihm. Aber er tat mir leid, und deshalb schmiedete ich einen Plan: Ich würde wie ein Häschen in sein Gehege hoppeln. Dann würde er sich nicht fürchten und sich nicht an mir stören. Schließlich hatten wir Hasen im Stall, die er bereits kannte. Außerdem wusste ich, niemand konnte sich vor einem *Häschen* fürchten oder ihm böse sein.

Ich war nicht verrückt. Ich war vier.

Zuerst zeichnete ich ein Paar Hasenohren auf ein Stück Papier und malte sie rosa an, wie sich das für das Innere von Hasenohren gehört. Dann schnitt ich sie aus und bat meine Mutter, sie auf meinem Kopf zu befestigen. »Ich muss ein Häschen sein«, sagte ich. Ich war damals schon schlau genug, ihr immer nur so viel zu erzählen, wie sie gerade wissen musste. »Wie niedlich«, erwiderte sie und steckte mir die Ohren ins Haar. Fest stand auch, dass ich *weiß* sein musste wie die Hasen in unserer Scheune. Also bastelte ich aus einem Haufen Wattebällchen ein Schwänzchen und machte es an meinem weißen Ballett-Leotard fest.

Es war ein schöner, warmer Sommertag, als ich in der Abenddämmerung in das Gehege des Bullen kroch. Ich bemühte mich, ihm nicht in die Augen zu sehen, blieb dicht am Boden und hoppelte so hasenmäßig wie möglich am Rand des Geheges herum, während er mich skeptisch beäugte. Ich tat, was Häschen eben tun – bis er sich erhob und auf mich zukam. Ich erstarrte.

Sein riesiger Schädel verdunkelte die Sonne. Seine große Nase kam immer näher. Seine enormen, feuchten, hellrosa Nasenlöcher blähten sich auf und zogen sich wieder zusammen. Er schnaubte in den Staub. Und dann hob ich die Hand und streichelte das Fell über seiner Nase.

Es war ein höchst beglückendes Gefühl.

Als meine Eltern mich fanden, saß ich ihm zu Füßen auf der Erde, strich ihm über den Kopf und kraulte ihn am Hals und im Nacken. Die Geschichte von »Mieshelle und dem Bullen« ist in unserer Familie legendär. Sie klang mir während meiner gesamten Kindheit in den Ohren und vermittelte mir eine erste Ahnung davon, dass *ich eine besondere Leidenschaft und Gabe besaß*. Meine Eltern waren natürlich entsetzt. Wieso musste ich ausgerechnet mit einem großen, alten, gefährlichen und stinkenden Bullen spielen? Weil meine Eltern mir keine Katze geschenkt hatten.

Leider hätte ich meine besondere Begabung am liebsten bei Katzen eingesetzt – den einzigen Tieren, die es auf unserem Hof nicht gab. Deshalb schlich ich mich mit vier Jahren über die Straße zum Haus einer Nachbarin, die als Tagesmutter arbeitete und deren Schützlinge etwa in meinem Alter waren. Ich ging nicht dorthin, um die anderen Kinder zu sehen, sondern um mit der Siamkatze zu spielen. Schließlich erklärte die Dame meiner Mutter, ich könne mich nicht mehr umsonst bei ihr aufhalten, um mit der Katze zu spielen. Meine Mutter müsse für meine Betreuung zahlen wie die anderen Eltern auch. Da Mama Hausfrau und Mutter war, hielt sie es für wenig sinnvoll, dafür zu zahlen, dass ich die Nachbarskatze streicheln durfte. Sie verbot mir, das Haus der Tagesmutter zu betreten.

Daraufhin schlug ich meine Zelte in ihrer Auffahrt auf. Ab und zu erspähte mich die schlanke Siamkatze durchs Fenster und kam heraus, um sich von mir streicheln zu lassen. Ich hatte immer eine Bürste dabei, die eigentlich zu meiner Barbiepuppe gehörte (die ich schnell für langweilig befunden und beiseitegelegt hatte), und die Katze schnurrte und massierte mich rhythmisch mit ihren Pfoten, bis ich schließlich nicht einmal mehr in der Auffahrt sitzen durfte.

Ich war viereinhalb, als meine Mutter mir eines Abends das Telefon reichte: »Da ist ein Anruf für dich, Mieshelle. Es ist der Weihnachtsmann.« Ich nahm den Hörer. Ich war schon im Nachthemd.

Eine Stimme fragte: »Was wünschst du dir denn zu Weihnachten?«

»Ich will eine Katze«, erwiderte ich und stellte klar: »Eine *echte* Katze.«

»Du willst also eine *echte* Katze?«, wiederholte die Stimme amüsiert. Schon da fand ich das Gespräch ziemlich anstrengend.

»Ja. Eine echte.«

»Nun«, sagte der Mann, »ich glaube, du möchtest eine Plüschkatze.«

»Ich will keine Plüschkatzen mehr. Ich will eine Katze, die schnurrt und Milch trinkt.«

»Ich glaube, das wäre deiner Mutter gar nicht recht.«

»Ich will eine echte Katze.«

Das ging noch eine Weile so weiter. Als ich in meiner Unterhaltung mit dem Weihnachtsmann keinerlei Fortschritte feststellen konnte, legte ich einfach auf.

Zu Weihnachten bekam ich eine große rosa Plüschkatze. Sie war das traurige Ergebnis einer misslungenen Kreuzung zwischen einer einfachen Hauskatze und dem rosaroten Panther.

Sie war keineswegs das, was ich mir erhofft hatte, wenngleich ich nun, nach dem Tod meines Vaters, wünsche, ich hätte sie behalten.

Ich kämpfte noch ein paar Jahre für eine echte Katze, aber meine Bemühungen blieben ohne Erfolg. Nachdem mich meine Mutter bei den Blue Birds angemeldet hatte, der Grundschulgruppe der Jugendorganisation Camp Fire Girls, bekam jedes Mädchen ein persönliches Album mit Lückentexten, die wir ergänzen mussten.

Eine Seite trug den Titel:»Alles über mich.« Auf meiner
Seite stand:

Mein bester Freund ist: *meine Katze.*
Meine Lieblingsbeschäftigung ist: *mit meiner Katze spielen.*
Wenn ich von der Schule nach Hause komme: *bürste ich zuerst
meine Katze.*
Am liebsten wäre ich: *eine Katze.*

Ich denke mir das nicht aus. Aber ich hatte immer noch *keine*
Katze, und das war ein wunder Punkt. Allerdings sollte ich
schon bald mit einem Geheimprojekt zur Zähmung der wildlebenden Katzen im Canyon hinter unserem Haus beginnen.

Grinsekatzen im Canyon

Wie viele kleine Mädchen wäre ich als Kind am liebsten Schnee-
wittchen gewesen. Aber nicht wegen des Prinzen. Ich wollte
mit Tieren sprechen. Zum Glück stand unser Haus am Rande
eines nicht besonders tiefen, üppig grünen Canyons mit fast
ebenem Talboden. Dies war mein Zufluchtsort, den ich erkunden konnte. Es wimmelte dort nur so von Tieren – Rehen, Kojo-
ten, Hasen, Schmetterlingen und Kolibris. Natürlich liefen auch
unsere eigenen Tiere dort herum – Hunde, Pferde, Hasen, Schafe
und Kälber. Die weißen Pfauen unserer Nachbarn machten täglich einen Abstecher in den Canyon. Sie alle waren meine
Freunde.

Vereinzelt bekam ich auch einmal eine Katze zu Gesicht. Das
war für mich, als würde ich ein Einhorn sehen – der seltene,
kostbare Anblick eines Geschöpfes, das man nicht besitzen
konnte. Im Grunde war ich wegen der wilden Katzen im
Canyon. Ihre Köpfe lugten hinter Felsen und Bäumen hervor
und verschwanden ebenso schnell wieder wie die Katze in dem
»Alice-im-Wunderland«-Malbuch, das ich mit meinem Vater

ausmalte. Und wie die unsichtbare Grinsekatze beobachteten sie mich aus dem Dunkel.

Eines Tages hatte ich eine Idee. Ich würde die unsichtbaren Katzen im Canyon zum Tee einladen, genau wie in der Geschichte. An einem frühen Junimorgen kurz nach meinem fünften Geburtstag packte ich mein ganzes Plastikgeschirr, ein Tischtuch, meine Stofftiere und einen Stapel Marmeladenbrote zusammen und kletterte in den Canyon, wo ich auf einem flachen Vulkanfelsen neben einem kleinen Bach Platz nahm. Mit einem rosa Plastikmesser schnitt ich die Marmeladenbrote in kleine Stücke und legte einen Bissen auf jeden Teller. Dann saß ich mit meinen Stofftieren da, wir starrten uns an und warteten. Aber nichts geschah.

Ich lief zurück ins Haus, um etwas Milch zu holen. Vielleicht würde sie das anlocken. Als ich zum zweiten Mal den Pfad zu meinem Felsen hinunterlief, sah ich einen gelblich braunen Kurzhaarkater vor einem der Teller sitzen und ein kleines Stück Marmeladenbrot verzehren. Ein Kater! Als er mich bemerkte, nahm er sofort Reißaus.

Aber nun hatte ich eine heiße Spur. In den folgenden Wochen lernte ich, dass ich den etwas entspannteren Gästen meiner scheuen Teegesellschaft näher kommen konnte, wenn ich Abstand hielt, bis sie sich allmählich an mich gewöhnt hatten. Ich merkte auch, dass manche Tiere besonders argwöhnisch waren und sofort die Flucht ergriffen, wenn ich mich näherte. Aber im Laufe der Zeit gewöhnten sie sich an mich, und selbst die besonders scheuen Exemplare flohen nicht mehr so weit und kehrten schneller zurück.

Rückblickend bin ich mir sicher, dass wir gemeinsam Techniken der Verhaltensmodifikation wie Gegenkonditionierung und Desensibilisierung entdeckten. Bei der Gegenkonditionierung verbindet man etwas Angenehmes wie Nahrung mit einem negativen Reiz (etwa der Anwesenheit eines kleinen Mädchens). Damit soll die negative Reaktion eines Tiers auf den unangenehmen Reiz abgeschwächt werden. Die Wochen vergingen,

und ich lernte, dass Thunfisch-Sandwiches am besten anka-
men, dass Milch bei allen Geschmackstests besser abschnitt als
Limo und dass ich, wenn ich keine ruckartigen Bewegungen
machte, relativ ungezwungen und in der glücklichen Gewissheit mit meinen getigerten, schnurrhaarigen Freunden speisen
konnte, dass niemand davonlaufen würde. Nach einer Weile
hatte ich einige von ihnen sogar so weit, dass sie sich von mir
streicheln ließen.

Im nächsten Jahr verließen wir den Canyon und bezogen ein
neues Haus auf dem Land. Ich vermisste meine Katzen und
verstärkte erneut meine Bemühungen um ein eigenes Tier.
Eines Tages brummte mein Vater:»Und was ist mit den Katzen
in der Scheune?« Dort gab es freilebende Katzen, die fast ge-
nauso wild waren wie die Tiere im Canyon. Aufgrund meiner
Erfahrungen mit den Katzen im Canyon kam ich zu dem
Schluss, dass ich mit den Tieren in der Scheune sogar noch
besser Freundschaft schließen konnte, wenn ich ihre Vorlieben
berücksichtigte. Dies war der Beginn jahrelanger eingehender
Beobachtungen. Ich kopierte ihr Verhalten. Ich versuchte,
mich in sie hineinzuversetzen und die Welt mit ihren Augen zu
sehen. Schon bald hatte ich das Gefühl, dass die Scheunen-
katzen meine Familie waren. Wenn ich früh genug Kontakt zu
den verwilderten Katzenjungen bekam und mit ihnen spielte,
wurden sie manchmal sehr zutraulich. Ich war ungefähr acht,
als die Nachbarn merkten, wie zahm die Katzen in unserer
Scheune waren, und mich fragten, ob ich ihnen eine oder zwei
davon als Haustiere überlassen würde. Ich ertappte sogar meinen Vater dabei, wie er mit einer der Katzen schmuste, die ich
sozialisiert hatte.

Das ägyptische Wort für »Katze« ist mau *und bedeutet »sehen«.*
Die Ägypter waren fasziniert von den Augen der Katzen,
vermutlich weil sie glaubten, dass diese Tiere in die Seelen
der Menschen blicken konnten.

Ich war elf, als ich eines Morgens eine junge grau getigerte Katze in ein 25 Zentimeter dickes Bewässerungsrohr schlüpfen sah. Ich wusste, dass mir nicht viel Zeit blieb, bis das Wasser so wie jeden Tag durch die Rohre brausen würde. *Gefahr!* Ich rief, flüsterte, ließ ein Blatt vor der Rohröffnung baumeln, klopfte lockend mit der Hand auf den Boden. Ich versuchte alles, um die kleine Katze herauszulocken und ihr Leben zu retten. Aber nichts schien zu funktionieren. Dann stellte ich, ohne groß darüber nachzudenken, Blickkontakt zu ihr her, schloss kurz die Augen, wünschte mir, sie würde herauskommen, und schlug die Augen wieder auf.

Die Katze zwinkerte ebenso langsam zurück.

Ich zwinkerte noch einmal langsam, und mit einem Mal kam die Kleine aus dem Rohr gepurzelt. Sie ließ sich von mir in Sicherheit bringen, und wenige Minuten später rauschte das Wasser durch die Rohre.

Meine Eltern sahen, wie glücklich ich war, und zu meinem Erstaunen durfte ich die Katze behalten. Ich nannte sie »Curly« – nach ihrem merkwürdig spiralförmigen Stummelschwänzchen. Viele Jahre später hörte ich die Experten sagen, dass langsames Zwinkern und Wegsehen eine wirksame Form der Kommunikation mit Katzen sei. Aber da wusste ich längst, dass Katzen, die ihre Artgenossen langsam anzwinkern, zufrieden und entspannt sind. Das angezwinkerte Tier versteht, dass ihm keine Gefahr droht. Zwinkern kann einer Katze sofort ein Gefühl von Sicherheit vermitteln und eine angespannte Situation auflockern. Ich wende diese Technik auch heute noch an, wenn die Katze eines Klienten nicht unter dem Bett hervorkommen will.

Meine Zeit als Tierarzthelferin

In der siebten Klasse erhaschte ich den ersten Blick auf eine Welt, in der man den ganzen Tag mit Tieren zusammen sein durfte und auch noch dafür bezahlt wurde. Meine Freundin Jamie bat mich, sie und ihre Katze zum Tierarzt zu begleiten. Eine Frau kam ins Untersuchungszimmer, um Shadows Temperatur zu messen. Sie beeindruckte mich sehr. Ich fragte:»Wie lange haben Sie studiert?« Sie antwortete:»Ich bin keine Tierärztin. Ich bin Tierarzthelferin.« Der Beruf der Tierarzthelferin oder der tiermedizinischen Fachangestellten sollte für mich zu einer Art Traumberuf werden, der mir mit zwölf Jahren freilich noch weit außerhalb meiner Reichweite schien.

Aber die Jahre vergingen schnell, und als ich mit neunzehn Jahren am College in Portland, Oregon, Psychologie studierte, suchte ich mir Arbeit in einer Tierarztpraxis. Die anderen Helferinnen und Helfer hatten zwar mehr Erfahrung, aber wenn eine Katze nicht aus dem Käfig kommen oder beim Blutabnehmen nicht ruhig halten wollte, wurde bald immer ich zu Hilfe gerufen. Ich musste eine Katze nur anfassen oder ihre Körpersprache sehen und wusste sofort, was sie empfand und was sie mir mitteilte – und berührte sie entsprechend. Allmählich wurde ich sowohl von den Tierärzten als auch von den Klienten gebeten, bei der Untersuchung von Katzen zu assistieren. Ich konnte Katzen beruhigen, die sonst niemanden an sich heranließen. Ich war die Einzige, die sie impfen oder ihnen die Krallen schneiden durfte. Ich wurde auch immer häufiger von Klienten gebeten, mich um ihre Tiere zu kümmern, wenn sie auf Reisen waren.

In den nächsten Jahren lernte ich, Tiere auf Operationen vorzubereiten, Röntgenaufnahmen zu machen, Krallen zu schneiden, Blut abzunehmen und zu untersuchen sowie Medikamente auszugeben. In den beiden Tierkliniken, in denen ich später tätig war, machte man mich zur leitenden Tierarzthelferin. Sodann gehörten auch die Bestellung sämtlicher Produkte für den Haustierbedarf, Betäubungsmittel, Büromaterialien, Medikamente und das Anlernen der neuen Tierarzthelfer zu meinen Aufgaben.

Im Laufe der Zeit baten mich immer mehr Klienten dieser

Praxen, ihre Haustiere zu versorgen, wenn sie verreisten. Irgendwann hatte ich viele tausend Hausbesuche bei Katzen mit besonderen Bedürfnissen hinter mir. Dann kam der Tag, an dem ich meine wahre Berufung entdeckte.

An jenem Tag nahm ich in der Praxis zufällig den Anruf einer Frau entgegen. Sie war völlig aufgelöst und fuhr auf dem Parkplatz der örtlichen Niederlassung des Tierschutzbundes im Kreis herum. »Ich habe meinen Kater hier in der Transportbox«, sagte sie. »Ich muss ihn weggeben.« Sie fing an zu weinen.

»Warum glauben Sie, Sie müssten ihn weggeben?«, fragte ich.

»Er pinkelt jetzt seit über acht Jahren ins Haus«, sagte sie. »Mein Mann hat gesagt, ich müsste mich entscheiden: er oder Bagel. Ich war schon bei sämtlichen Tierärzten. Sie haben Bagel untersucht, und ich habe getan, was sie gesagt haben.«

»Können Sie mir einen Gefallen tun?«, fragte ich. »Können Sie parken und Bagel aus der Transportbox lassen?«

Sie stellte den Wagen ab und ließ den Kater aus der Box. Bald schnurrte er so laut, dass ich ihn durchs Telefon hören konnte.

»Er liegt jetzt zusammengerollt auf meinem Schoß und knetet mein Bein mit seinen Pfoten«, berichtete sie. Das konnte ich mir gut vorstellen. Das sogenannte Treteln wirkt auf Katzen beruhigend. Es hat seinen Ursprung im Milchtritt der Katzenbabys. Die Kleinen treten mit den Vorderpfoten rhythmisch gegen die Zitze der Mutter, um ihre Haut von ihrer Nase wegzudrücken und den Milchfluss anzuregen. Katzen werden diese Bewegung bis in alle Ewigkeit mit einem Gefühl des Wohlbefindens verbinden. Außerdem schnurren sie nicht nur, wenn sie zufrieden sind. Sie schnurren auch, wenn sie unter Stress stehen und sich beruhigen wollen.

Da die Frau nun deutlich sehen und spüren konnte, was auf dem Spiel stand, fragte ich, was sie gegen das Unsauberkeitsproblem unternommen hatte. Sie antwortete, sie habe den Rat ihres Tierarztes befolgt und eine zusätzliche Katzentoilette aufgestellt. Ich wollte wissen, wo sie diese platziert hatte. Unmittelbar neben der ersten. Gab es noch weitere Katzen im Haushalt? Ja, da sei noch Arnold. Hatte sie bemerkt, dass Arnold gern an einem der Zugangswege zu den Katzentoiletten saß? Ja, er sitze oft im Flur gleich vor dem Schmutzraum, wo die Katzentoiletten standen.

Volltreffer! Die zusätzliche Katzentoilette hatte das eigentliche Problem – die Revierstreitigkeiten zwischen Arnold und Bagel – nicht beseitigt. Ich riet ihr, die Anzahl der Katzentoiletten von zwei auf drei zu erhöhen und sie an verschiedenen Orten, am besten in verschiedenen Räumen unterzubringen. Ich empfahl ihr dringend, die Stellen, an denen Bagel Urin abgesetzt hatte, gründlich von allen Gerüchen zu reinigen, und schilderte ihr die beste Methode. Ich gab ihr noch einige weitere Tipps, die ich auch Ihnen in den nächsten Kapiteln verraten werde. Die Frau dankte mir und legte auf. Eine Woche später meldete sie sich erneut, um zu berichten, dass Bagel zum ersten Mal seit acht Jahren die Katzentoilette benutzte. Ein paar Monate später stand sie in der Tierarztpraxis und fragte nach »dem Mädchen, das meine Katze und meine Ehe gerettet hat«. Als die Tierarzthelfer zu mir herübersahen, lief sie zu mir, umarmte mich und erzählte, Bagel sei wie ausgewechselt und käme zum ersten Mal auch mit Arnold wunderbar zurecht.

Da wusste ich, dass ich mich allmählich zwischen meiner Anstellung in der Tierarztpraxis und meiner Nebentätigkeit – der häuslichen Betreuung der Katzen meiner Klienten – entscheiden musste. Ich verbrachte so viel Zeit damit, die Fragen von Klienten zu beantworten und mich um ihre Katzen zu kümmern, dass ich mich fühlte, als hätte ich zwei Vollzeitjobs. Meines Wissens war ich die Einzige, die diese besondere Form der Betreuung anbot. Darum kündigte ich mit Anfang zwanzig meine »richtige« Stelle und machte mich selbständig. Seither arbeite ich nur noch für Auftraggeber, die vier Beine haben und schnurren.

Verhaltenstherapie: Eine Lücke im Expertenangebot für Katzen

Ich war in der Lage, Bagels Besitzerin zu helfen, weil ich bei der Betreuung der Katzen meiner Klienten in ihrem heimischen Umfeld sehr viel gelernt hatte. Ich ging täglich ein- bis zweimal zu ihnen. Manchmal quollen bei meinem ersten Besuch die Katzentoiletten vor Kot und verklumptem Urin über. Ich machte umgehend sauber und reinigte sie auch bei allen weiteren Besuchen. Als meine Klienten zurückkamen, bedankten sie sich für die Reinigung der Katzentoilette. Sie dachten wohl, ich hätte ihnen nur ein wenig Arbeit erspart. Aber nach ein paar Tagen riefen sie an, um zu berichten: »Meine Katze macht ihre Häufchen nur noch ins Katzenklo!« Auf diese Weise lernte *ich*, wie wichtig eine saubere Katzentoilette ist.

In der Zeit, in der ich als Tierbetreuerin arbeitete, lernte ich noch viel mehr, meist durch Versuch und Irrtum. Schon als Kind konnte ich beim Anblick einer Katze nicht umhin, mich zu fragen: »Wenn ich eine Katze wäre, warum würde ich das tun?« Wenn ein Tier unsauber war, fragte ich mich: »Warum ignoriert sie die Katzentoilette? Ist der Zugang versperrt? Ist sie zu dick? Wird sie eingeschüchtert?«

Ich beobachtete und stellte Zusammenhänge her.

Ich wurde Expertin im Lesen der Körpersprache von Katzen. Ich wusste sofort, wenn sie gestresst waren, und verstand allmählich, ob es an ihrem Umfeld, an einem Artgenossen oder an beidem lag. Offiziell versorgte ich die Katzen, aber ich betätigte mich dabei gewissermaßen auch als Innenarchitektin. Ich nahm kleinere Veränderungen in den Häusern und Wohnungen meiner Klienten vor, die den Bedürfnissen ihrer Tiere entgegenkamen. (Wenn jemand länger auf Reisen war, veränderte ich sogar noch mehr.) Das Problemverhalten der Katzen verschwand. Bei ihrer Rückkehr waren die Besitzer überrascht von der Besserung des Verhaltens ihrer Tiere und entwickelten mir gegenüber eine unerschütterliche Loyalität. Im Laufe der Jahre kam meine Arbeit im Grunde einer Längsschnittstudie mit vielen tausend Katzen gleich, bei der ich verfolgte, wie sich bestimmte Veränderungen in ihrem Lebensumfeld auf ihr Verhalten auswirken.

Nehmen wir zum Beispiel die Maine-Coon-Katzen, die über ein Jahr lang ihre Häufchen überall, nur nicht in der Katzentoilette abgesetzt hatten. Ihr Besitzer hatte sich geweigert, meinen Rat zu befolgen und eine räumliche Trennung von Katzentoiletten und Futterplatz vorzunehmen. »Sie mögen es, wenn ihr Futter im Bad neben den Katzentoiletten steht«, beharrte er. Mein Instinkt sagte mir etwas anderes. Ich hatte dem Mann auch geraten, für diese großen Tiere entsprechend große sowie zusätzliche Katzentoiletten zu besorgen, aber irgendwie kam er nie dazu. Dann fuhr er drei Wochen weg. In dieser Zeit schuf ich ein Katzenparadies, in dem alle Tiere ausschließlich die Katzentoilette benutzten.

»Wie haben Sie das *gemacht*?«, fragte er bei seiner Rückkehr.

»Ich habe meinen Rat befolgt.« Was er daraufhin ebenfalls tat.

Ich wusste nicht immer genau, *wodurch* das Problem ursprünglich entstanden war, aber ich konnte fast immer nachweisen, dass es größtenteils *umweltbedingt* war. Verändert man die Lebensumstände einer Katze, verändert man auch ihr Verhalten.

Viele Klienten berichteten, ihre Katzen seien aggressiv und würden sie beißen oder Artgenossen hetzen. Andere erzählten, ihre Tiere versteckten sich, seien »schüchtern« oder »ängstlich«. Aber wenn ich die Gelegenheit bekam, ihr Lebensumfeld so zu verändern, wie ich es Ihnen in diesem Buch zeigen werde, waren sie ruhig, glücklich und ausgesprochen freundlich zu Menschen und Artgenossen.

Meine Klienten riefen ein paar Stunden nach ihrer Rückkehr an und sagten: »Ich weiß nicht, wie Sie das hinbekommen haben. Meine Katze ist auf einmal wie ausgewechselt. Sie ist so *selbstbewusst* und *freundlich*, so *liebevoll* und *zärtlich*. Wie haben Sie das nur *gemacht*?«

Ich brachte Katzen sogar zum Spielen. Ein erschreckend hoher Prozentsatz meiner Klienten erklärte mir feierlich, ihre Katzen würden nicht spielen. Einige von ihnen demonstrierten es mir sogar – *indem sie der Katze mit dem Spielzeug im Gesicht herumfuchtelten*. Aber wie es scheint, haben Katzen im Laufe ihrer Entwicklung gelernt, dass nur etwas Ungenießbares einem Raubtier ins Gesicht springt. Um eine Katze zum Spielen zu verführen, muss man also den Eindruck erwecken, das Spielzeug würde vor ihr fliehen.

Wieder andere erklärten:»Alle meine Katzen fressen vom selben Teller.« Ich ignorierte ihre Anweisung und fütterte die Tiere einzeln. Dies ist eine Frage grundlegender Katzenpsychologie, aber es ist besonders wichtig, wenn die Tiere *offen* miteinander konkurrieren oder es ihnen sichtlich unangenehm ist, aus demselben Napf zu fressen. Nach der Rückkehr fragten die Besitzer stets:»Warum schlafen unsere Katzen auf einmal nebeneinander? Das haben sie früher nie gemacht. Wie haben Sie den Streit zwischen ihnen geschlichtet?« Indem ich die Rivalität beseitigte, löste ich auch das Aggressionsproblem.

Inzwischen mache ich seit fast zwei Jahrzehnten Telefonberatungen und Hausbesuche, um Verhaltensauffälligkeiten bei Katzen zu beheben. Dabei habe ich unschätzbar wertvolle Erfahrungen gesammelt. Abgesehen von meinen Beobachtungen wildlebender Katzen als Kind, sind in den letzten zwanzig Jahren über 33 000 Stunden zusammengekommen, in denen ich Katzen beobachtet und die Berichte meiner Klienten über ihr Verhalten studiert habe. Eine Psychologin, die 22 Jahre damit verbringt, fünfzig Wochen im Jahr den Berichten von je dreißig Klienten in der Woche zu lauschen (was sich nicht mit der weitaus nützlicheren Beobachtung des Verhaltens vergleichen lässt), käme auf eine ähnliche Zahl. Ich habe dieses Buch geschrieben, um dieses Wissen an Sie und Ihre Katzen weiterzugeben.

Die Cat Behavior Clinic

Seit zwölf Jahren leite ich die Cat Behavior Clinic, in der ich mich im Rahmen telefonischer oder persönlicher Beratungen der Untersuchung und Beseitigung von Verhaltensauffälligkeiten bei Katzen widme. Seit der Eröffnung meiner Praxis habe ich mit unzähligen Klienten und Tierärzten in aller Welt gearbeitet. Meine Erfolgsquote bei Verhaltensauffälligkeiten – und mit Erfolg meine ich die vollständige oder teilweise Besserung – hängt natürlich stark davon ab, ob die Klienten meine Anleitungen befolgen. Doch wenn sie es tun, liegt sie bei den meisten Verhaltensproblemen bei fast 100 Prozent und erreicht sogar bei besonders hartnäckigen Fällen weit über 90 Prozent.

Die Tierärzte, mit denen ich bislang zusammenarbeiten durfte, sind wunderbare, engagierte Menschen. Aber Verhaltensauffälligkeiten sind nicht ihr Spezialgebiet. Wendet man sich mit einem Verhaltensproblem an einen Tierarzt, der nicht auch Tierverhaltenstherapeut ist, kann man das damit vergleichen, als hole man sich von seinem Allgemeinarzt psychologischen Rat. Ich werde sogar oft von Tierärzten zu Rate gezogen, deren Katzen selbst Verhaltensauffälligkeiten zeigen. Der erste Satz, den sie zu mir sagen, ist unweigerlich eine Entschuldigung: »Wir haben in der Ausbildung leider kaum etwas über das Verhalten von Tieren gelernt.« Nur wenige tierärztliche Hochschulen bieten überhaupt Seminare zum Verhalten von Katzen an, was mich erstaunt. Dadurch bleiben die Instinkte und das Verhalten der beliebtesten Haustiere der Welt ausgerechnet den Menschen verborgen, die ihnen eigentlich helfen sollten und die größte Veränderung in ihrem Leben und dem ihrer Besitzer bewirken könnten.

Katzenbesitzer leben in einem Informationsvakuum. Es gibt nur wenige Menschen, die das Verhalten von Katzen studiert haben wie ich. Die gute Nachricht lautet jedoch: Die Beschäftigung mit dem Verhalten von Katzen ist zwar noch relativ neu, aber sie findet endlich statt.

Ich habe das Privileg, Menschen in aller Welt helfen zu dürfen, deren Katzen verhaltensauffällig sind. Ich mag meine Arbeit, weil ich Tiere immer noch glühend liebe und die Erfahrung mich gelehrt hat, dass die meisten Verhaltensauffälligkeiten leicht zu beseitigen sind. Im Augenblick habe ich neun Tiere: sechs wohlerzogene Katzen (Jasper Moo Foo, Rhapsody in Blue, Clawde, Barthelme, Lady Josephine und Farsi Noir), ihren Spielkameraden Piccolo (einen Mini-Chihuahua), eine gefühlvolle Deutsche Dogge namens Jazzy und einen Waran. Ihre reinen Herzen bringen mich zum nächsten Thema.

Ein »guter Tod«?
Die Krise der Katzeneuthanasie

»Ach, wenn ich doch schon raus wäre
aus diesem furchtbaren Wald.«[3]
LEWIS CARROLL: *Alice im Wunderland*

Bei Katzen kommen Verhaltensprobleme oft einer tödlichen Krankheit gleich. Gibt man in den USA und vielen anderen Ländern verhaltensauffällige Katzen in einem Tierheim ab, werden sie am häufigsten mit dem Medikament behandelt, das zum Einschläfern verwendet wird.[4]

Das griechische Wort *euthanasía* bedeutet so viel wie »guter« oder »leichter Tod«. Ich kenne kaum einen ironischeren, tragischeren und irreführenderen Gebrauch von Sprache als den des Begriffs »Euthanasie« in Zusammenhang mit solchen Tiertötungen. Ein Tod, der die Folge leicht zu beseitigender Verhaltensauffälligkeiten ist, kann niemals »gut« sein. Es liegt mir sehr am Herzen, Katzenbesitzern zu zeigen, wie sie jene Verhaltensprobleme verhindern oder gar aufhören können, sie zu verursachen.

Katzen werden in den USA öfter wegen unerwünschten Verhaltens eingeschläfert als aus irgendeinem anderen Grund.

Wenn die häufigste Todesursache beim Menschen nicht Krankheit, sondern Verhaltensprobleme wären, würden wir dies als eine epidemieartige Ausbreitung geistiger Erkrankungen werten. Aber in den Vereinigten Staaten sterben alle sechzig Sekunden zwischen acht und achtzehn Katzen den »guten Tod«. Seit Sie vor einer halben Minute mit der Lektüre dieses Absatzes begonnen haben, wurden zwischen vier und neun Katzen getötet. Das sind mindestens vier Millionen, möglicherweise sogar bis zu neun Millionen Katzen im Jahr.[5]

Das Drama der ausgesetzten Tiere

In den Vereinigten Staaten landen jährlich ungefähr zehn Millionen Katzen im Tierheim, also etwa jedes achte Tier. Nur jede vierte Tierheimkatze findet ein neues Zuhause, die übrigen drei sterben den »guten Tod«. Das Einschläfern im Tierheim ist bei amerikanischen Katzen die häufigste Todesursache. Studien legen nahe, dass ein Fünftel bis ein Drittel der Katzen sterben, weil es ihren Besitzern nicht gelingt, unerwünschtes Verhalten wie Unsauberkeit oder Harnmarkieren – die beiden Probleme, die mir in der Cat Behavior Clinic am häufigsten begegnen – zu beseitigen oder zu tolerieren. Die eigentliche Tragik liegt darin, dass die meisten Verhaltensauffälligkeiten leicht zu behandeln sind, vor allem die beiden eben genannten.

In den USA leben 88 Millionen Hauskatzen (in Frankreich, Deutschland, Italien und Großbritannien sind es ungefähr 35 Millionen) sowie weitere vierzig bis siebzig Millionen obdachlose oder verwilderte Katzen.[6] Im Vergleich dazu werden in amerikanischen Haushalten 75 Millionen Hunde gehalten. Obdachlose oder streunende Hunde sind verhältnismäßig selten.[7] Obwohl es in vielen Ländern inzwischen mehr Katzen als Hunde gibt, genießen sie immer noch nicht die gleiche Wertschätzung. Die unterschiedliche Behandlung von Katzen und Hunden hat verschiedene Gründe. An erster Stelle ist wohl zu nennen, dass Hunde im Laufe ihrer über zehntausend Jahre langen Domestikation gelernt haben, in den Gesichtern der Menschen zu lesen und auf jedes Lächeln, jedes Stirnrunzeln zu reagieren. Dadurch fällt es uns relativ gesehen leichter, mit ihnen zu einem gegenseitigen Verständnis zu gelangen als mit Katzen. Das Verhalten von Rudeltieren scheint für soziale Geschöpfe wie uns einfach natürlicher zu sein, da auch wir stark auf die Körpersprache und die Mimik unserer Mitmenschen reagieren. Sowohl Menschen als auch Hunde »leben in größeren Familienverbänden«, wie die Tierärztin und Tierverhaltenstherapeutin Dr. Karen Overall schreibt. Sie »kümmern sich ausgiebig und gemeinsam mit verwandten sowie nichtverwandten Gruppenmitgliedern um den Nachwuchs, bringen Nestlinge zur Welt, die anfangs großer Fürsorge und später ständiger sozialer Interaktion bedürfen, müssen über einen längeren Zeitraum hinweg gesäugt werden, bevor sie halbfeste Nahrung bekommen (Hundemütter würgen vorverdaute Nahrung hoch; Menschen kaufen Babynahrung ...), verfügen über zahlreiche stimmliche und nichtstimmliche Kommunikationsmöglichkeiten ... und die Geschlechtsreife tritt vor der sozialen Reife ein.«[8]

Katzen sind keine Rudeltiere. Sie sind emotional unabhängiger, wirken deshalb zuweilen unzugänglicher und scheinen daher weniger Ähnlichkeit mit dem Menschen zu haben. Die meisten Katzenbesitzer wissen einfach nicht, warum die Tiere etwas tun und wie sie das Verhalten gegebenenfalls ändern können.* Mit diesem Buch möchte ich unter anderem diese Wissenslücke schließen.

---

* Von den zehn wichtigsten Gründen, weshalb Hunde in den Vereinigten Staaten im Tierheim landen, betrifft nur ein einziger das Verhalten (Beißen). Das Problem ist zudem eher selten und belegt den neunten Platz aller angegebenen Gründe. Im Gegensatz dazu sind Verhaltensprobleme bei Katzen nicht nur häufiger, sondern werden auch mit größerer Wahrscheinlichkeit als Begründung genannt, weshalb die Tiere im Tierheim landen. Die Probleme an erster (zu viele Katzen und die damit einhergehenden Schwierigkeiten), siebter (Unsauberkeit) und zehnter Stelle (Aggression) der Hitliste der Gründe, aus denen Katzen am häufigsten abgegeben werden, sind durchweg verhinderbar. Quelle: www.petpopulation.org/topten.html.

Der Humane Society of the United States zufolge kennzeichnen Katzenbesitzer ihre Tiere seltener mit Adressanhängern oder Mikrochips. Fundtiere können deshalb nicht an ihre Eigentümer zurückgegeben werden. Grundsätzlich gilt, Katzen werden öfter eingeschläfert, an neue Besitzer weitergereicht, aus dem Haus gejagt und im Tierheim abgegeben als Hunde, und sehr viel häufiger sind *Verhaltensprobleme* der Grund dafür. (Am Rande bemerkt, werden Hunde auch sehr viel öfter von ihren Besitzern zum Tierarzt gebracht als Katzen. Dies kann einer der Gründe sein, weshalb Verhaltensauffälligkeiten mit medizinischen Ursachen bei Katzen nicht im Keim erstickt, sondern zum Dauerzustand werden.) In diesen Fällen gibt es keine glücklichen Tiere. Nicht einmal diejenigen, die auf einen Gnadenhof kommen, leben glücklich und zufrieden bis an ihr Lebensende. In Tierheimen oder -asylen werden Verhaltensprobleme nicht gelöst, und Harnmarkieren und Unsauberkeit schrecken potenzielle Katzenbesitzer so gründlich ab, dass »Problemkatzen« einfach von einem Tierheim und einem Haushalt in den nächsten geschoben werden.

Aber unsere Katzen sehen sich auch noch anderen Schrecken gegenüber. Jedes Jahr werden sie zu Hunderttausenden oder gar Millionen aus ihren Häusern gejagt, zu Streunern gemacht und sterben oft vor ihrer Zeit. Diese Katzen gewöhnen sich sowohl körperlich als auch emotional meist nur schwer an das Leben im Freien, selbst wenn sie weiter von ihren Besitzern gefüttert werden. Sie sterben früher und sind häufiger krank als Wohnungskatzen. In den meisten Fällen ist eine solche Entscheidung unmenschlich – ganz zu schweigen davon, dass sie sich vermeiden lässt. Ein solches Leben ist für diese Katzen furchtbar.

Es wird allmählich Zeit, dass sich etwas ändert. Katzenbesitzer müssen mehr Verantwortung für sich und ihre Tiere übernehmen. Wer sich für Katzen entscheidet, sollte alle sich bietenden Möglichkeiten nutzen, um die Verhaltensauffälligkeiten seiner Tiere zu beseitigen. Vor allem wenn man bedenkt, dass unerwünschtes Verhalten oft die Folge von Handlungen oder Maßnahmen ist, die der *Besitzer* selbst ausgeführt beziehungsweise ergriffen hat oder dies immer noch tut. Im nächsten Kapitel wird dies ein wichtiges Thema sein. Viele Menschen nehmen verhaltenstherapeutische Hilfe für ihre Katze gar nicht erst in Anspruch, sondern bringen sie sofort ins Tierheim.

Warum ich dieses Buch geschrieben habe

Weshalb habe ich dieses Buch also geschrieben? Und warum ausgerechnet jetzt? Einfach deshalb, weil ich kein Buch über das Verhalten von Katzen finden konnte, das Katzenbesitzern das Wissen über Veränderungen des Verhaltens und der Lebensumstände vermittelt hätte, über das sie verfügen sollten. Ein Buch, randvoll mit vollständigen, korrekten und aktuellen Informationen, das nicht ungewollt mehr Probleme schafft, als es löst. Es ist das Buch, das ich mir immer gewünscht hätte.

Dieses Buch ist für all jene Katzenbesitzer, die ich nach Informationen hungern sah. Meine eigenen Klienten klagen seit Jahren, dass es für Katzenhalter »einfach nichts gibt«. Sie räumen sogar ein, Methoden aus der Hundeerziehung (noch dazu unmenschliche Praktiken der alten Schule) bei ihren Katzen ausprobiert zu haben! (In Kapitel 3 werde ich die Behauptung, dass Hundeerziehung nach dem Alphatier-Modell auch bei Katzen hilfreich sei, als Mythos entlarven.)

Ich hoffe, dieses Buch wird zu Ihrem »Grundlagenwerk« für das Verhalten von Katzen. Zu dem Nachschlagewerk, das Sie immer wieder lesen, in dem Sie Stellen markieren, das Sie gern auch Freunden schenken und bei Fragen zu allen Katzen konsultieren, die Sie im Laufe der Jahre haben werden. Da es Tierärzten an Wissen über die Verhaltensauffälligkeiten von Hauskatzen in aller Regel mangelt, ist der breite Erfahrungsschatz engagierter Katzenverhaltenstherapeuten eine wichtige Informationsquelle. Ich selbst habe inzwischen mit mehr verhaltensauffälligen Katzen gearbeitet, und das über längere Zeiträume hinweg, als es einem Tierarzt je möglich wäre. Zudem beschäftigen sich die meisten wissenschaftlichen Studien mit wildlebenden Katzen, während es sich bei den Tieren, die ich beobachtet, deren Umerziehung ich unterstützt und die ich hier beschrieben habe, um Hauskatzen handelt. Darüber hinaus werden bei den meisten Katzenstudien nur sehr kleine Gruppen von zwei Dutzend oder noch weniger Tieren über einen begrenzten Zeitraum hinweg beobachtet. Ich dagegen hatte Tausende von Begegnungen mit Katzen, die manchmal sogar über mehrere Jahre hinweg stattfanden. Wissenschaftler bezeichnen solche Beobachtungen als »Längsschnittstudien«, die in der Literatur über das Verhalten von Katzen so gut wie gänzlich fehlen. Meine Erkenntnisse werden dieses fragmentarische Bild deutlich erweitern. Dieses Buch verbindet meine persönlichen Erfahrungen mit den neuesten Erkenntnissen der wissenschaftlichen Literatur. In der Rubrik »Vorsicht, moderner Aberglaube!« erkläre ich, in welchen Punkten ich gewissen Experten oder urbanen Mythen widerspreche. Für neugierige Leser, die sich für meine Quellen interessieren, habe ich ausgewählte Anmerkungen (Endnoten) angefügt.

Auf den übrigen Seiten dieses Buches werde ich erklären, wie meine dreiteiligen CAT-Pläne Katzenliebhabern echte Lösungsvorschläge bei den wichtigsten Verhaltensproblemen geben können – Unsauberkeit, Harnmarkieren, Spannungen in Mehrkatzenhaushalten, Aggressionen, Jaulen, Zerstörungswut und anderen unerwünschten sowie zwanghaften Verhaltensweisen. Ich werde Ihnen auch erklären, wie sich Rückfälle verhindern lassen. Mein Ansatz ist gewissermaßen ganzheitlich, da er die Gesamtsituation berücksichtigt. Ich werde Sie auffordern, nicht nur das auffällige Verhalten, sondern auch andere Aspekte im Leben der Katze in Betracht zu ziehen, die es verursachen oder verstärken könnten.

Sie werden Beispiele aus dem echten Leben und meiner jahrzehntelangen Erfahrung lesen. Sie werden daraus lernen, das

Umfeld Ihrer Katze mit ihren Augen zu sehen, und erkennen, wo der jeweilige Fehler liegt. Anschließend werde ich Ihnen zeigen, wie Sie das Umfeld und Ihr eigenes Verhalten so verändern, dass Sie und Ihre Katze(n) in völliger Harmonie zusammenleben können. Schon bald werden Sie sich sogar in die »Problemkatzen« ganz neu verlieben.

EINS

Den Geist vorauswerfen:
Im *Kopf* der Katze

»Ülkiger und ülkiger!« rief Alice.[9]
LEWIS CARROLL: *Alice im Wunderland*

Was, wenn das Leben und die Entwicklung unserer Vorfahren davon abhingen, wie gut sie sich in die Köpfe der Tiere hineinversetzen konnten, die ihr Überleben sicherten? Was, wenn jene Menschen, denen dies am besten gelang, unsere ersten Wissenschaftler waren? Genau das behaupten einige Anthropologen. Louis Liebenberg ist Experte für die Spurensuche der San-Buschleute in der Kalahariwüste in Afrika und selbst ein hervorragender Spurensucher. Er sagt, es sei durchaus möglich, dass die zur Spurensuche erforderlichen geistigen Schritte »letztlich den Ursprung wissenschaftlichen Denkens darstellen«,[10] dass der Mensch also schon sehr viel länger mit wissenschaftlichen Methoden arbeitet als bislang angenommen. Der bekannte italienische Historiker Carlo Ginzburg kommt zu dem Schluss:»Aber hinter diesem Indizien- und Wahrsageparadigma erahnt man den vielleicht ältesten Gestus in der Geschichte des menschlichen Intellekts: den des Jägers, der im Schlamm hockend die Spuren der Beute untersucht.«[11]

Liebenberg nennt drei Stufen der Spurensuche. Da ist zuerst die schlichte Spurensuche: Man folgt sichtbaren Spuren unter idealen Bedingungen. Die nächste Stufe ist die systematische Spurensuche, bei der man mit Hilfe der gleichen analytischen Prozesse viele verschiedene vorhandene Spuren unter schwierigen Bedingungen deutet.

Die dritte Stufe der Spurensuche ist eine vergessene Kunst, die heute nur noch eine Handvoll Menschen auf der ganzen Welt beherrschen. Sie wird unter anderem als »theoretische Spurensuche« bezeichnet. Dabei betrachtet der Jäger die letzten sichtbaren Spuren und nimmt dann sein Wissen und seine Ahnungen über das Verhalten, die Gewohnheiten und die Instinkte dieses Tieres, über das Gelände, die Jahreszeit, das Wetter, die Bodenbeschaffenheit und vieles mehr hinzu. Blitzschnell wägt er diese »komplexen, dynamischen und ständig sich ändernden Variablen«[12] ab und versucht so, sich in das Tier hineinzuversetzen, um seine Motivation und sein Handeln zu »sehen«. Ein Autor schreibt: »Doch Anthropologen, die eng mit den Jägern der Kalahari und andernorts zusammengearbeitet haben, fanden heraus, dass die Jagd nicht nur ein instinktives Tun ist, sondern auch beträchtliches und gelegentlich sehr umfangreiches Wissen und geistige Einsicht umfasst«[13] – vergleichbar den Methoden, die wir derzeit in der historischen Forschung, der Psychologie und der Quantenphysik nutzen. Liebenberg schreibt: »Der moderne Spurensucher [der Kalahari] schafft fantasiereiche Rekonstruktionen, was die Tiere taten [als die letzten sichtbaren Spuren entstanden], und auf dieser Basis trifft er überraschende Voraussagen«[14], was sie als Nächstes tun und wohin sie als Nächstes gehen werden. Zu diesem Akt der Fantasie und der Intuition gehört es auch, »blitzschnell komplexe geistige Operationen auszuführen«[15].

Bei der theoretischen Spurensuche kommt genau das geistige Vorgehen zum Einsatz, das Malcolm Gladwell, Autor des Buchs *Blink! Die Macht des Moments,* als »Theorie der dünnen Scheibchen« bezeichnet.[16] Es handelt sich um das schnelle und weitgehend unbewusste Sieben riesiger Informationsmengen, um zu einer Schlussfolgerung zu gelangen, die weniger Erfahrenen verborgen bleibt. Erst bei der Lektüre von *Blink!* (das die nötige Erfahrung, um die genannte Kompetenz zu erlangen, bei zehntausend Stunden ansetzt) wurde mir klar, dass sich vielleicht doch erklären ließ, wie ich in zahllosen Stunden des Übens mein intuitives Verständnis für das Verhalten von Katzen entwickelt habe.

Die Jäger haben noch einen Namen für die theoretische Spurensuche: *mind-throwing* – der Jäger »*wirft* seinen Geist *voraus*« in den des Tieres, um eins mit ihm zu werden. Man stelle sich nur einmal vor, so sei die Geburt der Wissenschaft verlaufen, unterstützt durch die Versuche des Menschen, mit den Augen von Tieren zu sehen! Von Tieren, die – wie wir nicht vergessen sollten – den Männern und Frauen des Altertums oft heilig waren. Ich möchte eines klarstellen: Ich bin keineswegs eine Befürworterin der Jagd in der modernen Welt. Aber könnte ein auf die Jagd bezogenes Einfühlungsvermögen in die Tiere zu den menschlichen Fähigkeiten gehören, die durch natürliche Selektion entstanden? Der Anthropologe Claude Lévi-Strauss sagte den berühmten Satz, menschliche Gesellschaften verehrten Tiere nicht, weil sie gut zu essen, sondern weil sie »gut zu denken«[17] seien. Mit diesen Worten bezog er sich auf den Umstand, dass der Mensch durch sein Wissen über die Tiere die Welt und seinen Platz darin versteht.

Leider haben wir einen großen Teil dieses Wissens vergessen oder in unserem Bewusstsein vergraben. Bei Katzen fällt uns die Einschätzung inzwischen besonders schwer. Eine der Wolken, die uns die Sicht auf das Denken der Katzen versperren, ist die gängige Vorstellung, Katzen verhielten sich genau wie Hunde und würden durch die gleichen Anreize motiviert. In Kapitel 3 (»Vergessen Sie das Alphatiermodell: Hunde sind vom Mars, Katzen von der Venus«, Seite 106) werde ich mich ausführlicher mit diesem Thema beschäftigen. Die zweite störende Wolke ist der Glaube, sie würden ebenso denken und fühlen wie der Mensch. Dies wird als »Anthropomorphismus« bezeichnet. Die dritte Wolke ist die Überzeugung, Katzen seien einfach unerklärlich – so verschroben und exzentrisch, dass man sie nicht verstehen könnte. (Fast alle, die von diesem Buch erfuhren, reagierten schockiert, dass so etwas wie Verhaltensmodifikation bei Katzen überhaupt möglich ist. Das heißt, alle bis auf die Klienten und Tierärzte, mit denen ich arbeite.) Zu guter Letzt glauben viele Menschen auch, Katzen seien selbst für ihr Verhalten verantwortlich und müssten durch Erziehungsmaßnahmen dazu gebracht werden, es zu ändern.

Nichts von alledem trifft zu. Katzen sind weder wie Hunde noch wie Menschen. Sie sind aber auch keineswegs unerklärlich. Zudem lässt sich ihr Verhalten meist relativ leicht beeinflussen. Doch dazu müssen wir fast immer unser eigenes Verhalten sowie das Lebensumfeld verändern, das wir für sie schaffen. Wenn wir dies tun, werden sie automatisch die Verhaltensweisen zeigen, die wir fördern möchten.

Der Anthropomorphismus: Seine Freuden und seine Tücken

Ich amüsiere mich stets über den Text »Aus dem Tagebuch einer Katze«, der von einem unbekannten Verfasser stammt und im Internet die Runde macht. Er beginnt mit dem Tagebuch des Hundes, in dem einfach ein Dutzend Punkte aufgezählt werden, zum Beispiel »Schwanzwedeln!« und »Hundekuchen!«, stets gefolgt von dem Refrain: »Das mag ich am liebsten!« Das sehr viel hintergründigere Tagebuch der Katze zeigt amüsant, welche Gedanken und Motive wir diesen Tieren zuschreiben:

Tag 983 meiner Gefangenschaft. Meine Wärter versuchen immer noch, mich mit seltsam baumelnden Gegenständen zu reizen. Sie ergötzen sich an großen Mengen frischen Fleisches, aber meine Mitinsassen und ich bekommen einen undefinierbaren Brei oder harte, trockene Klumpen vorgesetzt. Ich mache keinen Hehl aus meiner Verachtung für diese Kost, aber ich muss fressen, um bei Kräften zu bleiben. Wieder einmal versuche ich, ihren Widerwillen zu wecken, und erbreche mich auf den Teppich.

Ich habe zufällig mitbekommen, dass ich meine Gefangenschaft der Macht sogenannter »Allergien« zu verdanken habe. Ich muss lernen, was sich dahinter verbirgt und wie ich es zu meinem Vorteil nutzen kann.

Heute wäre mir das Attentat auf einen meiner Wärter beinahe geglückt, als ich ihm beim Gehen zwischen den Beinen herumlief. Ich werde es morgen gleich noch einmal versuchen – am oberen Ende der Treppe. Die anderen Insassen sind allesamt Kriecher, Speichellecker und Spitzel. Der Hund genießt besondere Privilegien. Er darf regelmäßig nach draußen, kehrt allem Anschein nach aber bereitwillig wieder zurück. Er ist offensichtlich nicht der Hellste. Der Vogel ist sicher ein Spion. Er unterhält sich regelmäßig mit den Wärtern. Bestimmt erzählt er ihnen haarklein, was ich tue. Sie haben ihn in Schutzhaft genommen und hoch droben in eine Stahlzelle gesperrt, wo er in Sicherheit ist – aber meine Zeit wird kommen ...

Wenn Sie Katzenliebhaber sind, werden Sie bei der Lektüre dieser Zeilen lächeln und nicken. Sie werden sich erinnern und noch einmal die Zeit mit den Katzen erleben, die Sie früher einmal hatten oder die heute bei Ihnen leben. Dieses Wiedererkennen macht Freude. »Wie wahr!«, denken Sie. Aber das ist es freilich nicht.

Ich verstehe, dass man sich nur schwer des Gedankens erwehren kann, Tiere wären wie Menschen mit ähnlichen Gefühlen und vor allem ähnlichen *Gedanken.* Ich finde es rührend und lustig, mir vorzustellen, meine Katze Josephine sei mein *süßes, braves kleines Mädchen,* das *mich liebt, seine Liebe für mich zum Ausdruck bringen möchte* und auch *meine Liebe wirklich empfindet.* Ganz besonders rührt mich die Vorstellung, dass sie ohne mich einsam wäre und meine Liebe bräuchte. Diese Form von Anthropomorphismus hat sowohl für die Haustiere als auch für ihre Besitzer einen klaren Nutzen. Ein Vorteil liegt schlicht und einfach darin, dass wir seltsamerweise menschlicher und glücklicher werden, wenn wir Mitgefühl mit dem Leiden und den Empfindungen eines Tieres haben. Offenbar ist dieses Gefühl der Verbundenheit für uns ein Quell des Wohlbefindens. Haustierhalter sind im Allgemeinen psychisch gesünder als Menschen, die keine Tiere haben. Die Vorstellung, unsere Katzen würden ebenso empfinden und denken wie wir, verstärkt das Gefühl der Nähe und sorgt dafür, dass wir uns besser um sie kümmern.

Dennoch sollten wir unser anthropomorphisches Denken zügeln. Weshalb? Erstens unterscheidet sich die Katze *erheblich* vom Menschen, weshalb wir mit unseren Projektionen oft danebenliegen. Einige Leser würden vielleicht lieber an der Fantasievorstellung festhalten, ihre Katzen wären genau wie sie, und die folgenden Zeilen überspringen. Aber ich habe mir ein höheres Ziel gesteckt: Ich möchte dafür sorgen, dass Katzen wieder Katzen sein dürfen. Ich bestehe darauf, dass wir sie sein lassen, wie sie sind, dass wir ihnen ihre Andersartigkeit zugestehen, statt sie als Menschen en miniature zu betrachten. Was Hundetrainer über ihre Tiere sagen, gilt auch für Katzen: Sie sind keine kleinere Ausgabe des Homo sapiens. Alle Haustiere bleiben zutiefst anders. Das gilt ganz besonders für die nur teilweise domestizierte Katze. Sie geht »eigene Wege«, wie Rudyard Kipling schrieb.[18]

Ist Ihre Katze süß? Mir fällt es schwer, mein Kätzchen irgendwie anders zu sehen. Warum sonst sollte ein Geschöpf so niedlich, so charmant, so reizend und so zärtlich sein, wenn es nicht lieb wäre und lieb sein wollte? Aber raten Sie mal, welche Katzen am häufigsten Urinspuren hinterlassen? Keine Ahnung? Es sind die »Liebsten«. Ängstliche und nervöse Katzen suchen nach Möglichkeiten, sich zu beruhigen und ihr Selbstvertrauen zu stärken. Eine davon ist das Markieren mit Urin. Eine andere ist es, sich niemals weit von dem Menschen zu entfernen, der ihnen Zuneigung schenkt, sie füttert und mit beruhigender Stimme zu ihnen spricht, und sich an ihm zu reiben – also »lieb« zu ihm zu sein. Deshalb haben die anhänglichsten Katzen oft auch das größte Problem mit dem Harnmarkieren. In den sechziger Jahren bescheinigte die ursprüngliche Züchterin der Ragdoll-Katzen der Stammmutter der Rasse ein besonders liebevolles Wesen. Aber die Katze hatte erst nach dem großen Trauma, einen schweren Autounfall überlebt zu haben, eine ungewöhnliche Anhänglichkeit an ihre Besitzer entwickelt. Die Sozialisierung einer Katze geht schneller vonstatten, »wenn das Katzenjunge unter Stress gerät [oder] intensive emotionale Erfahrungen wie Hunger, Schmerz oder Einsamkeit macht«,[19] bestätigt die Tierärztin und Tierverhaltenstherapeutin Dr. Bonnie Beaver. Sie hat ein hochgelobtes Handbuch für Tierärzte über das Verhalten von Katzen verfasst. Ist dieses Verhalten nun »lieb« – oder ängstlich? Ist dieses Tier liebevoll, oder braucht es Bestätigung? Manch einer hält Siamkatzen für »zutraulicher« als andere Rassen. Aber diese »Zutraulichkeit« lässt sich zumindest zum Teil auf den schlichten Umstand zurückführen, dass die Tiere ein dünnes Fell haben und die Körperwärme des Menschen suchen.

Jeffrey Masson ist ehemaliger Psychoanalytiker und Autor einiger populärer Bücher über die Gefühle von Tieren. Vor ein paar Jahren richtete er seine enorme Beobachtungsgabe auf das Gefühlsleben der Katzen. Gleich zu Beginn seines Buches *Katzen lieben anders* entzückte mich seine Grundphilosophie: »Viele Menschen betrachten Katzen als simpel strukturierte Wesen mit einem wenig ausgeprägten Gefühlsleben, über das es sich auch nicht wirklich nachzudenken lohnt. Ich bin hingegen davon überzeugt, dass sie zutiefst emotional sind.«[20] Da hat er vollkommen recht. Wie die wissenschaftlichen Forschungen der letzten zehn Jahre ergaben, haben viele Tiere ein intensives Gefühlsleben. Sie empfinden nicht nur Angst und Nervosität, sie betrauern auch den Verlust menschlicher oder tierischer Gefährten. Sie können depressiv werden. Sie kennen Vorfreude und Vergnügen. Wie Sie in diesem Buch noch sehen werden, rufen Veränderungen ihrer Lebensumstände dramatische emotionale Reaktionen hervor. Die Katze verfügt über dieselbe Neurochemie, die auch dem Menschen das Fühlen ermöglicht.

Aber dennoch: Die Gefühle der Katzen sind einerseits weit weniger kompliziert und uns andererseits sehr viel fremder, als die meisten Menschen glauben – Masson eingeschlossen. Er erzählt zum Beispiel von einem Kater, den er gerade erst aufgenommen hatte und der ganz reizend auf seiner Brust saß. Er bezeichnet dieses Verhalten als »Masche«, als »Plan«, den das Tier »in seinem süßen kleinen Katzenherz ausgeheckt« haben musste und das es sofort wieder einstellte, als »feststand«, dass es bleiben durfte.[21] Er erzählt auch, eine bestimmte Katze würde nicht gern spielen, wenn andere ihr dabei zusahen. Warum? Weil sie das Spielen, wie er sagt, für »unter ihrer Würde« hielt. Masson weiß, dass Katzen weder Schuld noch Bedauern, Scham oder Reue empfinden. Er glaubt allerdings, sie würden sich nach einem missglückten Sprung »verlegen« oder »gedemütigt« fühlen. Seiner Ansicht nach sei dies daran zu erkennen, dass die Katze anschließend ihre Pfoten lecke. Masson glaubt auch, wenn eine Katze das Zimmer ihres abwesenden Herrchens aufsuche und miaue (»nachdem sie einen Blick hineingeworfen hatte, hob sie den Kopf und stieß einen kurzen, erbarmungswürdigen Schrei aus«), anschließend durch das ganze Haus laufe (»rastlos durch die Wohnung« wanderte), um dabei immer wieder in dieses Zimmer zurückzukehren, sei dies ein Zeichen wahrer »Liebe«.[22] Er behauptet auch, Katzen »starren aus Zuneigung«[23].

In Wirklichkeit denken Katzen nicht über uns nach. Sie tun zumindest nicht das, was wir unter »denken« verstehen. Dazu fehlen ihnen die kognitiven Voraussetzungen. Sie sind unfähig zu Gedankengängen wie *Das werde ich dir heimzahlen, Ich weiß, dass du das nicht magst, darum mache ich es dir zum Trotz* oder *Das hier solltest du persönlich nehmen.* Eine Katze betrachtet uns völlig urteilsfrei wie ein meditierender Zen-Meister. »Ich lebte mit vielen Zenmeistern«, schreibt Eckhart Tolle, »alles Katzen.«[24] Dass wir diesen Zustand oft nicht nachvollziehen können, ist bedauerlich, macht ihn aber nicht weniger wahr. Katzen schmieden und entwickeln keine raffinierten Pläne, sie manipulieren uns auch nicht bewusst und mit Vorbedacht. Wenn ihnen ein Sprung misslingt, sind sie erschrocken, verängstigt, vielleicht sogar verletzt, und sie lecken sich, weil Putzen der Selbstberuhigung dient. Sie sind nicht verlegen. Nur *Menschen* sind verlegen, wenn sie vor den Augen anderer hinfallen. Eine Katze ist ebenso wenig fähig, Demütigung zu empfinden, wie eine Wüstenrennmaus oder eine Farnpflanze. Katzen *sind* einfach. Die Schutzheiligen der Katzen sind nicht Freud, sondern Buddha oder Laotse, nicht Dr. Phil, sondern Eckhart Tolle.

> *»Eine Katze braucht den König nicht zu fürchten«,*
> *sagte Alice.*
> *»Das habe ich irgendwo gelesen,*
> *aber wo, weiß ich nicht mehr.«*[25]
> LEWIS CARROLL: *Alice im Wunderland*

Was das Anstarren betrifft, gilt: Wenn Katzen einander anstarren, soll damit Entschlossenheit oder gar eine gewisse Bedrohung ausgedrückt werden, und das wird auch so verstanden. Es ist niemals ein Zeichen von Zuneigung. Mit ihrem Blick möchte die Katze andere einschüchtern. Menschen betrachtet sie oft ganz ohne Hintergedanken, doch wenn sie aggressiv ist, kann sie selbstverständlich auch uns drohend anstarren. Es gibt jedenfalls keinen Grund zu glauben, die ausschließlich von ihren Instinkten geleitete Katze könne die Verdrahtung ihres Gehirns dahin gehend ändern, dass sie Menschen mit *Zuneigung* ansähe. Da sie ein sehr breites Gesichtsfeld hat, muss es noch nicht einmal sein, dass sie wirklich *uns* anstarrt. Wenn es scheint, als sähe sie uns an, betrachtet sie vielleicht den ganzen Raum oder konzentriert sich auf einen Punkt, der sich irgendwo zwischen ihr und uns befindet. Das Missverständnis darüber, was das Anstarren – und das Angestarrtwerden – für eine Katze bedeutet, ist für eine weitere falsche Vorstellung verantwortlich, die wir uns von diesen Tieren machen. Wie oft hören Sie jemanden sagen (oder sagen es vielleicht selbst), dass Katzen mit einem untrüglichem Gespür in einem Raum denjenigen herauspicken, der am wenigsten mit ihnen anfangen kann, um sich auf seinen Schoß zu setzen. Weil sie so »pervers« seien. In Wirklichkeit geschieht jedoch Folgendes: Ein Mensch, der keine Katzen mag oder sich nicht für sie interessiert, wird sich vermutlich nicht die Mühe machen, Blickkontakt zu ihnen aufzunehmen. Deshalb wird er von der Katze auch nicht als feindselig oder bedrohlich empfunden.

Und wie steht es nun mit der Liebe der Katzen? Glücklicherweise kann auch ich nicht umhin zu denken, meine Katzen würden mich »lieben«. Ich weiß aber auch, dass die Dinge etwas anders liegen, wenn ich das Wörtchen »Liebe« nicht nur salopp dahinsage, sondern ihm eine bedeutungsvolle Definition gebe. (Ich denke da unter anderem an die Definition, die Scott M. Peck in seinem Buch *Der wunderbare Weg* gibt: »Ich definiere Liebe als den Willen, das eigene Selbst auszudehnen, um das eigene spirituelle Wachstum oder das eines anderen Menschen zu nähren.«[26]) Dann kann ich nicht sagen, Josephines Miauen wegen meiner Abwesenheit oder der Ausdruck in ihren Augen, wenn ich sie streichle, seien der Beweis ihrer Liebe und nicht ihrer Besorgnis hinsichtlich ihrer Nahrungsversorgung beziehungsweise des Verlustes einer Gefährtin, an die sie sich gewöhnt hat, oder simples körperliches Wohlbehagen. Aber wie jeder über zwanzig weiß, ist es ein himmelweiter Unterschied zwischen Liebe und Lust.*

Wenn sich die typischen Aussagen zum Denken der Katzen stattdessen auf den Dachs, die Kuh oder das hochintelligente Schwein bezögen, könnten wir ihre Absurdität erkennen. Dann würden wir verstehen, dass Aussagen wie »Eine Katze ist einfach glücklich, sie selbst zu sein«[27] von Masson auf alle Tiere zutreffen, nicht nur auf die vergötterte Katze. Es ist nur deshalb unvermeidlich, dass wir unsere Gedanken auf sie projizieren, weil wir so eng mit ihr zusammenleben. Stephen Budiansky sagt das sehr treffend: »Katzen sind weniger Haustiere als vielmehr Reisegefährten, und wenn wir ihnen unsere Hoffnungen, Erwartungen und Wünsche aufbürden, tun wir dies auf eigene Gefahr.«[28] Und schaden dabei auch ihnen, wie ich hinzufügen möchte.

> *Tierhalter sind gesünder und leben länger. Jedes Mal,*
> *wenn wir einen Grund finden, unserer Liebe Ausdruck zu verleihen,*
> *werden wir glücklicher und gesünder.*

Kurz, das anthropomorphische Denken kann gut für Sie sein. Auf jeden Fall macht es Spaß. Es ist ein gutes Gefühl, sich diese Verbundenheit vorzustellen oder sie zu empfinden. Ich weiß, ich werde die Liebe meiner Katzen auch weiterhin spüren und – was noch besser ist – ihnen meine Liebe schenken. Und Sie sollen das auch keineswegs unterlassen. Ich möchte jedoch vor allem auch die dunkle Seite des Anthropomorphismus zur Sprache bringen, die ich als »anthropomorphische Falle« bezeichne: »Vermenschlichungen«, die allen Beteiligten schaden.

---

* Ich glaube, wir sind den Tieren ähnlicher, als wir meinen. Auch bei Menschen wird das Gefühl der »Liebe« zu einem großen Teil von Überlebensinstinkten beeinflusst, die sich in den chemischen Vorgängen im Gehirn niederschlagen. Das Verhalten von Katzen dient fast ausschließlich ihrem Überleben. Auch viele menschliche Verhaltensweisen fallen in diese Kategorie.

Die anthropomorphische Falle

Wenn wir glauben, unsere Tiere seien genau wie wir, vereinfacht das den Umgang mit ihnen erheblich. Als junger Mensch war ich mir meines Anthropomorphismus kaum bewusst. Schließlich glaubte ich als kleines Mädchen, sogar meine Stofftiere hätten echte Gedanken und Gefühle. Aber was ist, wenn wir wirklich meinen, Katzen empfänden dieselbe Liebe, dasselbe Glück wie wir, würden *versuchen*, lieb oder entzückend zu sein, oder wären verlegen? An diesem Punkt sind wir nicht weit davon entfernt, ihnen auch andere, weniger schöne menschliche Absichten wie Boshaftigkeit oder Rachsucht, Sturheit oder Unnachgiebigkeit zu unterstellen. Und dann tun wir unter Umständen Dinge, mit denen wir sie verletzen.

Das Personal von Tierarztpraxen und Tierheimen weiß nur zu gut, dass wir Katzen bestrafen, wenn wir glauben, sie wollten uns mit ihrem Fehlverhalten übel mitspielen oder verhielten sich so, obwohl sie es angeblich besser wissen müssten. Wir schimpfen: »Du weißt ganz genau, dass du nicht auf den Tisch darfst!« Wir schlagen sie: »Das hast du nur gemacht, um dich an mir zu rächen. Da siehst du, was du davon hast!« (Auch bei Kindern gibt die Sauberkeitserziehung häufig Anlass zu körperlichen Übergriffen.) Wir jagen sie aus dem Haus: »Wenn du nicht aufhören kannst, an den Möbeln zu kratzen, musst du eben draußen bleiben!« Wir lassen sie im Stich: »Es spielt keine Rolle, wie oft ich dir sage, dass du das nicht tun sollst. Du pinkelst einfach weiter überallhin.« Aber es ist falsch zu glauben, Katzen könnten eine Verbindung zwischen ihrem Verhalten und unseren Misshandlungen – denn darum handelt es sich – herstellen. Und es ist völlig fehl am Platz, wenn wir den Wunsch nach Rebellion oder Boshaftigkeit auf sie projizieren. Katzen werden ausschließlich von ihrem Selbsterhaltungstrieb motiviert. Boshaftigkeit sichert ihr Überleben ebenso wenig wie alle anderen höheren menschlichen Gefühle. Kot und Urin dienen nicht dazu, den Menschen irgendetwas heimzuzahlen. Oder wie Sigmund Freud hätte sagen können, so er ein Katzenverhaltenstherapeut gewesen wäre:»Manchmal ist Kot im Schuh einfach nur Kot im Schuh.«

Ich halte eine echte emotionale oder spirituelle Verbindung zu einem Tier durchaus für möglich. Wenn ich in Josephines oder Jaspers Augen sehe, glaube ich, dort ein Empfindungsvermögen, ein Bewusstsein zu erkennen, das meiner auf eine bedeutungsvolle Weise gewahr ist, die ich nicht richtig beschreiben kann. Meine Lebensaufgabe ist es jedoch nicht, meine eigenen Gefühle auf sie zu projizieren, sondern zu versuchen, *ihre* Gefühle zu verstehen. Mit diesem Buch möchte ich Sie dazu auffordern, es mir gleichzutun. Ganz im Sinne von Erasmus Darwin, dem Großvater Charles Darwins, der gesagt haben soll:»Respekt vor Katzen ist der Anfang jeglichen Sinns für Ästhetik.«

Als besonders unschön kann es sich erweisen, wenn Sie in die anthropomorphische Falle tappen und Ihre Katze daraufhin zurechtweisen oder bestrafen. Denn das

* ist zwecklos, weil es das Verhalten für gewöhnlich nicht unterbindet,
* ist häufig kontraproduktiv, weil es unerwünschtes Verhalten verstärken oder neues Problemverhalten erzeugen kann,
* kann das Band zwischen Ihnen und Ihrer Katze zerstören,
* ist unmenschlich und
* wirft kein gutes Licht auf die Intelligenz unserer Spezies.

Halten Sie sich eher an die positive Seite des Anthropomorphismus (»Sie ist lieb«) und nehmen Sie Abstand von der negativen (»Sie weiß, dass sie das nicht darf, und will mich reizen«). Ich hätte da allerdings eine noch bessere Idee! Warum lernen Sie nicht, Ihrer Katze auf ihrem eigenen Terrain zu begegnen?

Begegnen Sie Ihrer Katze auf ihrem Terrain: So ändern Sie ihr Verhalten mit dem dreiteiligen CAT-Plan

Unter allen Geschöpfen dieser Erde gibt es nur eines, das sich keiner Versklavung unterwerfen lässt. Dieses ist die Katze.[29]
MARK TWAIN: *Notebook, 1894*

Nicht strafen, nicht schimpfen

Ich nehme an, ich sollte inzwischen ziemlich abgeklärt sein. Trotzdem überrascht mich immer wieder, wie viele Klienten erzählen, sie hätten ihre Katze mit der Nase in eine Urinpfütze gedrückt, ein beißendes Tier auf die Nase geschlagen oder nach ihm getreten, als es auf ihr Bein losgegangen war. Manch einer berichtet, er hätte gelesen, man solle seine Katze zur Strafe fest auf die Nase schnippen oder tippen oder sie am Nackenfell packen. Ich werde nie die Frau vergessen, die mir bei einem gesellschaftlichen Anlass stolz erzählte, sie hätte ihrer Katze mit der folgenden Methode abgewöhnt, auf die Arbeitsplatte in der Küche zu springen: Sie hätte sich das Kätzchen gegriffen und quer durchs ganze Zimmer an die Wand geworfen. Mit einer solchen Bestrafung hat sie sicher alles nur noch schlimmer gemacht. Wenn Sie Ihre Katze schlagen, treten oder anschreien, betrachtet sie Sie möglicherweise als Angreifer und reagiert mit Kampf oder Flucht. Vielleicht fängt sie ihrerseits an, Sie anzugreifen, weil sie Sie nun mit negativen Assoziationen verknüpft. Derartige Methoden sind unwirksam und unmenschlich. Tiere sind von ihrem Denken her nicht in der Lage, eine Verbindung herzustellen zwischen

1. der (oft schon vor vielen Stunden) verunreinigten Stelle,
2. Ihrer Wut und Ihrer Bestrafung sowie
3. dem stattdessen erwarteten Verhalten.

Es gibt einfach keine Verhaltensgrundlage für das Bestrafen oder Beschimpfen von Tieren.

Ich erinnere mich an eine kanadische Klientin namens Adele. Die Züchterin hatte ihr geraten, ihrem Ragdoll-Kätzchen Bianca einen Klaps auf die Nase oder den Po zu geben, wenn es beim Spielen auf Adeles Hände losging. Adele hatte den Rat befolgt. Als Bianca fünf Monate alt war, waren ihre Angriffe nicht mehr spielerisch. Sobald Adele in ihre Nähe kam, kriegte sie es mit der Angst zu tun und ging auf sie los. Ihre Pupillen wurden groß wie Untertassen, sie legte die Ohren an, und Adele konnte sich ihr nicht mehr nähern, ohne schmerzhafte punktförmige Bisswunden an Händen, Beinen oder im Gesicht davonzutragen. Einmal musste sie sogar ins Krankenhaus. Um sich vor weiteren Verletzungen zu schützen, sperrte Adele Bianca in ein Zimmer, das sie nun allerdings nicht mehr ohne Weiteres betreten konnte, um die Katzentoilette zu reinigen.

Volle Futternäpfe musste sie blitzschnell durch die einen Spalt breit geöffnete Tür schieben, bevor Bianca sich daraufstürzte. Glücklicherweise konnten wir die Katze innerhalb von etwa acht Wochen mit den in Kapitel 7 beschriebenen Techniken rehabilitieren. Heute leben Adele und Bianca friedlich zusammen.

Angenommen, man möchte einer Katze etwas abgewöhnen und beispielsweise verhindern, dass sie auf die Arbeitsplatte in der Küche springt. In diesem Zusammenhang höre ich oft den folgenden Rat:»Sagen Sie einfach energisch: ›Nein!‹« Ich muss darüber immer lächeln. Da könnten Sie ebenso gut mit einem Eichhörnchen schimpfen. Wenn Sie an der Wirksamkeit von Ermahnungen zweifeln, denken Sie daran, dass Ihre Katze nicht zahmer ist als ein Eichhörnchen oder ein Waschbär. Ein Eichhörnchen käme schnell zu dem Schluss, dass Sie ihm schaden wollen, und würde lernen, Ihnen aus dem Weg zu gehen. Ein Waschbär würde sich verteidigen oder Sie angreifen.

Jüngste Forschungen legen nahe, dass Konfrontations- oder Aversionsverfahren sogar bei Hunden wirkungslos sind. Niederstarren, Schlagen oder Einschüchtern sowie weitere Elemente des sogenannten Alphatiermodells können die Aggression eher noch schüren.[30] Es ist *vielleicht* möglich, dass ein Hund sein Verhalten ändert, um zu verhindern, dass Sie unangenehme Laute von sich geben. Aber eine Katze? Katzen werden von ihrem Selbsterhaltungstrieb motiviert. Sie gehen Ihnen einfach aus dem Weg oder greifen Sie an, ohne Rücksicht darauf, dass Sie gerade Alphatier spielen – oder sie wiederholen das Verhalten gleich noch mal, um Aufmerksamkeit zu bekommen.

Letztlich kann Ihre Katze aus Strafe und Zurechtweisung keine grundsätzliche, sondern nur eine bestimmte Lektion lernen und wird das Verhalten nur noch in Ihrer Abwesenheit zeigen. Vielleicht lernt sie ja tatsächlich, nicht auf die Arbeitsplatte in der Küche zu springen, wenn Sie»Nein« rufen. Allerdings wird sie in diesem Fall keine Verbindung zwischen der Arbeitsplatte und der unangenehmen Situation herstellen. Weil die Unannehmlichkeit von Ihnen ausging, wird sie einfach warten, bis Sie fort sind, und erst danach auf die Arbeitsfläche springen. Oder Sie bestrafen Ihre Katze oder schimpfen mit ihr, weil sie mit Urin markiert hat. Ängstlich und aufgewühlt läuft sie davon. Sie glauben, Ihre Position klargemacht zu haben. Herzlichen Glückwunsch zu Ihrem Pyrrhussieg: Sie haben Ihrer Katze soeben beigebracht, nur noch in Ihrer Abwesenheit zu markieren. Das könnte von jetzt an sogar noch häufiger vorkommen, da ihre Angst gewachsen und das Markieren eine der Möglichkeiten ist, sie zu lindern. Keine gute Idee. Sie müssen die Sache viel subtiler, gewissermaßen mit Glacéhandschuhen angehen, wie es der Katze als Meisterin der Zwischentöne würdig ist.

Was wirklich funktioniert: Entziehen Sie Ihre Aufmerksamkeit oder sogar Ihre Gegenwart

Es gibt noch andere Gründe, weshalb Sie Ihre Katze weder strafen noch mit ihr schimpfen sollten. So wie sich Kinder nach der Beachtung ihrer Eltern sehnen, verlangt es auch Katzen nach jeder Art von Aufmerksamkeit von ihrem Besitzer, selbst wenn sie negativ ist. So manche Katze empfindet ein entschiedenes »Nein« sogar als Belohnung. Darum schimpfen Sie nicht mit dem Tier, wenn es ein unerwünschtes Verhalten zeigt. Verlassen Sie stattdessen sofort das Zimmer. Diese Technik hat Tradition: Auch Katzenmütter lehren ihre Jungen, etwas zu unterlassen, indem sie ihnen ihre Aufmerksamkeit entziehen. Mit der Zeit wird die Katze lernen, dass Sie das Zimmer verlassen, wenn sie zu lange miaut oder Sie spielerisch attackiert – und das gefällt ihr gar nicht. Weiter unten werde ich zudem erklären, wie man Katzen von problematischen Verhaltensweisen ablenkt und abschreckt.

Sie können die Verhaltensprobleme Ihrer Katzen lösen

Im Hinblick auf die Katze herrschen so viele Missverständnisse – gerade bei Katzenhaltern, bei denen auch die Gefahr am größten ist, dass sie die Tiere ins Tierheim abschieben, einschläfern lassen oder aussetzen (wollen). Viele dieser Menschen haben oft keine Ahnung vom Sexualzyklus ihrer Katze. Sie glauben fälschlicherweise, ein weibliches Tier sollte einmal Junge gehabt haben, bevor man es kastrieren lässt. Sie meinen, Katzen wollten sie mit ihrem Benehmen ärgern. Sie verkennen die Bedeutung normalen spielerischen Verhaltens. Sie wissen nicht, dass die Anzahl der Verhaltensprobleme mit der Anzahl der Katzen im Haushalt wächst.

Die Vorstellung, *Katzen* zeigten »Verhaltensauffälligkeiten« oder hätten »Verhaltensprobleme«, ist gewissermaßen eine Fehleinschätzung: Bei fast allen Problemen, die keine medizinische Ursache haben, sondern verhaltensbedingt sind, muss *der Besitzer* sein Verhalten ändern. Ich bin Katzenverhaltenstherapeutin, aber ich modifiziere immer zuerst das *menschliche* Verhalten.

Katzen »sind« einfach, und dafür lieben wir sie. Katzen weisen keine kognitiven Fähigkeiten auf wie wir. Sie haben keine Vorstellung davon, wie die Dinge sein sollten. Sie beobachten oder reagieren, aber sie denken dazwischen nicht »rational« nach. Auf das, was wir »Liebe« und »Zuneigung« nennen und was ihre Katzenkörper als positive Energie und angenehme Berührung wahrnehmen, reagieren sie verlässlich und immer gleich. Auf unsere Großzügigkeit, wenn wir ihnen eine Schüssel Futter hinstellen, reagieren sie nicht mit Dankbarkeit, sondern mit der Befreiung von Hunger und der Angst, die dieser Hunger mit sich bringt. Auf das, was wir tun, reagieren sie so, wie die Natur sie geprägt hat. Auf ihre Lebensumstände reagieren sie mit Strategien, die in freier Wildbahn ihre Überlebenschancen maximiert hätten. Das ist weder gut noch schlecht.

Meist finden wir ihre natürliche Reaktion entzückend: wenn sie Wärme geben und genießen, schnurren, spielen, gelassen ruhen.

Zuweilen aber ist die Reaktion auf ihr Umfeld weniger angenehm. Doch das liegt häufig daran, dass *unser* Benehmen ihnen fremd oder zumindest eine Herausforderung für sie ist. Katzen können beispielsweise aus vielen Gründen unsauber werden, aber fast immer sind Fehler ihrer Besitzer die Ursache (und das ist eine gute Nachricht). Es ist eine Sache, von einer Katze zu erwarten, dass sie sich in eine unnatürliche Umgebung begibt und ihr Geschäft in einer Plastikkiste mit falschem oder irgendwie verarbeitetem Sand verrichtet. Aber es ist etwas anderes, wenn sie eine Katzentoilette benutzen soll, die schmutzig ist, oder vertrauensvoll in eine Kiste steigen soll, die von einem Kleinkind überragt wird oder in deren Nähe sich ein aggressiver Artgenosse aufhält. Wir mögen Katzen, die zärtlich mit uns spielen. Aber wir werden wütend, wenn sie so reagieren, wie *wir* sie konditioniert haben, und zu fest zubeißen oder kratzen.

Katzen haben kein ethisches oder moralisches Empfinden und können nicht vorausplanen, um Rücksicht auf Ihre Gefühle zu nehmen. Projizieren Sie keine komplizierte Absicht auf Ihr Tier. Was es auch tut, es geschieht nicht aus schierer Böswilligkeit. Die Vorstellung, Ihre Katze wollte sich mit einem bestimmten Verhalten an Ihnen rächen, ist ebenso albern wie der Gedanke, sie wäre verärgert, weil Sie ihr kein Smartphone kaufen. Katzen nehmen die Dinge nicht persönlich und reagieren deshalb auch nicht persönlich, das tut nur der Mensch – womit wir bei den drei wesentlichen Punkten wären:

1. Die Reaktionen Ihrer Katze werden von ihrem Wesen (ihren Genen) und ihrer Konditionierung (ihrer Erziehung) bestimmt. Sie sind *normal*, nicht durchdacht, bösartig, falsch oder irgendwie schlecht.
2. Als ihr Besitzer müssen Sie bereitwillig die Verantwortung für alle Konditionierungen übernehmen, die Ihre Katze mit-

bekommen hat, bevor sie zu Ihnen kam. Außerdem tragen
Sie die unmittelbare Verantwortung für alle bedingten Reaktionen beziehungsweise Reflexe, die sie bei Ihnen entwickelt
(einschließlich derjenigen, die sich durch ihre Lebensumstände ergeben).
3. Niemand – ob Mensch oder Tier – hat mehr Macht und Einfluss und damit Verantwortung für die bedingten Reflexe
Ihrer Katze als Sie. Die Antwort liegt bei Ihnen. *Sie* werden
die von mir ausgeführten Schritte befolgen, nicht Ihre Katze.
Sie wird ganz natürlich reagieren. Die gute Nachricht? Das
macht die ganze Sache so einfach.

Die sieben Klassen von Verhaltensproblemen bei Katzen

Problemverhalten ist für mich alles, was irgendjemandem Leid
verursacht – und das schließt die betreffende Katze ein. Wenn
Sie tief und fest schlafen und vom Miauen Ihrer Katze um vier
Uhr morgens nicht geweckt werden, ist das für Sie unter Umständen kein Verhaltensproblem. Aber wenn Ihr Lebensgefähr-
te einzieht und Sie feststellen, dass er einen leichten Schlaf hat,
kann das Miauen zum »Problem« werden. (Wenn das Verhalten
stressbedingt ist, ist es unter Umständen auch für das Tier
selbst problematisch.) Es gibt viele Möglichkeiten, wie Katzen
ihre Angst und ihre Anspannung zum Ausdruck bringen, und
noch mehr Ursachen dafür. Aber in den Jahrzehnten, in denen
ich nun schon professionell mit ihnen arbeite, haben sich sieben
Hauptkategorien herauskristallisiert:

1. Spannungen zwischen Artgenossen
Sie schaffen sich eine weitere Katze an, und das heimische
Tier läuft davon, versteckt sich und traut sich nicht mehr
heraus. Oder mit einem Mal fangen Ihre Katzen an, einander
tagtäglich anzufauchen und Imponiergehabe zu zeigen, bis

Sie sich gezwungen sehen, Ihr Haus in verschiedene Zonen aufzuteilen, damit sie nicht mehr miteinander in Berührung kommen. (Siehe Kapitel 2, 5 und 7.)

2. *Aggression*
Es gibt verschiedene Formen von Aggression, und oft ist Angst der Auslöser dafür. Ein extremer Fall liegt vor, wenn eine Katze Menschen oder andere Tiere kratzt oder beißt. Solche Katzen können schwerwiegende Probleme verursachen und Sie vor sehr große Herausforderungen stellen – vor allem, wenn Sie kleine Kinder haben.

In einer solchen Situation bekommen Sie üblicherweise Ratschläge wie »Setzen Sie Grenzen und sagen Sie: ›Nein‹«, »Klatschen Sie in die Hände, um sie zu unterbrechen«, »Geben Sie ihr angstlösende Medikamente«, »Füttern Sie Ihre Katzen miteinander«, »Trennen Sie die Tiere«, »Verwenden Sie eine Wasserpistole« oder »Suchen Sie Ihrer Katze ein neues Zuhause«. Diese Methoden sind zum Teil kontraproduktiv und machen die ganze Sache nur noch schlimmer – und sind manchmal sogar *die Ursache* für das unerwünschte Verhalten! (Siehe Kapitel 7.)

3. *Unsauberkeit*
Eines Tages findet Ihre Katze, ihre Toilette sei nicht mehr gut genug – und macht lieber auf Ihre Laken, auf Ihren Schreibtisch oder in Ihren Schuh. Unsauberkeit ist das Problem, mit dem ich am häufigsten konfrontiert werde. Das heißt, das Tier verschmäht die Katzentoilette und setzt anderweitig Kot oder Urin ab.

In diesem Fall bekommen Sie üblicherweise Ratschläge wie »Stellen Sie mehr Katzentoiletten auf«, »Wechseln Sie die Katzenstreu«, »Putzen Sie die Stelle mit einem guten Enzymreiniger«, »Entfernen Sie öfter die verschmutzte Einstreu« oder »Gehen Sie zum Tierarzt, vielleicht hat das Problem medizinische Ursachen«. Das sind alles gutgemeinte

Empfehlungen, aber wenn Sie es dabei belassen, bleibt eine Besserung möglicherweise aus oder ist nur vorübergehend. Sie ändern nichts daran, dass das unerwünschte Verhalten immer noch eine *Gewohnheit* ist, die beseitigt werden muss. (Kapitel 8 enthält einen umfassenden Behandlungsplan.)

4. *Markieren*

Sie bemerken einen merkwürdigen Geruch in einigen Ecken Ihrer Wohnung oder erwischen Ihre Katze dabei, wie sie im Sitzen markiert oder einen gezielten Urinstrahl nach hinten auf die Wand richtet. In einem solchen Fall bekommen Sie oft den Rat, dies entweder hinzunehmen oder die Katze wegzugeben, da »Harnmarkieren das einzige Verhalten ist, das sich nicht ändern lässt«. Falsch. Es lässt sich sogar *sehr leicht* ändern. Sie müssen das Tier nicht weggeben, und meist braucht es nicht einmal Medikamente. Entscheidend ist, dass Sie verstehen, *weshalb* Ihre Katze sich so verhält, zum Beispiel aus Angst, und daraufhin entweder die Stressfaktoren beseitigen oder Ihrer Katze helfen, sie in einem positiveren Licht zu sehen. Der Auslöser befindet sich meist irgendwo in ihrer Umgebung (und ich kann Ihnen helfen, ihn zu finden), oder die Ursache sind Spannungen mit einem Artgenossen, der ebenfalls zum Haushalt gehört. (Siehe Kapitel 9.)

5. *Übermäßiges Miauen*

Sie wollen fernsehen, und Ihre Katze sitzt in einem anderen Zimmer und ruft Ihnen unaufhörlich etwas zu. Nein, sie möchte nicht etwa, dass Sie umschalten. Wie es scheint, gibt es überhaupt keinen Grund dafür. Oder es ist vier Uhr morgens, und Ihre Katze tut, als wäre sie ein Leopard, der eine Gazelle jagt. Oder sie sitzt in der Dusche und singt stundenlang, weil die Akustik so gut ist. Übermäßiges Miauen kann viele Gründe haben. Ich werde sie nennen und Ihnen helfen, dieses Verhalten zu ändern. (Siehe Kapitel 10.)

6. *Destruktives und unerwünschtes Verhalten*
Ihr Sofa ist zerfetzt. Die Katzen springen auf der Arbeitsplatte in der Küche herum. Es macht Sie *wahnsinnig*. In solchen Fällen bekommen Sie meist Ratschläge wie »Sagen Sie: ›Nein‹, wenn sie auf die Arbeitsplatte springt!«, »Geben Sie ihr einen Klaps!« oder »Spritzen Sie sie mit der Wasserpistole an«. Die ersten beiden Vorschläge machen die Situation noch schlimmer, der dritte löst das falsche Problem. Bei allen besteht die Gefahr, dass die Katze diese unerwünschten Verhaltensweisen dann eben in Ihrer Abwesenheit ausführt. (Aber Hilfe naht – in Kapitel 11.)

7. *Zwanghaftes Verhalten*
Zwanghaftes Verhalten äußert sich unter Umständen als ständiges Bekauen oder Fressen von ungenießbaren Gegenständen, übertriebene Fellpflege, Nuckeln an Teppichen oder Fellen. Vielleicht hat man Ihnen empfohlen, Ihre Katze anzuschreien oder sie zu streicheln und beruhigend auf sie einzureden, damit sie sich besser fühlt. Aber ein solches Vorgehen kann das Verhalten noch verstärken. (In Kapitel 12 lesen Sie, wie Sie es unterbinden.)

Dieses Buch ist aus pragmatischen Gründen so aufgebaut, dass Sie sofort das Kapitel mit den Empfehlungen zur Lösung eines bestimmten Verhaltensproblems bei Ihrer Katze aufschlagen können. Dies soll in dringenden Fällen helfen, wenn Sie möglichst schnell konkrete Antworten brauchen. Trotzdem empfehle ich Ihnen natürlich, das ganze Buch zu lesen. Mein System ist darauf ausgelegt, das Wohlbefinden der Katzen zu optimieren, und ein fürsorglicher Katzenbesitzer kann nie genug über das wissen, was im Kopf seiner Katze vorgeht. Unabhängig davon, welches Problem das Tier hat, sollten Sie auf jeden Fall in Kapitel 5 nachlesen, welche wichtigen Ansprüche Katzen an ihr Territorium stellen.

Dieses Buch sollte jeden in die Lage versetzen, eine Strategie zu entwickeln, um die Verhaltensauffälligkeiten einer Katze abzustellen. Vorausgesetzt, die Probleme sind nicht medizinisch bedingt, wird dieser Plan in den meisten Fällen zu einem hundertprozentigen Erfolg führen, er ist rundum *natürlich*, kommt *ohne Medikamente* aus, kann *dauerhaft* beibehalten werden und ist vor allem *human*.

Die Elemente eines effektiven CAT-Plans

Es gibt drei Möglichkeiten, Verhaltensprobleme bei Tieren zu beheben: Man verändert ihr Lebensumfeld, nutzt Techniken der Verhaltensmodifikation oder verabreicht Medikamente. Die Behandlung mit Arzneimitteln werde ich nur vereinzelt erwähnen. Ich habe einen umfassenden, ganzheitlichen und aus drei Teilen bestehenden Behandlungsplan erarbeitet, mit dem sich die meisten unerwünschten Verhaltensweisen bei Katzen beseitigen lassen. Zwei Teile sind der Veränderung des Verhaltens, ein Teil der Verbesserung der Lebensumstände gewidmet. Mein CAT-Plan ist ganz einfach:

1. Beenden Sie das unerwünschte Verhalten der Katze – mit Verhaltensmodifikation und anderen Techniken, um die Ursache einer Reaktion zu beseitigen oder aber diese oder den Ort unattraktiv zu machen, an dem sie stattfindet.
2. Machen Sie das erwünschte Verhalten/den erwünschten Ort attraktiv – mit Verhaltensmodifikation und anderen Techniken sowie sehr viel positiver Verstärkung, um eine Alternative interessanter erscheinen zu lassen.
3. Verbessern Sie die Lebensbedingungen – verändern Sie das Umfeld der Katze.

Denken Sie nicht einmal im Traum daran aufzugeben, bevor Sie einen CAT-Plan mindestens dreißig – manchmal sogar sechzig – Tage lang eingehalten haben. Katzenbesitzer, die ihre Erwartungen entsprechend anpassen, erzielen deutlich bessere Erfolge.

Der Einfachheit halber werde ich die einzelnen Elemente des CAT-Plans als »Schritte« bezeichnen. Ich werde sie auch immer in der gleichen Reihenfolge präsentieren. Dessen ungeachtet sollten Sie die drei Strategien, von ein paar offensichtlichen Ausnahmen abgesehen, immer *gleichzeitig* anwenden – und das mindestens dreißig Tage lang!

Beenden Sie das unerwünschte Verhalten

Sie können unerwünschtes Verhalten bei Ihrer Katze unterbinden, indem Sie entweder das Benehmen oder den Ort unattraktiver machen, an dem es stattfindet. Dazu haben Sie verschiedene Möglichkeiten. Der Kreislauf unerwünschten Verhaltens lässt sich dadurch unterbrechen, dass Sie die Katze sowohl ablenken als auch negative oder widersprüchliche Assoziationen zu dem *Ort* herstellen, an dem sie ihm nachgeht. Hin und wieder werden Sie mehrere Methoden gleichzeitig anwenden müssen.

Was wirklich funktioniert: Meistern Sie die Kunst der höheren Gewalt

Im Idealfall wäre jedes Mal, wenn der kleine Antonio in der Küche auf die Arbeitsplatte springen oder an einem Lautsprecher der Stereoanlage die Krallen wetzen möchte, in der Ferne Gewittergrollen zu hören. Ein solch rätselhaftes, aber nicht allzu unangenehmes Ereignis bezeichne ich als »Akt höherer Gewalt«. Wenn es nicht unangenehm, sondern lediglich störend ist, handelt es sich um eine Ablenkung. Ich nehme an, dass Sie weder das Wetter beeinflussen können noch Bauchredner sind und den Eindruck erwecken können, das Donnergrollen hätte seinen Ursprung woanders. Deshalb werden Sie heimlich zum Beispiel mit einer Wasserspritzpistole oder einem sanften Luftstoßgerät arbeiten müssen.

Ein solches Vorgehen bezeichne ich als einen »Akt höherer Gewalt«, da die Katze glaubt, die Reaktion käme aus dem Nichts, als würde ihr Verhalten von einer unsichtbaren Kraft beobachtet. Sie müssen das allerdings geschickt machen und dürfen sich nicht dabei erwischen lassen, wie *Sie* diese Unannehmlichkeiten verursachen. Denn dann besteht die Gefahr, dass die Beziehung zwischen Ihnen und Ihrer Katze Schaden nimmt, dass sie das unerwünschte Verhalten in Ihrer Abwesenheit zeigt oder Sie das Problem mit Ihrer Aufmerksamkeit noch verstärken. Wenn Sie Ihre Katze anspritzen und sie misstrauisch zu Ihnen aufsieht, müssen Sie glaubwürdig den Eindruck erwecken, Sie wären es nicht gewesen. *Wer, ich? Niemals!* Höhere Gewalt funktioniert aus zwei Gründen: Sie ist erstens unangenehm für die Katze und unterbricht zweitens das unerwünschte Verhalten, bevor sie es weiter einstudieren kann. Wenn man eine Katze schlägt, hat das nichts mit höherer Gewalt zu tun.

Am wirkungsvollsten ist es, ein Tier in den ersten Sekunden zu unterbrechen. (Wenn Sie länger warten, wird die Katze keine Verbindung zwischen ihrem Verhalten und dem darauf folgenden, leicht unangenehmen Ereignis herstellen.) Einige sogenannte Telereizgeräte sind umstritten, und »höhere Gewalt« sollte das Tier niemals so sehr irritieren oder so lange dauern, dass sie als Strafe empfunden wird. Sie sollte auch *niemals* in angespannten Situationen zum Einsatz kommen, zum Beispiel wenn die Katzen einander niederstarren oder miteinander raufen. Mit einem »Akt höherer Gewalt« erzeugen Sie im Grunde nur eine Situation, die der Katze ein wenig lästig ist. Setzen Sie die Methode trotzdem sparsam ein und halten Sie sich dabei an das MIMA-Prinzip: Achten Sie darauf, dass die Maßnahme minimalinvasiv und minimalaversiv ist. Jedes Tier ist anders. Respektieren Sie die Empfindsamkeit Ihrer Katze. Ein Tier gerät bei einem Sprühstoß vielleicht in Panik, während ein anderes sich anschleicht, an dem Gerät schnuppert und wartet, bis der Luftstoß seine Nase trifft.

Wenn Sie nicht in der Nähe sind, um selbst für einen »Akt höherer Gewalt zu sorgen«, und Ihre Katze dennoch davon abhalten möchten, an einem bestimmten Ort einem bestimmten Verhalten nachzugehen, können Sie die Aufgabe auch delegieren und diese Stelle mit *Katzenschreckgeräten* unbehaglich machen. Dazu gehören Abschreckungssprays, Teppichschutzmatten mit den Noppen nach oben sowie doppelseitiges Klebeband. Ihr Ziel ist es, den Ort unattraktiv zu machen. (In Kapitel 7 werden wir uns eingehend mit den Abschreckungsmöglichkeiten beschäftigen.)

Ablenkung

Ich werde auch auf eine weitere wichtige Taktik eingehen: *Ablenkung.* Gelegentlich werden Ablenkungsmanöver mit der Umlenkung der Aufmerksamkeit der Katze verbunden. Ablenkungen sind im Gegensatz zur höheren Gewalt nicht unangenehm und müssen *vor* dem unerwünschten Verhalten erfolgen. Sie funktionieren besser als höhere Gewalt, wenn Katzen angespannt sind oder raufen und auf Unannehmlichkeiten eine starke negative Reaktion zu erwarten wäre. Mit Ablenkung meine ich, dass Sie Tischtennisbälle, zusammengeknülltes Papier oder andere leichte Gegenstände in den Raum werfen. Zielen Sie damit nie auf die Katze. Sie können ferner versuchen, sie zum Spielen zu animieren. Ablenkungsmanöver kommen zum Einsatz, *bevor* sich die Katze danebenbenimmt und zum Beispiel auf die Küchenzeile zuläuft, das Essen auf der Arbeitsplatte beäugt, Artgenossen anstarrt oder sich einem Gegenstand nähert, an dem sie häufig kratzt oder den sie mit Urin markiert.

Angenommen, Ihre Katze macht sich auf den Weg zu den Lautsprechern, an denen sie so gern die Krallen wetzt. Sie greifen heimlich zur Fernbedienung der Stereoanlage, und wie durch ein Wunder ertönt Musik, die sie zwar ein wenig erschreckt, aber nicht so laut ist, dass es wehtut. Ihre Katze wird lernen, die Lautsprecher in Ruhe zu lassen, ohne Sie mit dieser Form von höherer Gewalt in Verbindung zu bringen. Sie können auch versuchen, sie mit einem Tischtennisball abzulenken.

Machen Sie das erwünschte Verhalten, den erwünschten Ort oder den erwünschten Zeitpunkt attraktiv

Zeigen Sie Ihrer Katze, was sie *tun* soll, wo sie es tun soll oder beides. Vor allem die Spieltherapie wird Ihnen helfen, zum Beispiel das Kratzverhalten dahin gehend *umzulenken*, dass es sowohl für Sie als auch für Ihre Katze akzeptabel ist (zum Beispiel auf ein Kratzbrett oder einen Kratzbaum aus Sisal). Diese Methode wirkt bei verschiedenen unerwünschten Verhaltensweisen wie Harnmarkieren, Kratzen, Aggression, Unsauberkeit und vielem mehr.

Wir dürfen natürlich nicht vergessen, die Katze zu loben und ihr reichlich Aufmerksamkeit zu schenken, wenn sie das gewünschte Verhalten zeigt! Das Clickertraining eignet sich wunderbar dazu, gutes Benehmen zu betonen (siehe Anhang A). Gelegentlich wird das unerwünschte Verhalten von einem natürlichen Instinkt wie dem Jagdinstinkt verursacht, der Katzen spät am Abend oder früh am Morgen dazu bringen kann, zu jaulen oder herumzurennen. In einem solchen Fall erziehen wir die Katze einfach dazu, ihren natürlichen Instinkt zu einer annehmbaren Zeit auszuleben. (Wie das geht, wird später noch beschrieben.)

Verbessern Sie die Lebensbedingungen

Noch sind Sie nicht fertig! Die meisten Ratschläge zum Verhalten von Katzen beziehen sich ausschließlich auf das, was die Tiere unterlassen sollen (Schritt 1). Empfehlungen, die sich damit bereits erschöpfen, funktionieren nur selten. Gelegentlich wird man Ihnen auch dazu raten, unerwünschtes durch erwünschtes Verhalten zu ersetzen (Schritt 2). Das funktioniert schon besser. Aber dauerhafte Verhaltensänderungen erzielen Sie für gewöhnlich nur, wenn Sie auch im Umfeld der Katze gewisse Veränderungen vornehmen. Sonst kann sie sehr schnell wieder auf ihre alten Gewohnheiten konditioniert werden. Das Verhalten Ihrer Katze hat fast immer einen Grund:

Anspannung, Langeweile, Angst, Revierstreitigkeiten, Instinkt. Diesen Ursachen müssen Sie in ihrem Umfeld begegnen, um den kurz- sowie langfristigen Erfolg aller Verhaltenspläne zu garantieren. In den folgenden drei wichtigen Kapiteln werde ich mich deshalb erst einmal ausführlicher mit den territorialen Ansprüchen und Instinkten beschäftigen.

DREI

Auch die zahmsten Katzen führen ein wildes Leben

*»Nun also«, fuhr die Katze fort, »siehst du: ein Hund knurrt, wenn
er zornig ist, und wedelt mit dem Schwanz, wenn er sich freut.
Ich dagegen knurre, wenn ich mich freue, und wedle mit dem
Schwanz, wenn ich zornig bin. Folglich bin ich verrückt.«*
»Ich nenne das ›schnurren‹, nicht ›knurren‹«, sagte Alice.
»Nenn es, wie du willst«, sagte die Katze.[31]
LEWIS CARROLL: *Alice im Wunderland*

Die eigentlichen Ursachen vieler unerwünschter Verhaltensweisen bei Katzen reichen oft sehr viel tiefer als die unmittelbaren
Auslöser, die Sie möglicherweise erkennen – sie können sogar
geradewegs bis zu ihren Genen reichen. In diesem Kapitel werde ich mich drei wesentlichen, sowohl ursprünglichen als auch
aktuellen Ursachen problematischer Verhaltensweisen widmen,
nämlich:

1. extremem Territorialverhalten (das voll erblüht, wenn eine Katze die soziale Reife erlangt),
2. unvollständiger Domestizierung sowie
3. unzureichender Sozialisierung.

Es gibt kein anderes Tier, das so ist wie eine Katze. Daher müssen wir davon ausgehen, dass Katzen sich ausschließlich so verhalten, wie es ihrer Art entspricht, und wir müssen sie so nehmen, wie ihre Natur es verlangt. Katzen sind in zwei Punkten einzigartig, die ich an dieser Stelle hervorheben möchte. Erstens sind die meisten Katzenarten von Natur aus selbständig und sehr revierbezogen. Dies bringt viele natürliche Verhaltensweisen mit sich, die eine Herausforderung für das menschliche Zartgefühl sein können. Zweitens sind unsere Hauskatzen nicht voll domestiziert. (Einige von ihnen bewahren sich offenbar einen besonders großen Teil der Instinkte ihrer wilden Ahnen.) Was ihr Verhalten angeht, ist es also besser, sie als halb wild zu betrachten. Herzlich willkommen zu einer neuen Art des Denkens.

Überall in den Vereinigten Staaten gibt es Organisationen, die Wildkatzen aller Art Asyl gewähren – Löwen, Tigern, Luchsen, Rotluchsen, Servalen, Karakalen. Wenn diese wunderschönen Katzen jung sind, verlieben sich viele Menschen in die Vorstellung, eine von ihnen zu besitzen. Doch dann wachsen sie heran. Ihr natürliches Verhalten verstärkt sich, und sie zerlegen die Häuser ihrer Besitzer, die sie daraufhin auf einem dieser zooähnlichen Gnadenhöfe abgeben. Welche Verhaltensweisen bringen ihre Besitzer zur Resignation? Zerstörerisches Kratzverhalten, Aggression und Harnmarkieren.
Kommt Ihnen das nicht irgendwie bekannt vor?

Eigenständig, überaus territorial orientiert und Überlebensweltmeister

Alle anderen domestizierten Tiere lebten in freier Wildbahn ursprünglich in Gruppen zusammen, und daran hat sich bis heute nichts geändert. Pferde, Schweine, Schafe, Rinder, Esel, Enten, Hühner, Ziegen, Elefanten, Kamele und Hunde schließen sich genau wie die Wölfe instinktiv zu Gruppen zusammen. Die evolutionäre Grundlage für Herden- oder Rudelverbände ist das Überleben: Wenn Nahrungsressourcen unzuverlässig und über ein weites Gebiet verteilt sind, ist es für die Tiere von Vorteil, sich zum Schutz oder zur gemeinsamen Jagd zusammenzuschließen. Darüber hinaus zwingt oft die schiere Größe ihrer Beute die Raubtiere dazu, in Gruppen zu jagen, wie das zum Beispiel bei den Wölfen der Fall ist.

Bevor der Mensch eingriff, befanden sich viele dieser inzwischen domestizierten Tiere in großen Schwierigkeiten und kämpften um ihr Überleben als Spezies. Inzwischen sind ihre wilden Verwandten entweder ausgestorben oder kurz davor. Das wildlebende Przewalski-Pferd, der Urahn des modernen Pferdes, überlebt nur in Zoos und von Menschen versorgten Herden. Alle wilden Schafarten sind gefährdet. Von wilden Verwandten der Kuh wissen Sie wahrscheinlich nichts, da der Auerochse schon vor langer Zeit ausgestorben ist. Und die Wölfe? Von ihnen gibt es nur noch 150 000 Stück auf der ganzen Welt. Bei einigen dieser Arten ist nur die Domestizierung der Grund dafür, dass sie heute noch existieren. Stephen Budiansky schreibt in seinem unvergleichlichen Buch *The Character of Cats*: »Katzen befanden sich in freier Wildbahn *nicht* in evolutionären Schwierigkeiten. Sie mussten sich *nicht* mit dem Menschen zusammentun, um zu überleben. Sie erlebten *keinen* schnellen und automatischen genetischen Wandel, der die Grenzen zwischen wild und zahm verwischte, wie das bei anderen Wildtieren der Fall war, die zu gefälligen und formbaren Gefährten des Menschen wurden. Dem Urmenschen gelang es wohl auch deshalb, die Ahnen der Hunde, Rinder, Schafe und aller anderen echten Haustiere zu domestizieren, weil diese Arten das inhärente Potenzial besaßen, sich genetisch selbst zu zähmen, als er in ihr Leben trat.« Aber was war mit den Ahnen der Katzen?»Die Katzen weigerten sich, dieses Spiel mitzuspielen.«[32]

Die Hauskatze (auch die freilebenden Exemplare) stammt von der Falbkatze oder afrikanischen Wildkatze ab. Obgleich die meisten der anderen 36 Katzenarten der Welt gefährdet oder bedroht sind (was aber häufig nicht auf ihren Wettstreit mit der Natur, sondern auf menschliche Übergriffe zurückzuführen ist), breiten sich die Wildkatzen in aller Welt aus. Allein in den Vereinigten Staaten gibt es vierzig bis siebzig Millionen verwilderter Katzen. Von allen Freunden des Menschen ist die Katze, wie Budiansky sagt,»am ungezähmtesten und am erfolgreichsten«. Er fügt hinzu:»Die Katze hat sich in Gesellschaft des Menschen schneller über den Globus verbreitet als er selbst und steht dabei noch immer mit einem Fuß im Dschungel.« Dies ist der einzige Punkt, in dem ich geringfügig anderer Meinung bin: Unsere Katzen stehen mit mindestens zwei, vermutlich sogar drei Beinen im Urwald.

Die Katze war also nicht auf unsere Hilfe angewiesen. Das ist sie oft immer noch nicht, was so mancher als Beweis für ihre unvollständige Domestizierung anführt.[33] Wenn es ums Überleben geht, verlassen sich Katzen der meisten Spezies nicht einmal aufeinander. Sie sind die Gewinner der Evolution, genau wie der Mensch, der Hai, das Krokodil und die Kakerlake. Was half ihnen zu überleben? Nun, jene angeborenen Eigenschaften, die genau das Benehmen verursachen, das Ihnen möglicherweise missfällt, wie zum Beispiel ihre Eigenständigkeit und ihr komplexes Territorialverhalten. Mit anderen Worten, das, was sie zu Katzen macht.

Warum verhalten sich unsere Katzen, wie sie sich eben verhalten?»Es wird angenommen, dass die Katze sich durch den Prozess der Darwinschen Evolution in einer Art und Weise verhält, die der sozialen und physikalischen Umgebung ihrer Vorfahren angepasst ist.«[34] Wer also waren diese Ahnen und wie lebten sie? Die Antwort hängt von der Katzenart ab. Einige Spezies sind geselliger als andere. Im Gegensatz zu Katzen, die im Rudel leben, wie die Löwen und jüngsten Spekulationen zufolge auch die Säbelzahnkatzen,[35] sind die Vorfahren der Hauskatze – die nach wie vor existierenden Falbkatzen – komplette Einzelgänger. Falbkatzen haben riesige Reviere, halten sehr viel Abstand zueinander, brauchen daher keine engen sozialen Strukturen und haben keine Verwendung für Beschwichtigungsverhalten, wie man es von Hunden kennt. Im Gegensatz zum Löwen, der in der Gruppe jagt, zieht sowohl die Wild- als auch die Hauskatze grundsätzlich allein los. Harmonisch gestaltet sich der Umgang zwischen Wildkatzen nur während der Paarung (zwischen männlichen und weiblichen Tieren) und in den ersten Monaten der Aufzucht des Nachwuchses (zwischen den Müttern und ihren Jungen). Doch das soll keineswegs heißen, dass diese Tiere sich nicht sozialisieren ließen – das ist unter gewissen Umständen durchaus möglich.

Auch Katzen können Freundschaft schließen

Hauskatzen haben bewiesen, dass sie durchaus recht »gesellig« sein können – in dem Sinne, dass sie gern mit Artgenossen, Menschen und anderen besonderen Freunden zusammen sind. Sie putzen sich gegenseitig, gehen Bindungen ein, haben Lieblingskameraden, die Weibchen unterstützen einander bei der Geburt und ziehen gemeinsam den Nachwuchs auf. Hauskatzen verfügen über doppelt so viele Lautäußerungen wie Hunde und zahlreiche Möglichkeiten, über Gerüche, Berührungen und die Körperhaltung zu kommunizieren, die es nicht gäbe, wenn sie keine sozialen Wesen wären. Selbst wenn sie keinen unmittelbaren Kontakt miteinander haben, stehen sie über Geruchs- und Sichtmarkierungen in ständigem Austausch.

Geselliges Beisammensein

Gelegentlich bilden Katzen komplexe soziale Netze. Die Gründe dafür kennen nur sie selbst. Ich denke da an die nicht verwandten Tiere, die sich vor einigen Jahren allabendlich an der Grenze ihrer Reviere trafen, unweit eines kleinen Platzes am Stadtrand von Paris, und sich unterschiedlich lange dort aufhielten. Sie saßen eng beisammen, putzten und beobachteten einander, und es kam zu überraschend wenigen Feindseligkeiten. Beobachter sagten, manchmal seien die Kater vor der Gruppe auf und ab »stolziert«. Um Mitternacht löste sich die Versammlung auf, und die Katzen kehrten in ihre Reviere zurück.

Aber nicht einmal die Hauskatze hat eine so strenge soziale Hierarchie wie der Hund. Und während Hunde gern umherziehen, solange es im Rudel geschieht, sind Wild- und Hauskatzen eher Stubenhocker, wachen lieber über das Revier, das ihnen so vertraut ist, und fühlen sich dort sicher. Es gibt aber auch Katzen, die gern im Auto mitfahren, wie das bei einigen meiner Tiere der Fall ist – vor allem wenn ich dabei bin. Dies zeugt jedoch weniger von ihrer Reiselust als von ihrer Bindung an mich. Die meisten meiner Katzen laufen mir entgegen, wenn ich nach Hause komme oder sie rufe. Unser Kater Barthelme läuft meinem Sohn und mir so viel nach, hebt die Pfote oder stellt sich auf die Hinterbeine, wenn er gestreichelt werden will, dass wir ihm den Spitznamen »Puppycat« (»Welpenkatze«) gegeben haben. Damit möchte ich deutlich machen, dass Katzen durchaus soziale Bindungen eingehen und im sozialen Umgang große Ähnlichkeit mit Hunden haben können. Es ist ein Mythos, dass sie reine Einzelgänger sind und Gesellschaft meiden.

Aber sofern keine krankhafte Trennungsangst vorliegt, sehnen sich Katzen nicht so sehr nach Gesellschaft wie Menschen und Hunde (daher die gelegentliche »Arroganz« der Hauskatze). Diese Eigenständigkeit geht mit einem außerordentlich ausgeprägten Territorialverhalten einher, das man bei anderen Tieren nicht findet. Sie sind stärker revierbezogen als Hunde, und darin liegt auch der Ursprung vieler Verhaltensweisen, die sie zu solchen Überlebenskünstlern werden ließen und die nur die wenigsten Menschen als natürliche Bestandteile dessen begreifen, was eine Katze eben *ausmacht:* ihr Misstrauen, ihre Abneigung gegen Neues, ihre Unbeirrbarkeit bei der Jagd, ihre Urin- und Kratzmarkierungen sowie ihre Aggression vor allem gegen Neuankömmlinge. Diese Revierbezogenheit kann sogar Zwangsstörungen verursachen und dazu führen, dass eine eingeschüchterte Katze die Katzentoilette meidet, wodurch Unsauberkeit entsteht. All dies hat seinen Ursprung in ihrem Territorialverhalten. Ich werde immer wieder darauf zurückkommen, möchte aber zunächst einen kurzen Blick auf die Psychologie des Hundes werfen. Denn bei vielen Katzenbesitzern kommt es hier zu Verwechslungen mit der Psychologie der Katze, und sie versuchen vergebens, das Verhalten ihrer Tiere zu verändern.

Der Unterschied zwischen Hund und Katze

Wilder Hund kroch in die Höhle und legte seinen Kopf in den Schoß der Frau und sagte: »*O meine Freundin und Weib meines Freundes, ich will deinem Mann tagsüber jagen helfen, und nachts will ich eure Höhle bewachen.*«
»*Ah!*« *sagte die Katze, die lauschte,* »*das ist ein sehr dummer Hund.*« *Und sie ging zurück durch den Nassen Wilden Wald und wedelte mit dem wilden Schwanz und wanderte wildlings allein.*[36]

RUDYARD KIPLING: *Genau-so-Geschichten,*
»*Die Katze, die eigene Wege ging*«

Hunde: Stets zu Diensten

Betrachten Sie den Hund. Sehen Sie, wie Bello läuft – immer wieder zum Rudel zurück. Der Hund ist der Inbegriff des Rudeltiers. Er muss nur *in der Gruppe sein*, und schon wird ein echtes Überlebensbedürfnis in ihm gestillt. Ein einsamer Hund ist ein elendes Geschöpf. Es gehört nicht zu einem gesunden Sozialleben, dass er allein ist oder sich allein fühlt. Darum ist es normal, wenn er *Ihnen* (dem Alphatier des Rudels) auf Schritt und Tritt folgt, sich verzweifelt nach einem Spaziergang mit *Ihnen* sehnt, bei *Ihnen* schlafen möchte oder *Ihre* Befehle hört und darauf reagiert. Für einen Hund ist es von allergrößter Bedeutung, den anderen Rudelmitgliedern zu Gefallen zu sein. Vor allem, wenn sie ranghöher sind, was auch für Sie gilt. Hund und Mensch haben eine lange gemeinsame Geschichte: Wir blicken auf mindestens 10 000 Jahre fleißiger Domestikation, ja sogar Symbiose zurück. Kein anderes Tier wurde im selben Maße dazu gezüchtet und selektiert, auf jede Veränderung unseres Tonfalls oder unseres Gesichtsausdrucks zu achten. »Für seinen Hund«, schrieb Aldous Huxley einst, »ist jeder Mensch Napoleon.«[37]

Der Hund kann die Signale des Menschen zum Teil deshalb besser verstehen, weil wir ihm seit Jahrtausenden das instinktive Bedürfnis anzüchten, den Blick immer zuerst auf uns zu richten und entsprechend zu reagieren. Der Wolf verspürt weder den Wunsch noch hat er die Fähigkeit dazu.[38] Außerdem züchtet der Mensch Hunde mit einer Gesichtsmuskulatur, die ein großes Vokabular vermeintlicher mimischer Ausdrücke ermöglicht, die er dann so interpretiert, als kämen sie von einem seiner Mitmenschen: traurig, verloren, glücklich, schuldbewusst, verlegen, neugierig und so weiter. Meine Deutsche Dogge Jazzy beobachtet meinen Gesichtsausdruck, als wäre er ein Zeichen des Himmels. Könnte sie in Worten denken, würde sie wohl fragen: *Gut so? Nicht gut so? Glücklich? Darf ich im Rudel bleiben? Schaust du gerade zum Schrank mit den Leckerlis?* Meine Katzen interessieren sich weniger für mich.

Sie mögen zwar vielleicht ebenso dazu *imstande* sein, den menschlichen Gesichtsausdruck zu lesen, können sich aber einfach nicht vorstellen, weshalb sie ihm Beachtung schenken sollten.

Katzen: Stets bereit, sich bedienen zu lassen
Wenig katzenbegeisterte Menschen haben festgestellt, dass diese Tiere nicht das innere Bedürfnis verspüren, uns alles recht zu machen. Die einen nehmen ihnen diese Selbstbestimmung übel; die anderen schätzen sie. Dazu gibt es einen Witz. Ein Hund sieht sich an, wie wir ihn füttern und pflegen, und denkt über uns:»Sie müssen Götter sein.« Eine Katze sieht sich an, wie wir sie füttern und pflegen, und denkt:»Ich muss ein Gott sein.« Ein anderer beliebter Spruch besagt: »Hunde haben Herrchen, Katzen haben Personal.«

Unendlich wild

Nicht genug damit, dass Katzen nicht in Gruppen leben. Sie unterscheiden sich auch dadurch ganz wesentlich von den anderen Haustieren, dass sie nur zum Teil domestiziert sind, und das erst seit relativ kurzer Zeit. Die Domestizierung des Hundes – und Abgrenzung zum Wolf – begann vor mindestens 15 000 (und jüngsten Forschungsergebnissen zufolge vielleicht schon vor 33 000) Jahren, die des Schafes und der Ziege vor ungefähr 9000, des Rindes vor 7000 und des Pferdes vor 6000 Jahren. In Zypern entdeckten Archäologen zwar das Skelett einer Katze, vermutlich einer Falbkatze, die bereits vor 9500 Jahren mit einem Menschen beigesetzt worden war. Abgesehen davon tauchte sie aber erst vor 3600 Jahren in Ägypten regelmäßig im häuslichen Umfeld auf. Damals hielt sie Einzug in menschlichen Siedlungen, um die Nagetiere zu bekämpfen, später wurden sie aus religiösen Gründen gehalten. Aber gezähmt waren sie noch immer nicht. Pferd, Hund, Schaf, Ziege und Kamel haben sozusagen Statistenrollen in der Bibel. Die Katze, die damals in weiten Teilen der Welt noch in freier Wildbahn lebte und nur in Ägypten im menschlichen Umfeld zu finden war, fehlt dort.

Wie es scheint, kann man die Katze zwar aus dem Dschungel holen, aber sie bleibt dennoch ein Dschungeltier. Bei Zucht und Selektion aller anderen Haustiere standen stets ihre zahmen Eigenschaften im Vordergrund. Alles Wilde wurde herausgezüchtet. Aber im Laufe unserer gemeinsamen Geschichte war die Domestikation für den Menschen nur selten ein Kriterium bei der Katzenzucht.* Noch heute stehen vor allem die körperlichen Eigenschaften im Vordergrund.

Es ist offenkundig, dass der Mensch keine Kontrolle über die Gene der Katzen hat. Obgleich sie sich schon seit vielen Jahren in unserer Mitte fortpflanzen, gehören die Hauskatzen und ihre afrikanischen Ahnen, die Falbkatzen, noch immer ein und derselben Spezies an – Felis silvestris (auch wenn die »Hauskatze« gelegentlich aus Gründen der Klarheit als Unterart »Felis silvestris catus« bezeichnet wird). Die genetischen Unterschiede zwischen afrikanischen und europäischen Wildkatzen sowie Hauskatzen sind nicht größer als die Unterschiede zwischen zwei beliebigen Hauskatzenrassen. Genetische Untersuchungen ergaben, dass die Hauskatze von ihren wilden Verwandten fast ausschließlich in der Fellfarbe abweicht. Bei einigen Rassen kommen weitere angezüchtete äußerliche Erscheinungsmerkmale hinzu.

Es ist bequem, Hauskatzen als »domestiziert« zu bezeichnen. In Wirklichkeit sollte man sie wohl eher zu den in menschlicher Gefangenschaft lebenden und vom Menschen ausgebeuteten

---

* Das erste Zuchtprogramm begann ungefähr im Jahr 999 im kaiserlichen Palast in Japan. Schließlich versuchten die Japaner die Paarung der Katzen so stark zu beeinflussen, dass sie nicht mehr frei herumlaufen durften. Erst als Mäuse die Seidenraupenzuchten fast vollständig ausgelöscht hatten, ließ man die Katzen wieder frei.

Tieren wie dem Rehwild, Kamelen und asiatischen Elefanten oder zu den menschlichen Symbionten wie der Ratte oder dem Haussperling zählen, die wir nicht als zahm betrachten würden. Gerade weil Katzen im Hinblick auf ihr Verhalten noch so viele zutiefst wilde Züge aufweisen, entsteht der Eindruck, sie stammten aus einer anderen Welt.

Natürlich mussten die Vorfahren der Hauskatzen minimal zähmbar sein. Ihre Sozialisierung musste möglich und es musste sogar ein gewisser Wunsch danach vorhanden sein. Wenn die Falbkatze nicht wäre, hätte der Mensch wohl auch keine Katzen als Haustiere, denn die europäische Wildkatze ist so abweisend, dass sie sogar den überzeugtesten Katzenfanatiker zum Hundefreund machen würde. Schon der Umgang mit europäischen Wildkatzenjungen ist den Worten eines Zoologen zufolge »unheimlich«. Ein anderer Beobachter erklärte, die vier Wochen alten Kätzchen »sehen einfach durch einen hindurch, als wäre man gar nicht da«. Ermunterungen, sich mit Menschen abzugeben oder mit ihnen zu spielen, lassen sie ungerührt. Eine solch unerbittliche Gleichgültigkeit wäre für jeden Katzenfreund demütigend. Mit der Geschlechtsreife werden europäische Wildkatzen »kühn und stolz«, wie ein anderer Zoologe sagt. Sie benehmen sich, als wären sie groß wie Leoparden. Regelmäßig schüchtern sie große, grimmige Hunde ein. Sogar von Hand aufgezogene Tiere sind »unbeugsam und wild«.

Die Falbkatzen spalteten sich vor gerade einmal 20 000 Jahren von ihren europäischen Schwestern ab. Die afrikanischen Tiere sind sehr viel zutraulicher und lassen sich wesentlich besser zähmen als ihre Verwandten aus dem Norden. Dies verschaffte ihnen einen genetischen Vorsprung, der das Band zwischen Mensch und Katze erst möglich machte. Europäische Naturforscher, die Anfang des 19. Jahrhunderts in Afrika gewesen waren, erzählten davon, wie mühelos es den Eingeborenen gelang, Falbkätzchen zu fangen, zu halten und sie »an das Leben in der Nähe ihrer Hütten und Einfriedungen zu gewöhnen, wo sie heranwuchsen und den natürlichen Kampf gegen die Ratten aufnahmen«.[39] Im Jahr 1968 schrieb ein anderer Europäer in Rhodesien (dem heutigen Simbabwe), der Umgang mit den jungen Wildkätzchen sei zwar anfangs etwas schwierig, aber schon bald würde ihre Anhänglichkeit lästig:

> Diese Katzen tun nichts halbherzig. Bei ihrer Rückkehr am Abend zeigen sie sich oft über die Maßen liebesbedürftig. Ist dies der Fall, kann man gleich von allen anderen Vorhaben absehen, denn wenn man schreibt, werden sie geradewegs über das Papier spazieren. Sie werden sich an Ihrem Gesicht oder Ihren Händen reiben. Sie werden auf Ihre Schulter springen und sich zwischen Ihre Hände und das Buch zwängen, in dem Sie gerade lesen, darauf herumrollen, schnurren und sich strecken. In ihrer Begeisterung fallen sie manchmal sogar herunter, und sie fordern ganz allgemein Ihre ungeteilte Aufmerksamkeit.[40]

Kommt Ihnen das nicht irgendwie bekannt vor? Menschen, die von Falbkatzen zum Freund erkoren werden, berichten allerdings auch, die Tiere seien zwar »überaus liebevoll« im Umgang, duldeten Bestrafungen durch den Menschen aber noch weniger als Hauskatzen. Sie seien ferner extrem revierbezogen und machten gelegentlich sogar Jagd auf andere Tiere im Haushalt. Bedenken Sie nun, dass unsere Katze erst vor 4000 Jahren aus der Falbkatze hervorging. In genetischer Hinsicht entspricht dieser Zeitraum nur einem Wimpernschlag (zum Beispiel wenn Sie diese 4000 Jahre einmal mit der Spanne von einer Million Jahren vergleichen, die den Löwen entwicklungsgeschichtlich vom Leoparden trennt[41]). Kein Wunder, dass noch so viel Wildheit in »Hauskatzen« steckt. Echte Fans schätzen sie, gerade weil sie ein Gefühl der Ehrfurcht überkommt und sie sich geehrt fühlen, dass sich diese im Grunde wilden Geschöpfe dafür entscheiden, bei uns und mit uns zu leben.

Die Geschichte der Hauskatze

Die Annäherung der Wildkatze an den Menschen begann vermutlich vor etwa 10 000 bis 11 000 Jahren, als im Norden der Arabischen Halbinsel die ersten Ackerbaukulturen entstanden. Getreidelager lockten Mäuse an, und der Mensch merkte schnell, dass Katzen enorm gut darin sind, sie zu beseitigen. Sie sind auch heute noch beeindruckende Jäger, selbst wenn man sie füttert. Aufzeichnungen zufolge soll eine Katze 22 000 Mäuse in 23 Jahren getötet haben. Das sind Monat für Monat ungefähr achtzig Mäuse. Ein Kätzchen soll in vier Wochen 400 Ratten getötet haben, obwohl es noch nicht einmal ein halbes Jahr alt war.[42]

Mit den Schiffen der Kaufleute und Soldaten gelangten Katzen zwischen 300 und 500 nach Großbritannien. In Asien wurde die Verbreitung der sogenannten Mi-Ke-(Schildpatt-)Katzen dadurch unterstützt, dass man glaubte, sie könnten Stürme auf See vorhersagen. In islamischen Ländern genießen sie seit jeher ein hohes Ansehen und stehen sogar unter dem Schutz der heiligen Schrift, da sie Mohammeds Lieblingstiere waren.

In christlichen Ländern ist das Verhältnis, historisch betrachtet, zwiespältiger. Als die Katze nach Europa kam, glaubte man, sie hätte Jesus im Stall vor dem Teufel beschützt. Aber viele Umstände wie ihre Nähe zur heidnischen Mondgöttin Diana führten dazu, dass die Christen Katzen mit Hexerei und dem Teufel in Verbindung brachten. Im Mittelalter wurden sie in Europa getötet, ja sogar verbrannt. Ebenso erging es den Menschen, die besonderes Interesse an ihnen zeigten, vor allem Frauen. In Europa waren sie nahezu ausgerottet – das bedeutete einen Sieg für das Ungeziefer und für den von ihm übertragenen Schwarzen Tod, der ein Viertel bis ein Drittel der Bevölkerung dahinraffte.

Am Ende aber siegten die Vorzüge der Katze über den Aberglauben: Als die Kreuzritter mit Horden von Wanderratten und der Pest an Bord zurückkehrten, war das Tier, das die Ausbreitung der Nagetiere am besten verhinderte, wieder geduldet. Im 17. Jahrhundert gelangte die Katze, die sich zu diesem Zweck auch an Bord britischer Schiffe befand, nach Amerika. In Klöstern schützte sie wertvolle Manuskripte vor Nagetieren. Da die Mönche Tiere mit einer bestimmten Farbe und einem bestimmten Fell bevorzugten, entstanden die Korat- und die Kartäuserkatze. Als Pasteur im 19. Jahrhundert die Mikroben oder Keime entdeckte, stieg das vergleichsweise reinliche Tier noch weiter in der Gunst der Menschen. All das geschah lange bevor unzählige Indizien darauf hinwiesen, wie vorteilhaft die Gesellschaft von Haustieren für die menschliche Gesundheit ist.

Die Wildheit zähmen: Der Sozialisierungsprozess

Katzen sind nicht von Natur aus zahm, sie werden nur durch Sozialisierung zutraulich zu Artgenossen und Menschen. Diese muss in den besonders sensiblen fünf Wochen zwischen der zweiten und der siebten Lebenswoche geschehen. Sowohl die Mutter als auch die anderen Katzenkinder und der Mensch spielen eine Rolle im Sozialisierungsprozess. Wie gut Ihre Katze als Kätzchen an Artgenossen gewöhnt wurde, entscheidet weitgehend darüber, wie sie künftig mit ihnen zurechtkommen wird. Gleiches gilt für die Beziehung zum Menschen. Fehlt jungen Katzen in der »sensiblen Phase« zwischen der zweiten und siebten Woche sowohl der Umgang mit Menschen als auch das lehrreiche Vorbild der Mutter und wie sie mit ihnen umgeht, kann es schwierig werden, sie später an menschlichen Kontakt zu gewöhnen. Das heißt, die Jungen verwilderter Katzen können auf den Menschen geprägt werden, sofern die Mutter den Umgang mit ihnen erlaubt. Umgekehrt kann sogar ein in einem menschlichen Haushalt geborenes Kätzchen schnell in wildes (unsozialisiertes) Verhalten zurückfallen, wenn sich dort niemand die Mühe macht, es zu sozialisieren. Katzen sind niemals weit davon entfernt, wild zu sein. Vor der zweiten Woche machen menschliche Sozialisierungsversuche kaum einen oder gar keinen Unterschied. Auch nach der siebten Woche sinken die Chancen auf Erfolg. Eine Katze, die in der sensiblen Phase nicht sozialisiert wurde, wird wahrscheinlich keine gute Beziehung zu Menschen, dem Hund der Familie und möglicherweise auch den anderen Katzen im Haushalt aufbauen. Dr. Bonnie Beaver sagt, ein solches Tier sei im normalen sozialen Umgang »behindert« und empfände »sehr großen Stress, wenn es dazu gezwungen wird«.[43] Würde der Mensch junge Kätzchen korrekt sozialisieren, könnte er damit Jahr für Jahr Millionen von Katzen vor dem frühzeitigen Tod bewahren. Zudem ist unerlässlich, dass die Kleinen bis zur zwölften Woche bei Mutter und Wurfgeschwistern bleiben. Anderenfalls kommt es vermehrt zu Verhaltensauffälligkeiten wie gesteigerter Aggressivität und ziellosen Aktivitäten. Zu früh von der Mutter getrennte Kätzchen sind reizbarer, lassen sich schwerer beruhigen und versäumen es, ein angemessenes Spielverhalten zu erlernen (siehe Kapitel 7, »Der CAT-Plan gegen Spiel- und Jagdaggression«), das Mutter und Geschwister ihnen vermitteln sollen.

Verantwortungsbewusste Züchter und Katzenheime machen die jungen Kätzchen mit vielen verschiedenen Menschen und gegebenenfalls auch mit anderen Tieren (zum Beispiel Hunden) bekannt. So sind sie korrekt sozialisiert, wenn sie in ihr neues Zuhause ziehen. Der Umgang mit dem Menschen hat viele positive Auswirkungen auf ihre Entwicklung, zum Beispiel auf die Zeit, in der die Jungen die Augen öffnen, von der Mutter entwöhnt, unabhängiger und neugieriger werden oder im Fall der Siamkatzen die typische Färbung entwickeln.[44]

Um ein Kätzchen gut zu sozialisieren, genügt es oft schon, wenn man sich in der sensiblen Phase fünfzehn Minuten am

Tag mit ihm beschäftigt. Ideal wäre eine Stunde, eine längere Zeit ist Studien zufolge aber nicht weiter hilfreich.[45] Vermutlich werden Sie sogar länger mit Ihrem geliebten Fellknäuel spielen wollen, weil es so viel Spaß macht. Kätzchen können eine sehr starke Bindung an das entwickeln, worauf sie geprägt sind. Wenn Sie Bilder von Katzen gesehen haben, die mit Hunden schlafen, friedlich mit Enten oder Mäusen spielen oder mit Gorillas kuscheln, kennen Sie die Macht der frühen Sozialisation.

Das wohlgenährte Kätzchen

Auch eine gute Nahrungsversorgung ist für die Sozialisierung (sowie für andere Entwicklungsphasen) von großer Bedeutung. Wie bei einem Kind kann auch bei einem Kätzchen, das aus irgendeinem Grund unterernährt ist – weil seine Mutter ebenfalls hungert oder es von ihr getrennt wurde –, die Entwicklung des Gehirns und der Lernfähigkeit gestört sein und der körperliche Reifungsprozess sich verzögern. Diese Jungen reagieren empfindlicher und haben weniger Interesse an ihren Artgenossen. Die männlichen Tiere zeigen vermehrt Spielaggression, die weiblichen haben entweder ein größeres oder ein weniger ausgeprägtes Kletterbedürfnis als der Durchschnitt. Bei beiden Geschlechtern kommt es zu vermehrter Lautäußerung, und es fällt ihnen schwer, die alles entscheidende Bindung zur Mutterkatze aufzubauen. Sie erleiden häufiger Unfälle beim Spielen. Eine geringfügige oder kurzzeitige Unterernährung lässt sich mit der richtigen Kost ausgleichen. In schweren Fällen ist die Lernschwäche meist von Dauer. Kätzchen, die ohne Mutter aufwachsen oder deren Mütter in dem Monat vor oder nach der Geburt eiweißarm ernährt wurden, sind in ihrem Sozialverhalten zurückgeblieben oder übertrieben gesellig.

Kätzchen machen auch gern alles nach: Dr. Beaver schreibt von einer jungen Katze, die mit Hunden aufwuchs und von ihnen lernte, an einem Baum das Beinchen zu heben.[46] Ich kannte eine kleine Katze, die beobachtete, wie meine Klientin verirrten Katzenkot mit Toilettenpapier aufnahm. Nach dem nächsten Geschäft organisierte sie etwas Toilettenpapier, kehrte damit zu ihrem Häufchen zurück und packte es vorsichtig darin ein. Man hat mir von Katzenjungen berichtet, die ihren Besitzern beim Zähneputzen zusahen und daraufhin ebenfalls ihre Pfoten in die Wassernäpfe tauchten, um ihre Zähne zu massieren. Oder von einer Katze, die einen Fuchs beobachtete, der immer wieder in einem Maulwurfshügel verschwand und Maulwürfe fing, worauf auch sie diese Gewohnheit entwickelte.

Wenn ein Kätzchen nicht korrekt sozialisiert wurde, lassen sich die Folgen leider nicht vollständig beseitigen. Vor allem die Besitzer verwilderter Tiere müssen ihre Erwartungen zurückschrauben. Wie eine Studie ergab, ließen sich fast die Hälfte aller freilebenden Katzen, die vor der siebten Woche keinen Umgang mit Menschen gehabt hatten, nicht einmal eine Minute von ihren Besitzern auf dem Arm halten. Diese gaben an, trotzdem glücklich mit ihren ungezähmten Haustieren zu sein. Es ist halt alles eine Frage der Erwartungen. Selbst wenn diese Tiere lieber nicht berührt werden oder nicht auf dem Schoß sitzen möchten, laufen sie ihren Besitzern gelegentlich hinterher, schenken oder suchen auf andere Weise Aufmerksamkeit und Zuneigung und gehen eine enge Bindung zu ihnen ein.

Sie können die Zeit nicht zurückdrehen und Ihre Katze sozialisieren. Aber Sie können die Katzen so miteinander bekannt machen oder gar ein zweites Kennenlernen für mangelhaft sozialisierte Tiere arrangieren, dass sich das Zusammenleben harmonischer gestaltet. Im nächsten Kapitel werde ich auf diese wichtige Kunst eingehen.

Territorialverhalten, Konflikte und soziale Reife

Wenn Sie den Hang Ihrer Katze zu unerwünschtem Verhalten verstehen wollen, müssen Sie zunächst ihre Revierbezogenheit verstehen. Das Sozialverhalten (oder das »Problem«) dieser Tiere steht in engem Zusammenhang damit, inwieweit sie es ertragen, mit Artgenossen ihr Streifgebiet zu teilen, das sich sowohl im Haus als auch im Freien mit dem anderer Tiere überschneidet. In freier Wildbahn nutzen Kater ein Streifgebiet von ungefähr 63 Hektar, Katzen begnügen sich mit 17 Hektar. Das Kerngebiet ist das Revier, das sie gegen Artgenossen verteidigen. Es ist im Allgemeinen kleiner als ihr Streifgebiet. Dennoch ist es im Freien sehr viel größer, als unsere Häuser und Wohnungen es zulassen. Je näher eine Katze dem Kerngebiet der anderen kommt, desto aggressiver wird diese es verteidigen.

Zu unserem Glück sind Hauskatzen von Natur aus nicht nur weniger schüchtern als Falbkatzen. Sie sind auch eher bereit, in Sozialverbänden in einem gemeinsamen Revier zusammenzuleben – vor allem wenn sie in der Gruppe aufgewachsen sind. Sogar verwilderte Weibchen gründen oft unter den wachsamen Augen einer dominanten Matriarchin eine Art Ministerium für Verteidigung und Wohlergehen. Sie teilen die Pflichten, zu denen die Verteidigung und Erziehung der Kätzchen, die sie gemeinsam aufziehen und sogar säugen, die Jagd oder die Beschaffung von Leckerbissen von der Müllhalde oder dem Vogelhäuschen in einem Garten gehören. (Kater werden eher versuchen, die Jungen zu *fressen*, als sich einer Kolonie anzuschließen oder an der Aufzucht der Kätzchen zu beteiligen.) Wenn eine Katze Junge bekommt, wird sie gelegentlich von einer Artgenossin dabei unterstützt, die still und leise (mit den Zähnen) die Nabelschnur durchtrennt, hilfsbereit die Nachgeburten frisst und das Perineum der Kleinen sauberleckt. (Und Sie dachten, *Sie* hätten gute Freundinnen?) Verwilderte Tiere kuscheln sich genau wie Hauskatzen aneinander, schlafen zusammen und zeigen ein rührendes gegenseitiges Putzverhalten. Sie raufen sogar noch seltener als unsere Hauskatzen.

Warum kommt es unter Hauskatzen häufiger zu Auseinandersetzungen als unter freilebenden Tieren? Wenn sich ein freilebender Kater bedroht fühlt, kann er einfach verschwinden, weil im Freien der zusätzliche Platz dafür zur Verfügung steht. Wohnungskatzen sind dagegen gezwungen, sich innerhalb der vier Wände aufzuhalten, müssen sich auf engerem Raum ihre Ressourcen teilen und ihr Revier in einer Atmosphäre wie in einem Dampfkochtopf abstecken. In einem Haus mit zehn Zimmern beanspruchen reine Wohnungskater ein Revier von vier bis fünf, Katzen von drei bis dreieinhalb Räumen. Bedenken Sie nun, dass in den Vereinigten Staaten und in einigen europäischen Ländern inzwischen mehr Katzen in einem Haushalt leben als je zuvor (und die meisten auch nicht das Glück haben, Häuser mit zehn Zimmern zu bewohnen). Wir engen unsere Katzen ein. Das ist, als ließe man fünf Kleinkinder in einem Zimmer mit zwei Spielsachen.

Da bei Katzen Fragen des Rangs und des Reviers untrennbar miteinander verbunden sind, suchen sie nach Möglichkeiten, in der Rangfolge nach oben zu rücken, um ihr Revier zu vergrößern, und umgekehrt. In Sachen Dominanz ist die Hierarchie relativ. Der gesellschaftliche Rang hängt von gewissen Plätzen oder Umständen ab. Am Morgen bekleidet vielleicht ein Kater den höheren Rang und sitzt ganz oben auf dem Kratzbaum. Später ordnet er sich möglicherweise einer Katze unter, die nun diesen Platz einnimmt. Ebenso kann sich eine höherrangige Katze einem Tier von geringerem Rang beugen, wenn sie sich in dessen Schlafbereich befindet. Oft ist es nur eine Frage der Zeit, bis sich diese Angelegenheiten regeln. Die Hierarchie der Katzen ist so stark mit der Revierthematik verflochten – der Frage, wer welchen Platz wann nutzen darf –, dass Katzenverhaltenstherapeuten einen Begriff für diese »Mehrbenutzerregelungen« haben. Sie bezeichnen sie als »Raum-Zeit-System«.

Katzen, die gut miteinander auskommen, nutzen denselben

Raum oder dieselben Zugangswege zu wichtigen Ressourcen oft sogar zeitgleich. Ängstliche oder revierbewusste Tiere (das Territorialverhalten kann bei Katzen unterschiedlich stark ausgeprägt sein) nehmen dagegen möglicherweise einen anderen Weg als ursprünglich geplant. Wie Teenager, die ihr Revier abstecken, verbringen territorial veranlagte Katzen mehr Zeit in ihrem eigenen Zimmer oder weit weg von den anderen. Manchmal halten sich diese Katzen nur dann zusammen in einem Raum auf, wenn sie mit Ihnen im Bett oder auf dem Sofa liegen. (Das Bett kann Zufriedenheit und Sicherheit bedeuten und von Ihren Katzen als geschützter Bereich empfunden werden.)

Vergessen Sie das Alphatiermodell: Hunde sind vom Mars, Katzen von der Venus

Wenn es unter den Haustieren einen Mars und eine Venus gäbe, dann wären dies Hund und Katze. Die Psychologie dieser beiden Tiere unterscheidet sich wohl sogar noch stärker als die von Mann und Frau. Gleichwohl kämpfen viele Katzenbesitzer, die auch mit Hunden vertraut sind, gegen die unwiderstehliche Versuchung, die »Psyche« des Hundes auf die Katze zu projizieren. Für gewöhnlich heißt das, dass sie das Verhaltenskonzept vom Alphatier aus der Hundepsychologie entleihen. Das ist ein großer Fehler. Ob dieses Modell für den Hund gilt, sei dahingestellt. Viele Hundeexperten bestreiten es.* Denn für die wissenschaftlichen Forschungen wurde der *Wolf* herangezogen, der sich doch sehr vom Hund unterscheidet und von dem sich die Linie des Hundes schon vor über 10 000 Jahren und über 4000 Zuchtgenerationen abgespalten

---

* In der Welt der Wölfe ist das Alphatier der starke Führer des Rudels, das im Prinzip eine mobile Kinderstube ist. Es handelt sich dabei um das Elterntier, den ältesten Wolf oder denjenigen, der schon am längsten dabei ist, und er besitzt gute Führungsqualitäten. Aber es ist nicht das aggressivste Tier. Im Allgemeinen ist seine Aggression ausschließlich gegen Eindringlinge von *außerhalb* des Rudels gerichtet.

hat. Jedenfalls unterscheiden sich Hunde und Katzen ganz erheblich in ihren Instinkten und ihrer Sprache, und das Alphatiermodell hat für Katzen keine Gültigkeit. Es ist weder für die Beziehung zu Ihnen noch zu den Artgenossen von Belang, mit denen sie sich ein Revier teilen müssen. Die hierarchischen Beziehungen von Katzen sind immer revierbezogen. In Katzenkolonien kann es in dem Sinne ein »Alphamännchen« geben, dass sich ein Tier einfach ein größeres Revier aneignet. Dennoch wird es sich nicht wie ein Alphawolf verhalten, und in Katzengruppen gibt es keine klaren, linearen Hierarchien. Ihre soziale Ordnung ist fließend. Eine gewisse Hierarchie mag zwar vorhanden sein, aber sie ist unbeständiger, subtiler und kann sich je nach Tageszeit und Ort verändern. Katzen sind Experten in zeitversetzter Nutzung.

Während die Gehirne von Hunden und Katzen gewisse Ähnlichkeiten aufweisen und sie ganz ähnlich lernen, lassen sich viele Ansätze aus der Hundeerziehung nicht auf Katzen übertragen. Das Clickertraining ist hier eine Ausnahme (siehe Anhang A).

Nicht immer verlaufen diese Revierrangeleien friedlich. Es kann dabei zu verschiedenen Formen innerartlicher Aggression kommen, die Stress – und damit auch Harnmarkieren – verursachen. Je mehr Katzen in einem Haushalt leben, desto größer ist die Wahrscheinlichkeit unerwünschten Verhaltens. In Haushalten mit nur einer Katze liegt die Wahrscheinlichkeit, dass das Tier aufgrund von Verhaltensproblemen im Tierheim endet, bei 28 Prozent. Mit einer zweiten Katze steigt sie auf 70 Prozent.[47] Bei einer Katze im Haushalt liegt das Risiko, dass das Tier mit Urin markiert, bei ungefähr 25 Prozent. Aber bis Sie zehn Katzen zusammengepfercht haben, hat es sich auf 100 Prozent erhöht.

Gelegentlich gibt es auch äußere Anzeichen für diesen Konkurrenzkampf wie Fauchen oder Spucken. Katzen haben eine weniger strenge Hierarchie als Hunde. Daher entstehen häufiger Konflikte zwischen ähnlich durchsetzungsstarken Tieren, die nicht bereit sind, nachzugeben oder sich einem Artgenossen unterzuordnen. In der Regel gibt es die meisten Reibereien zwischen Katzen, die sich in der Rangordnung am nächsten stehen. Es besteht auch die Wahrscheinlichkeit, dass Ihre Katze einen fremden Artgenossen außerhalb Ihrer Mauern sieht oder wahrnimmt. Das führt zu weiteren Verhaltensauffälligkeiten.

Zu unserem Glück haben Hauskatzen eine geniale Lösung für das Problem des Raumangebots und der begrenzten Ressourcen im Haus gefunden: das bereits erwähnte »Timesharing« oder Mehrbenutzersystem. Noch bevor der Mensch Timesharing-Modelle für Apartmentanlagen am Strand und in den Bergen entwickelt hatte, waren Katzen dahintergekommen, wie sie denselben Raum zu unterschiedlichen Zeiten nutzen konnten. Mit Versuch und Irrtum, der Kommunikation über Duftmarkierungen (siehe Kapitel 9) und einer ausgeklügelten Choreografie sorgen sie oft dafür, dass ihr System funktioniert.

Leider gelingt es nicht immer. Viele Verhaltensprobleme nehmen ihren Anfang mit der sozialen Reife der Tiere, wenn sich herausstellt, wie territorial orientiert sie wirklich sind. Gelegentlich verhalten sich sogar Tiere, die als Kätzchen hervorragend sozialisiert wurden, in Revierangelegenheiten feindselig gegenüber Artgenossen. Junge Katzen werden nicht territorial orientiert geboren. Ihr Territorialverhalten entsteht erst mit der sozialen Reife im Alter zwischen zwei und vier Jahren. (Die *Geschlechts*reife unterscheidet sich von der *sozialen* Reife und kann bei Katern zwischen dem sechsten und dem neunten Monat, bei Katzen mit dreieinhalb Monaten einsetzen. Unterschätzen Sie deshalb die Jungkatzen nicht!) Mit der sozialen Reife verabschieden sie sich von den sorglosen Tagen als Katzenkind und betrachten ihre Umgebung allmählich mit stark territorial gefärbtem Blick. Ihr Selbsterhaltungstrieb zwingt sie dazu, sich zu schützen, indem sie ein Revier abstecken, und macht sie äußerst besitzergreifend gegenüber den vorhandenen

Ressourcen – womit die Probleme im Haushalt oft ihren Anfang nehmen. Katzen, die früher die besten Freunde waren, scheinen sich an ihrem zweiten Geburtstag plötzlich bei Facebook eingeloggt zu haben, um einander die Freundschaft zu kündigen. In besonders schweren Fällen können Sie die ehemaligen Freunde nicht mehr allein im Haus lassen, ohne bei der Rückkehr Fellbüschel auf dem Boden vorzufinden oder die Verletzungen eines der beiden oder gar beider Tiere vom Tierarzt behandeln lassen zu müssen. Falls die Streitigkeiten Ihrer Katzen zwischen dem zweiten und dem vierten Lebensjahr angefangen haben oder schlimmer wurden, kennen Sie nun zumindest eine häufige und natürliche Ursache dafür.

Aber ganz gleich, was man Ihnen gesagt hat: Die Lage ist nicht hoffnungslos. Sie können die Friedensverhandlungen Ihrer Katzen unterstützen. Sie können erheblichen Einfluss darauf nehmen, dass Ihre Tiere miteinander auskommen. Dies gilt sowohl für Katzen, die einander zum ersten Mal begegnen, als auch für solche, die einst Freunde waren, nun aber zerstritten sind oder sich gar feindselig gegenüberstehen. Überlassen Sie diese Angelegenheit lieber nicht dem Zufall, da Sie möglicherweise viele Jahre mit den Konsequenzen leben müssen. Es sei denn, Sie geben einfach auf und trennen die Tiere oder geben eines oder gar mehrere von ihnen weg. Dieses Problem kann langfristige Folgen für Ihre Lebensqualität und die Ihrer Katzen haben und ist deshalb so wichtig, dass ich ihm das ganze nächste Kapitel widmen werde. Ich werde Ihnen zeigen, wie Sie zwei (oder mehr) Katzen miteinander bekannt machen oder ein zweites Kennenlernen für Tiere arrangieren, die früher gut miteinander auskamen, sich nun aber wie Feinde aufführen.

VIER

Katzen-Knigge: Die Kunst, Katzen (wieder) miteinander bekannt zu machen

»Mit wem sprichst du da eigentlich?« fragte der König. [...]
»Das ist eine Freundin von mir – eine Edamer Katze«, sagte
Alice; »erlaubt, daß ich sie vorstelle.«
»Sie will mir gar nicht gefallen«, sagte der König;
»aber wenn sie will, darf sie mir die Hand küssen.«
»Nein, danke«, bemerkte die Katze.[48]
LEWIS CARROLL: *Alice im Wunderland*

Es ist so aufregend, sich ein neues Kätzchen oder eine neue Katze anzuschaffen. Freudig sehen Sie dem Tag entgegen, an dem das neue und das bereits heimische Tier Freunde werden, einander durchs Haus jagen, sich gegenseitig putzen, sich im Schlaf aneinanderkuscheln und all die entzückenden, hinreißenden und ausgelassenen Verhaltensweisen zeigen, die ineinander vernarrten Katzen eben zu eigen sind. Vermutlich denken Sie, all dies geschähe automatisch. Da Katzen so revierbezogen sind, entsteht ein solch freundschaftliches Verhalten jedoch unter Umständen alles andere als von selbst und lässt sich nur mit viel Hilfe von außen – in erster Linie von Ihnen – erreichen. Ja, es ist *Ihre* Aufgabe, die ersten Begegnungen so zu gestalten, dass Ihre Katzen sich miteinander anfreunden, wie Sie sich das wünschen.

Sie müssen alle Katzen, die den bereits heimischen Tieren neu sind, äußerst vorsichtig und mit der in diesem Kapitel geschilderten Methode in die Gruppe einführen. Denn eine der häufigsten Ursachen für viele Probleme innerhalb der Art ist, dass Katzen zu schnell oder falsch miteinander bekannt gemacht werden. Viele Klienten versuchen, die Tiere binnen weniger Tage zur Vertrautheit zu drängen – mit erheblichen Konsequenzen (die sich mit meiner Methode, die Katzen ein *zweites Kennenlernen* ermöglicht, zum Glück wieder rückgängig machen lassen). Nach einer unschönen Erstbegegnung können sich zwei Katzen manchmal nicht länger als fünf Sekunden in einem Zimmer aufhalten, ehe sich die eine schnurstracks auf die andere stürzt. Nach einer *sehr* unschönen Erstbegegnung glauben viele meiner Klienten, keine andere Wahl zu haben, als die Tiere für immer voneinander zu trennen oder eines davon wegzugeben. Der erste Eindruck kann ein Katzenleben lang (und damit auch für einen großen Teil Ihres Lebens) bestehen bleiben und ist einer der Hauptgründe dafür, weshalb Katzen weggegeben werden. Es ist daher von äußerster Wichtigkeit, dass Katzen einander richtig vorgestellt werden. Ihr Erfolg entscheidet darüber, wie gut sie in Zukunft miteinander auskommen werden. Werden sie Feinde sein, nebeneinanderher leben oder als Hausgenossen eine enge Bindung zueinander eingehen? Sie können einiges tun, damit letzteres Szenario Wirklichkeit wird.

Ich gebe sehr detaillierte Anleitungen, wie man Katzen miteinander bekannt macht. Die folgende Vorgehensweise ist wohl das Umfassendste, was Sie zu diesem Thema finden werden. (Möglicherweise sind sie bis heute die *einzigen* Instruktionen dafür, wie man zerstrittene Katzen ein zweites Mal miteinander bekannt macht.) Wenn Sie vorhaben, sich eine weitere Katze anzuschaffen, oder wenn die Harmonie zwischen den bisherigen Bewohnern zu wünschen übrig lässt, sollten Sie außer den nächsten Seiten auch Kapitel 7 zum Thema »Aggression« lesen.

Die erste Begegnung

Die nachfolgende Anleitung wird Ihnen zeigen, wie Sie eine neue Katze (den Neuankömmling) mit den bereits im Haushalt lebenden Tieren bekannt machen können. Da Sie diesen Prozess nicht mit allen heimischen Tieren gleichzeitig durchlaufen, werde ich das erste davon als die »heimische Katze« bezeichnen. Achtung: Wir werden nicht einfach mit der neuen Katze ins Haus spazieren und sie ohne vorherige Ankündigung in das Revier der heimischen Katze setzen. Wir werden

1. zunächst jeden Kontakt verhindern und
2. in beiden Tieren allmählich positive Assoziationen zueinander aufbauen und uns dabei ein Sinnesorgan nach dem anderen vornehmen.

Wir werden die Katzen belohnen, ihnen Zuneigung schenken und für ihr Amüsement sorgen, während wir sie gleichzeitig gaaaaanz langsam desensibilisieren. Wir werden unser Wissen darüber, wie Katzen miteinander kommunizieren, anwenden und dabei vor allem ihr wichtigstes Sinnesorgan ansprechen – die Nase.

Das zweite Kennenlernen

Falls bereits heimische Katzen in einem hartnäckigen Aggressionsmuster gefangen sind, werden Sie die Tiere *erneut* miteinander bekannt machen und den Rest des CAT-Plans aus Kapitel 7 befolgen müssen. Halten Sie sich einfach an die Anweisungen für die erste Begegnung zwischen der heimischen und der neuen Katze – mit einigen Unterschieden. Die *erneute* Kontaktaufnahme wird im Gegensatz zum ersten Kennenlernen so gut wie nie mit mehr als zwei Tieren stattfinden. Ist klar, dass die eine Katze der Täter, die andere das Opfer ist, sollten Sie dem benachteiligten Tier erlauben, einen größeren Teil der Lieblingsplätze im Haus länger zu nutzen als das aggressive Tier. Wie ich in Kapitel 5 erklären werde, fühlen sich die Katzen mit dem bevorzugten Revier selbstbewusster, was beim zweiten Kennenlernen hilfreich sein wird. Falls die eine Katze nicht bereits beim Geruch des anderen Tieres aggressiv wird, werden Sie bei diesem Verfahren weder einen Bademantel noch Kleidung zum Wechseln benötigen. Ferner werden die verfeindeten Katzen beim zweiten Kennenlernen stets durch ein Hindernis voneinander getrennt, durch das sie einander sehen können. Bei Neuvorstellungen wird es eine solche Trennung nicht geben, es sei denn, es fällt einer oder beiden Katzen auch nach einer gewissen Zeit noch schwer, sich in Gegenwart der anderen zu entspannen.

Der erste Eindruck: Desensibilisierung, Gewöhnung und Gegenkonditionierung

Bei der *Desensibilisierung* werden beide Katzen langsam und schrittweise der sichtbaren, hörbaren und vor allem riechbaren Gegenwart des jeweils anderen Tieres ausgesetzt. Dabei ist stets darauf zu achten, dass der gesetzte Reiz die Angstschwelle nicht überschreitet.

Zur *Gewöhnung* kommt es, wenn sich beide Katzen an den ehemals neuen Reiz durch das jeweils andere Tier gewöhnt haben und weder gleichgültig noch begeistert oder gelangweilt voneinander sind. Es könnte sein, dass sich Ihre Katzen ganz famos vertragen, wenn der Prozess des ersten oder zweiten Kennenlernens abgeschlossen ist. Aber auch wenn es nach Desensibilisierung und Gewöhnung den Anschein hat, als wären sie einander völlig einerlei, haben Sie einen gewaltigen Erfolg erzielt – und vielleicht ist dies ja auch erst der Anfang der positiven Entwicklung.

Wir werden auch mit der *Gegenkonditionierung* arbeiten und angenehme Aktivitäten wie Spielen oder Fressen mit dem Geruch, dem Klang oder dem Anblick der anderen Katze verbinden. Das Spielen wird in diesem Prozess ein sehr wichtiges Werkzeug sein. Wenn man dafür sorgt, dass eine Katze in einem angeregt spielerischen Zustand bleibt, hemmt dies ihre Angst. Spiel und Angst schließen sich bei Katzen gegenseitig aus. Auch Futter und Leckerbissen, die Sie außerhalb der Fütterungszeiten verabreichen, werden eine wichtige Rolle spielen. Brechen Sie die Leckerlis in kleinere Stücke, damit Ihre Katze nicht so viel davon bekommt, dass sie sich störend auf die normale Ernährung auswirken.

Ich habe versucht, zumindest einige der zahlreichen Möglichkeiten festzuhalten, wie sich die Situation entwickeln kann, wenn man zwei Katzen miteinander bekannt macht. Die folgende Anleitung ist daher sehr ausführlich. Die meisten Katzenbesitzer werden nicht alle Details benötigen. Für andere sind es vielleicht nicht genug. Nehmen wir an, Sie gehören zur letzten Gruppe. Ihre Katzen reagieren negativ. Ganz gleich, welche Vorschläge Sie ausprobieren, die Tiere kommen einfach nicht miteinander aus. Sie haben keine Idee, was Sie noch veranstalten sollen. In diesem Fall könnte es an der Zeit sein, nach einem erfahrenen Katzentherapeuten zu suchen, der Sie entweder telefonisch oder vor Ort durch den Prozess begleitet.

Schritt 1: Schaffen Sie den richtigen Rahmen, bevor die neue Katze kommt

Wenn Sie so weit im Voraus planen können, verteilen Sie zwei Wochen vor Ankunft des neuen Tiers Pheromonzerstäuber in den Steckdosen der Räume, in denen die heimischen Katzen sich die meiste Zeit aufhalten. Bringen Sie einen weiteren Zerstäuber in dem Zimmer an, das dem Neuankömmling in der ersten Zeit als sicherer Rückzugsort dienen soll.

Aus der Katzenperspektive: Pheromone

Soweit bislang bekannt ist, verfügen Katzen über fünf Gesichtspheromone, die sie freisetzen, indem sie ihre Duftdrüsen an Tieren oder Gegenständen reiben. Duftdrüsen befinden sich an Pfoten und Pfotenballen, Wangen, Flanken, Schwanz, Stirn, Lippen, Kinn, Ohren, Perineum und Schwanzansatz. Katzen reiben sich gern an diesen Stellen und mögen es, wenn man sie dort massiert. Reiben Sie einfach das Gesicht Ihres Lieblings. Für ihn kann das sehr entspannend sein.

Normalerweise markieren Katzen, die sich ruhig und sicher fühlen, Gegenstände (und Menschen) im ganzen Haus mit einem Gesichtspheromon namens F3 und ihrem ganz persönlichen Duft. Eine Katze lässt sich sogar noch mehr beruhigen, wenn Sie das Gesichtspheromon F3 in ihrer Umgebung applizieren. Früher betupften Veterinärwissenschaftler das Gesicht eines Tieres mit einem Tuch. Anschließend liefen sie im Labor hin und her, um die Duftstoffe zu verteilen. Zum Glück gibt es heute einfachere Methoden.

Synthetische Nachbildungen des Gesichtspheromons sind sowohl als Spray wie auch als Zerstäuber in Geschäften für Haustierbedarf sowie im Internet erhältlich. Ich fasse beide Möglichkeiten unter dem Begriff »Pheromone« zusammen.

Der geschützte Bereich sollte ein abschließbares Zimmer und allein dem neuen Tier vorbehalten sein. Besonders gut eignet sich ein Raum, in dem die heimischen Katzen nicht viel Zeit verbringen und der bei ihnen nicht besonders hoch im Kurs steht. Ein ordnungsgemäß eingerichtetes Zimmer sollte *zwei* Katzentoiletten (siehe unten), Futter- und Wassernapf, neues Spielzeug sowie duftneutrale (oder neue) Sitz-, Ruhe- und Kratzmöglichkeiten bieten. Die Katzentoiletten sollten so weit wie möglich von Futter- und Wassernapf entfernt sein. Ein Versteck wie zum Beispiel ein Bett oder ein anderes Möbelstück sollte ebenfalls vorhanden sein. Sie können aber auch eine der folgenden Möglichkeiten nutzen: einen großen, leeren, auf die Seite gelegten Karton, einen Katzentunnel, eine Papiertüte ohne Henkel und mit umgekrempeltem Rand, der dafür sorgt, dass sie auch offen bleibt, oder einen Kratzbaum mit Höhle. Machen Sie das Zimmer katzensicher und entfernen Sie alles, was dem Tier gefährlich werden könnte, zum Beispiel Gegenstände, die es verschlucken könnte (Fäden, Plastiktüten), oder herabhängende Elektrokabel. Sichern Sie die Steckdosen mit Kinderschutzkappen und klappen Sie den Toilettendeckel herunter, falls es sich bei dem Raum um ein Badezimmer handelt. Beschweren Sie Lüftungsabdeckungen mit schweren Gegenständen. Ich weiß von verängstigten Katzen, die solche Abdeckungen entfernt haben und in das Rohrsystem gekrochen sind. (In Kapitel 5 erfahren Sie noch mehr über die fachgerechte Gestaltung der Umgebung einer Katze.)

Besorgen Sie sich ein Pheromonspray. Besprühen Sie an dem Tag, an dem Sie die neue Katze nach Hause holen, die Oberflächen *auf beiden Seiten* der Tür zum geschützten Bereich sowie andere Stellen im Zimmer, mit denen sie vermutlich in Berührung kommen wird, in Katzennasenhöhe (ungefähr 20 Zentimeter vom Boden) damit. Versprühen Sie niemals Pheromone in der Nähe von Katzentoiletten, Futter- oder Wasserquellen. Verwenden Sie dort auch keine Pheromonzerstäuber (und besprühen Sie die Tiere niemals direkt mit Pheromonen). Verwenden

Sie nach Möglichkeit auch einen Pheromonzerstäuber auf der anderen Seite der Tür, wo sich die heimischen Katzen befinden. Deponieren Sie etwas zum Anziehen oder einen Bademantel im geschützten Bereich und ziehen Sie sich um, wenn Sie ihn betreten. Dichten Sie den Spalt unter der Tür gegebenenfalls mit einem zusammengerollten Handtuch ab. Füllen Sie den Wassernapf und stellen Sie Futter und Leckerlis bereit, um sie bei der Ankunft des Neuankömmlings anbieten zu können. Bereiten Sie auch die beiden Katzentoiletten vor. Falls das neue Tier an eine bestimmte Einstreu gewöhnt ist und Sie eine andere Marke verwenden, können Sie es bei dieser Gelegenheit wie folgt umgewöhnen: Füllen Sie die eine Katzentoilette mit der gewohnten Einstreu, die andere mit einem anderen guten Produkt (siehe Kapitel 5). Nun kann die neue Katze kommen.

Bringen Sie die heimischen Katzen unmittelbar vor der Ankunft des Neuankömmlings in ein abschließbares Zimmer. Es sollte so weit wie möglich von der Route entfernt sein, auf der Sie das neue Tier zum geschützten Raum bringen werden. Sorgen Sie dafür, dass Ihre Katzen entspannt sind (und wenn das der Fall ist, spielen Sie noch ein paar Minuten mit ihnen). Entfernen Sie sich anschließend ruhig und schließen Sie die Tür. Sie können sie wieder herauslassen, sobald der Neuankömmling sicher ist.

Tragen Sie die neue Katze, die immer noch in der Transporttasche sitzt, in den geschützten Bereich. Stellen Sie beruhigende Musik an und ziehen Sie entweder Ihren Bademantel über oder die zum Wechseln bereitgelegte Kleidung an. Hängen Sie Ihre Sachen an einen Platz, an dem der Neuankömmling nicht damit in Berührung kommt. Öffnen Sie die Transporttasche. Lassen Sie dem Tier so viel Zeit, wie es braucht. Falls es gestresst wirkt und nicht herauskommen will, stellen Sie ein wenig Futter davor, legen Sie ein paar Leckerbissen bereit, oder Sie locken und entspannen es mit Spielzeug. Erlauben Sie ihm, sein Zimmer zu erkunden. Verbringen Sie viel Zeit damit, es zu streicheln und mit ihm zu sprechen.

Ziehen Sie den Bademantel aus oder die anderen Kleider an, bevor Sie den geschützten Bereich verlassen. Schließen Sie die Tür hinter sich, gehen Sie schnurstracks zum Waschbecken und waschen Sie Hände, Arme und Gesicht, falls Sie auch Gesichtskontakt mit dem Neuankömmling hatten. So vermeiden Sie, dass die heimischen Katzen in Aufruhr geraten, weil sie das neue Tier zu früh und vor allem auf einer knappen »Ressource« *(Ihnen)* riechen.

Lassen Sie den Neuankömmling in den ersten Tagen in seinem geschützten Bereich und verbringen Sie so viel Zeit wie möglich mit ihm, in der Sie mit ihm spielen und ihm Ihre Aufmerksamkeit schenken. Vergessen Sie darüber aber nicht, auch mit den heimischen Katzen zu spielen.

Schritt 2: Die erste Begegnung mit dem neuen Geruch über eine duftende Socke

Der Neuankömmling: Sobald sich das Tier in seiner neuen Umgebung wohl fühlt, keine Anzeichen von Stress zeigt (es frisst, spielt und so weiter) und die heimischen Katzen verhältnismäßig ruhig sind, können Sie damit beginnen, die Tiere über ihren Geruch miteinander bekannt zu machen. Streifen Sie eine saubere Socke über eine Hand. Sie sollte weder neu noch getragen sein. Nehmen Sie einen frisch gewaschenen Strumpf, an dem immer noch ein wenig von Ihrem Geruch haftet. (Er sollte weder mit Bleiche behandelt sein noch einen anderen starken Geruch verströmen.) Am besten eignen sich dünne, glatte Socken. Streichen Sie mit der bestrumpften Hand vorsichtig über das Gesicht der neuen Katze. Konzentrieren Sie sich dabei auf Schnurrhaare und Wangen, Mundwinkel (in denen sich der Speichel sammelt), die Stelle über der Nase und zwischen den Augen sowie die Schläfen (die bei der Katze zwischen Augen und Ohren sind). Was befindet sich an diesen Stellen? Abgesehen von dem Speichel, mit dem Katzen einander putzen, sind hier auch die freundlichen Gesichtspheromone. Das Streicheln und Tupfen sollte nur ein paar Sekunden in Anspruch nehmen. Brechen Sie den Vorgang ab, wenn die Katze irritiert wirkt. Geben Sie danach noch einen kleinen Spritzer Pheromonspray auf die Socke.

Will sich der Neuankömmling nicht mit der Socke streicheln lassen, legen Sie sie einfach ein paar Tage lang an seine Schlafstätte.

Platzieren Sie nun die Socke mit dem Geruch der neuen Katze an exponierter Stelle im Umfeld der heimischen Katzen, zum Beispiel mitten im Zimmer. Halten Sie Abstand von wichtigen Ressourcen wie Futter, Wasser, Schlaf- oder Liegeplätzen. Legen Sie jedoch sofort ein paar Leckerbissen oder etwas Futter neben die Socke mit dem Geruch des Neuankömmlings, um bei den heimischen Katzen positive Assoziationen zu diesem Duft zu wecken.

Die heimische Katze: Nehmen Sie nun einen weiteren sauberen Strumpf zur Hand und wiederholen Sie den Vorgang mit der heimischen Katze. Bringen Sie den mit Gesichtspheromonen gesättigten Strumpf in das Zimmer des Neuankömmlings. (Falls Sie mehr als eine Katze haben, beginnen Sie mit den ruhigsten, gelassensten Tieren. Verwenden Sie für jedes Tier einen eigenen Strumpf, beschriften Sie ihn oder nehmen Sie unterschiedliche Farben, damit es nicht zu Verwechslungen kommt.)

Platzieren Sie den Strumpf oder die Strümpfe mit dem Geruch der heimischen Katzen nun umgekehrt im geschützten Bereich weit weg von wichtigen Ressourcen. Erzeugen Sie auch hier mit Leckerbissen oder einem zweiten Futternapf in Sockennähe positive Verbindungen zum Geruch der heimischen Katzen.

Neuankömmling und heimische Katze: Frischen Sie die Duftsocken einmal täglich auf. Holen Sie den Strumpf mit dem Geruch der heimischen Katze aus dem Zimmer des Neuankömmlings. Lassen Sie die heimische Katze daran schnuppern (da dieser Strumpf nun möglicherweise etwas vom Geruch des neuen Tieres aufgenommen hat). Wenn sie nicht negativ darauf reagiert, betupfen Sie sie erneut damit. Legen Sie den Strumpf danach wieder ins Zimmer des Neuankömmlings. Wiederholen Sie den Vorgang anschließend mit der Socke, die den Geruch des neuen Tieres trägt. Holen Sie sie von Ihren heimischen Katzen, lassen Sie den Neuankömmling daran schnuppern und achten Sie darauf, ob er negativ darauf reagiert. Streichen Sie mit der Socke über das Tier, um den Geruch aufzufrischen, und bringen Sie sie dann zu den heimischen Katzen zurück. (Falls Sie eine negative Reaktion bei dem Neuankömmling beobachten, nehmen Sie einfach eine neue Socke und beginnen Sie von vorn.) Wiederholen Sie diesen Ablauf ein paar Tage lang oder so lange, bis keine der Katzen mehr auf die Duftsocken reagiert.

Nun können Sie dazu übergehen, die Gerüche der Katzen zu mischen. Sie sollten ihnen allerdings noch immer nicht gestatten, sich zu sehen.

Schritt 3: Allogrooming, Allorubbing und die Erzeugung des Gruppengeruchs

Allogrooming und Allorubbing sind der Kuss beziehungsweise die Umarmung der Katzen. Beim Allogrooming oder der sozialen Fellpflege lecken oder putzen sie sich gegenseitig. Hier handelt es sich um ein normales Sozialverhalten, das den Tieren hilft, einen Gruppengeruch zu erzeugen, und das eine Vertrautheit schafft, die ihnen den Umgang miteinander erleichtert und sogar die Bindung aneinander ermöglicht. Beim Allorubbing reibt sich eine Katze an der anderen oder an Ihnen. Auch dies kann dazu beitragen, den Gruppengeruch zu erhalten. Man sieht es oft, wenn Katzen sich begrüßen. Dieses

Verhalten ist im Allgemeinen *nicht* gegen- oder wechselseitig: Es reibt sich immer nur eine Katze (für gewöhnlich das rangniedrigere Tier) an der anderen. Bei wildlebenden Katzen geschieht dies, wenn ein Tier von der Jagd zurückkommt – so wie sich auch Ihre Hauskatzen mit dem Gesicht an Ihren Beinen, Schuhen oder Einkaufstaschen reiben, wenn *Sie* von der »Jagd« nach Hause kommen. Sie markieren damit vermutlich Ihre Person und die von Ihnen mitgebrachten Gegenstände, um den Fortbestand des korrekten Gruppengeruchs im Haushalt zu sichern. Die britischen Tierärzte und Verhaltenstherapeuten Jon Bowen und Sarah Heath behaupten sogar: »Hinsichtlich des Sozialverhaltens der Katzen hat das Bereiben die größte Bedeutung für die Beziehung zwischen einem Tier und seinem Besitzer.«[49]

Soziale Vermittlung: So schaffen und bewahren Sie einen Gruppengeruch

Klienten, deren Katzen nicht miteinander auskommen, einander aus dem Weg gehen oder noch gar nicht kennen, empfehle ich grundsätzlich einen Pheromonaustausch. Um die Tiere miteinander bekannt zu machen, müssen Sie die Rolle der Katze übernehmen, die Katzenverhaltenstherapeuten als den »sozialen Vermittler« bezeichnen. Ihre neue Aufgabe besteht darin, mittels einer Bürste einen Gruppengeruch zu erzeugen und zu bewahren.

In einigen Mehrkatzenhaushalten wird diese Aufgabe von einer bestimmten Katze übernommen. Sie begrüßt die anderen, lässt sich begrüßen und zeigt weitere Verhaltensweisen, über die es eine soziale Bindung zwischen den Katzen verschiedener Splittergruppen innerhalb (und außerhalb) des Haushalts herstellt. Sie putzt oder reibt sich an einer Katze (oder Katzengruppe), um dies kurz darauf beim nächsten Tier (oder der nächsten Gruppe) zu wiederholen. Dabei nimmt sie die bei diesen Begegnungen aufgenommenen Gerüche mit und überträgt sie auf alle Katzen. Sie mischt die Duftmarkierungen und erzeugt so einen Gruppengeruch, der dann dazu beiträgt, die soziale Bindung zwischen den Tieren zu erhalten und Stress oder Feindseligkeiten innerhalb der Gruppe abzubauen. Wenn dieses Tier verschwindet, stirbt oder erkrankt, geht der Gruppengeruch verloren, und es ist damit zu rechnen, dass es zwischen den Katzen zu Aggressionen kommt. In der Welt der Katzen ist dieser Vermittler »Kurier und Diplomat in Personalunion«.

Hin und wieder übernehmen Katzenbesitzer diese Rolle, ohne groß darüber nachzudenken. Sie streicheln, bürsten oder nehmen zum Beispiel erst die eine Katze auf den Arm, um diesen Vorgang anschließend mit einer anderen zu wiederholen und dadurch einen gemeinsamen Gruppengeruch zu erzeugen.[50] Daher werden auch Sie im dritten Schritt mit Hilfe einer Katzenbürste den Duft Ihrer Katzen mischen. Würden Sie den ganzen Verhaltensplan befolgen und nur auf diese eine Technik verzichten, wäre die Wahrscheinlichkeit deutlich geringer, dass Ihre Katzen in der Gruppe gesellig und entspannt sind.

Im zweiten Schritt, in dem Sie die Tiere mit dem Duft des jeweils anderen bekannt gemacht haben, ging es nur darum, ihren Geruch auf Socken zu übertragen. Um einen Gruppengeruch zu erzeugen, müssen Sie nun zwischen den Tieren pendeln, um ihre Duftmarken zu mischen. Falls Sie mehr als eine heimische Katze mit dem Neuankömmling bekannt machen müssen, beginnen Sie mit den freundlichsten und gelassensten Tieren. (Um die Sache zu vereinfachen, werde ich jedoch auch weiterhin von der heimischen Katze im Singular sprechen.) Alle weiteren Tiere können Sie später vorstellen. Abbildung 1 zeigt Ihnen, wie Sie Tag für Tag am Gruppengeruch arbeiten und ihn erhalten können. Dieser Vorgang sollte nur ein paar Minuten Ihrer Zeit in Anspruch nehmen.

Abbildung 1: Soziale Vermittlung über den Pheromonaustausch

Nur Mut! Wenn Sie einen Gruppengeruch schaffen und erhalten, werden sich Ihre Katzen *tatsächlich* miteinander verbunden fühlen, entspannter sein und einander besser akzeptieren. Ich arbeite jedes Jahr mit Hunderten von Klienten, die berichten, dass ihre Katzen den Pheromonaustausch genießen und in der Tat lernen, einander zu akzeptieren und freundlich miteinander umzugehen. Eine meiner Klientinnen formulierte es so: »Statt Cooter anzufauchen und ihm Ohrfeigen zu verpassen, wenn er vorbeiläuft, leckt Oliver ihm nun das Gesicht.«

Machen Sie den Neuankömmling mit dem Geruch der heimischen Katze bekannt

Beginnen Sie den Pheromonaustausch mit Hilfe einer weichen Katzenbürste. Streichen Sie damit zunächst über den sympathischsten Teil der Katze, das Gesicht, wo die freundlichen Pheromone produziert werden. Fahren Sie mit der Bürste mehrmals behutsam über Gesicht, Kopf und Hals der heimischen Katze (siehe Abbildung 1, Bild a). Sind die Tiere später mit den

Gesichtspheromonen vertraut, werden Sie auch Schultern und Flanken einbeziehen. Achten Sie darauf, das Hinterteil auszusparen (da dieser Körperteil den am wenigsten »freundlichen« Geruch verströmt). Begeben Sie sich nun mit der Bürste – und ein paar unwiderstehlichen Leckerbissen – zu dem Neuankömmling und bieten Sie ihm beides an. Lassen Sie ihn an der Bürste schnuppern und erlauben Sie ihm, sich über die Leckerbissen herzumachen, wenn er möchte. Achten Sie dabei auf mögliche negative Reaktionen.

Beobachten Sie die Reaktion

🐾 Wenn der Neuankömmling an der Bürste schnuppert, ohne sich an ihrem Geruch zu stören, streichen Sie damit anschließend behutsam über seinen Kopf, sein Gesicht und seinen Hals (siehe Abbildung 1, Bild b). So wird der Duft der heimischen Katze auf ihn übertragen, während die Bürste nun auch seinen Geruch aufnimmt. Wenn der Neuankömmling an der Bürste schnuppert und nicht weiter darauf reagiert, ist dies keineswegs ein schlechtes Zeichen. Gleichgültigkeit ist etwas sehr Positives.

🐾 *Hören Sie sofort auf,* wenn der Geruch der Bürste den Neuankömmling irritiert oder er negativ auf die Berührung reagiert! Zwingen Sie ihm die Berührung nicht auf. Lassen Sie die Bürste einfach in seinem Zimmer liegen (aber niemals in unmittelbarer Nähe der *Haupt*nahrungsquelle) und legen Sie ein paar Leckerbissen daneben, um eine positive Verbindung zu schaffen. Es gibt keinen Grund, sich von dieser Reaktion entmutigen zu lassen. Es bedeutet lediglich, dass Sie das Kennenlernen langsamer angehen müssen. Kehren Sie zum vorangegangenen Schritt zurück, lassen Sie den Neuankömmling weiter an der Bürste schnuppern, die Sie ihm zusammen mit seinem Futter oder ein paar Leckerbissen präsentieren, bis negative Reaktionen ausbleiben. Versuchen Sie erst dann erneut, mit der Bürste, die den Geruch der heimischen Katze trägt, über sein Gesicht zu streichen (siehe Abbildung 1, Bild b).

❧ Wenn der Neuankömmling auch weiterhin negativ auf die Bürste reagiert, könnte dies daran liegen, dass es ihm grundsätzlich unangenehm ist, damit im Gesicht berührt zu werden. In diesem Fall sollten Sie versuchen, den ganzen Ablauf stattdessen mit der bestrumpften Hand zu wiederholen. Sie können auch versuchen, den Neuankömmling überall, nur nicht im Gesicht zu bürsten, sich dabei auf Hals, Schultern und Flanken konzentrieren und sich auch hier wieder vom Hinterteil fernhalten. Darüber hinaus kann es hilfreich sein, immer nur kurz mit der Bürste zu arbeiten oder das Tier zu bürsten, während es abgelenkt ist, weil es mit einem Spielzeug beschäftigt ist oder Leckerbissen frisst.

Präsentieren Sie der heimischen Katze die Bürste mit dem Mischgeruch

Wenn der Neuankömmling positiv oder gleichgültig auf die Bürste mit dem Mischgeruch reagiert und Sie ihn damit bürsten durften, kehren Sie nun zur heimischen Katze zurück und lassen Sie auch diese daran schnuppern. Falls sie nicht negativ darauf reagiert, streichen Sie nun nicht nur über Kopf, Gesicht und Hals, sondern auch über Schultern und Flanken (siehe Abbildung 1, Bild c). Falls sie an der Bürste schnuppert und negativ darauf reagiert, halten Sie sich an die Anleitungen im vorangegangenen Abschnitt »Beobachten Sie die Reaktion«.

Nehmen Sie die Bürste und wiederholen Sie den Vorgang nun noch einmal mit dem Neuankömmling (siehe Abbildung 1, Bild d).

Jedes Tier sollte zweimal täglich insgesamt vier bis zehn Bürstenstriche über Wangen, Kopf, Hals, Kinn, Schultern und Flanken bekommen. (Hinterteil und Schwanz sind auszusparen.) Sie müssen nicht alle Schritte auf einmal ausführen. Sie können auch eine oder zwei Katzen am Morgen bürsten und den Ablauf später, wenn Sie von der Arbeit nach Hause kommen, noch einmal wiederholen.

Bemühen Sie sich in der Phase des Kennenlernens um einen

täglichen Pheromonaustausch, um den Gruppengeruch zu erhalten. Sie können damit aufhören, wenn die Katzen schließlich integriert sind und friedlich zusammenleben. Sollten Sie später Spannungen oder Raufereien bemerken, empfehle ich Ihnen, die Aufgaben des sozialen Vermittlers auf unbestimmte Zeit weiter zu erfüllen. Die Mehrzahl meiner Klienten berichtet, ihre Katzen würden irgendwann anfangen, sich gegenseitig zu putzen und aneinander zu reiben. Dies ist auch der Punkt, an dem sie sich von ihren Pflichten entbinden.

Die Nagelschneider-Methode: Ein zweites Kennenlernen mit der Technik des Pheromonaustauschs
Ich habe inzwischen unzählige Fälle bearbeitet und bin aufgrund der Ergebnisse zu folgendem Schluss gelangt: Mit den in diesem Kapitel erläuterten Modifikationen kann der Pheromonaustausch Bestandteil eines Planes sein, der sogar den Katzen ein *zweites Kennenlernen* ermöglicht, deren langjährige Vertrautheit lediglich Verachtung schürte. (In Kapitel 7 werden Sie erfahren, wann genau Sie diese Technik einsetzen sollten.) Viele meiner Klienten berichten, wenn sie seltener für einen Pheromonaustausch sorgten oder die Arbeit sogar ganz einstellten, ohne etwas anderes zu verändern, gäbe es zwischen Katzen, die davor gut miteinander ausgekommen waren, erneut Raufereien. Es könnte also sein, dass Sie den Pheromonaustausch zu einem festen Bestandteil Ihres Tagesablaufs machen müssen, um anhaltenden Erfolg zu garantieren, oder dass Sie so lange weitermachen müssen, bis die Katzen selbst anfangen, den Gruppengeruch mit gegenseitiger Fellpflege und wechselseitigem Bereiben zu erhalten. Auch die bereits zitierten Tierärzte und Tierverhaltenstherapeuten Jon Bowen und Sarah Heath schildern, was passiert, wenn der Gruppengeruch verfliegt: Es gibt Schwierigkeiten.
Es könnte sein, dass sich die eine oder andere Katze anfangs gegen diese Technik sträubt. Ich habe jedoch darauf geach-

tet, dass der Prozess ganz allmählich und ohne jede Gewalt voranschreitet. Zudem werden Sie davor bereits gewissenhaft für positive Geruchsassoziationen zwischen Ihren Katzen gesorgt haben. Daher ist die Wahrscheinlichkeit sehr gering, dass Ihre Katze aggressiv auf Sie reagieren wird, wenn Sie diese Technik anwenden. In den Hunderten von Fällen, in denen sich Klienten genau an meinen Rat gehalten haben, ist mir nie zu Ohren gekommen, dass Katzen ihre Besitzer angegriffen hätten. Dessen ungeachtet kann es natürlich immer vorkommen, dass Ihre Katze ihren Unwillen signalisiert, mit dieser Technik fortzufahren. Handeln Sie nach bestem Ermessen, und wenn Sie Fragen haben, wenden Sie sich an einen Katzenpsychologen.

Bitte beachten Sie: Es ist ein weitverbreitetes Missverständnis zu glauben, wenn Katzen zusammenlebten, sei ihr Geruch ohnehin im ganzen Haus verteilt, und das würde genügen, um ihnen das Zusammenleben zu erleichtern. Wenn Katzen ähnlich riechen oder den Gruppengeruch an sich haben, ist das etwas völlig anderes, als den Geruch eines Artgenossen am Bein eines Esszimmerstuhls vorzufinden. Ihre Katzen müssen einen Gruppengeruch haben und diesen *am Körper* tragen. Anderenfalls kann es (erneut) Probleme geben.

Wenn sich die Katzen nach zwei Wochen mit dem Pheromonaustausch wohl fühlen, können Sie einen Schritt weiter gehen und ihnen einen ersten Blick aufeinander gestatten. Bitte versuchen Sie, den Umstand zu respektieren, dass jede Katze und jede Situation einzigartig ist. Bevor Sie zum nächsten Schritt im Kennenlernprozess übergehen, sollte keine der beiden Katzen mehr negativ reagieren, wenn sie den Geruch des anderen Tieres wahrnimmt oder damit gebürstet wird. Es könnte sein, dass dazu mehr als zwei Wochen nötig sind. Geben Sie Ihren Katzen so viel Zeit, wie sie brauchen. Bitte handeln Sie dabei nach eigenem Ermessen. Es ist zwar selten, aber es kann vorkommen, dass sich manche Katzen niemals mit der Vorstellung anfreunden, den Geruch eines Artgenossen am Leib zu tragen. Wir müssen dies respektieren und bei den entsprechenden Tieren auf diese Methode verzichten.

Schritt 4: Platztausch oder Ziehen Sie selbstbewusste Abenteurer heran

In einer Umgebung, die sie bereits erkundet haben, fühlen sich Katzen grundsätzlich selbstbewusster. Deshalb sind sie auch so neugierig. Der Neuankömmling muss die Gelegenheit bekommen, seine Neugier zu stillen und sein neues Zuhause mit seinen optischen und akustischen Eindrücken und vor allem seinen Gerüchen zu erforschen. Er sollte unbedingt den Eindruck gewinnen, dass auch der Rest der Wohnung oder des Hauses zu seinem Revier gehört. Mangelndes Selbstbewusstsein oder gar Angst können später in Aggression umschlagen. Wenn Sie umgekehrt auch den Geruch des Neuankömmlings im übrigen Haus verteilen, hilft dies den heimischen Katzen, sich an die Vorstellung zu gewöhnen, dass ein neues Tier im Haus ist, welches irgendwann Zugang zu allen Räumen haben wird.

Bevor der Neuankömmling den geschützten Bereich zum ersten Mal verlassen darf, versprühen Sie im ganzen Haus in Katzennasenhöhe (etwa 20 Zentimeter über dem Boden) Pheromonspray: Spritzen Sie es auf die Möbel, die Türrahmen der Zimmer, die er erkunden wird, und auf mehrere Stellen entlang des Weges, den er bei der Erkundungstour durch sein neues Zuhause nehmen wird. Die Pheromone werden ihn ermutigen, Gesicht und Körper ebenfalls an diesen Stellen zu reiben und eigene Duftmarken zu setzen. Das macht es ihm leichter, sich in dieser Umgebung selbstbewusst und sicher zu fühlen.

Der Neuankömmling erkundet das Haus

Gewähren Sie dem Neuankömmling *mindestens einmal täglich*, wenn keine anderen Aktivitäten im Haus stattfinden, freien Zugang zu allen Räumen – oder zumindest zu den Abschnitten, in denen er nicht auf heimische Katzen stößt. Bereiten Sie den Ausflug folgendermaßen vor: Schotten Sie die heimischen Katzen eine Weile in einem anderen Teil des Wohnbereichs ab. Sorgen Sie dafür, dass sie mit ausreichend Katzenstreu, Futter und Wasser versorgt sind. Öffnen Sie die Tür zum sicheren Rückzugsort des Neuankömmlings. Locken Sie ihn mit einer Spielangel oder ein paar Leckerbissen heraus. Erzwingen Sie nichts. Wenn er nicht herauskommen will, lassen Sie die Tür einfach offen, damit er den Rest der Wohnung sehen und riechen kann. Bemühen Sie sich noch einmal, mit Katzenangel und Leckerlis für Entspannung zu sorgen. Wenn die neue Katze den geschützten Bereich verlässt, sollten Sie darauf achten, dass die Tür stets offen bleibt und sie sich jederzeit schnell in Sicherheit bringen kann. Falls sie kaum herumläuft und sich nur wenig an Gegenständen reibt, streichen Sie mit einer sauberen Socke über ihr Gesicht und übertragen Sie ihre Gesichtspheromone auf Gegenstände im ganzen Haus.

Die ersten Male will der Neuankömmling vielleicht nur ein paar Minuten in den anderen Räumen verbringen. Aber seine angeborene Neugier wird dafür sorgen, dass die Ausflüge allmählich länger werden. Geben Sie ihm reichlich Gelegenheit, seine Umgebung zu erkunden und alle guten Aussichts- und Liegeplätze, Fluchtwege und Verstecke zu finden. Steigern Sie sein Selbstbewusstsein, indem Sie mit einem Spielzeug seinen Beutetrieb ansprechen. Ziehen Sie das Spielzeug durch den Flur, über das Sofa und den Katzenbaum, in die Küche und an alle Orte, an denen er künftig seine Zeit verbringen wird. Geben Sie ihm nach dem Spielen etwas zu fressen oder ein paar Leckerbissen. Füttern Sie das Tier auch in anderen Zimmern, um positive Assoziationen zu den Räumlichkeiten jenseits des geschützten Bereichs zu schaffen.

Die heimischen Katzen erkunden
den geschützten Bereich

Sobald der Neuankömmling zufrieden die Wohnung erkundet, bringen Sie ihn in einem anderen Zimmer unter. Während er sicher hinter verschlossenen Türen sitzt, lassen Sie eine oder zwei besonders freundliche Katzen in den geschützten Bereich. (Falls die Möglichkeit besteht, dass eines der Tiere aus Angst aggressiv gegen das andere werden könnte, lassen Sie sie nacheinander in den Raum.) Verwöhnen Sie die heimischen Katzen dort mit Leckerbissen, damit sie etwas Positives mit diesem Raum und dem Geruch des Neuankömmlings verbinden.

Wiederholen Sie diesen Schritt mehrere Tage lang mindestens einmal täglich, bis alle Katzen entspannt sind und das jeweils andere Revier ohne negative Reaktionen erforschen. Erzwingen Sie nichts, falls sich die eine oder andere heimische Katze im geschützten Bereich nicht wohl fühlt. Wichtiger ist, dass der Neuankömmling den größten Teil des Hauses oder der Wohnung erkundet und es ihm dort so gut wie möglich gefällt. Diese Erkundungsphase kann je nach Katze und Umsetzung einige Tage, aber auch einigen Wochen in Anspruch nehmen. Fahren Sie in dieser Zeit auch mit dem Pheromonaustausch über das Bürsten fort, um den Gruppengeruch zu erhalten. Wir müssen respektieren, wie weit sich die Katzen wohl fühlen, und uns gleichzeitig darum bemühen, diese Grenzen immer weiter hinauszudehnen.

Solche vorbereitenden Schritte sorgen dafür, dass zwischen dem Neuankömmling und der heimischen Katze eine gewisse soziale Bindung und Vertrautheit entstehen, bevor sie einander zum ersten Mal sehen. Dazu nutzen wir die Form der Kommunikation, auf die sie sich am meisten verlassen – den *Geruch* –, sowie durch Futter, Leckerbissen und Spielzeug erzeugte positive Assoziationen.

Sofortige Befriedigung?

Katzenbesitzer machen häufig den Fehler, den Prozess des Kennenlernens zu übereilen. Ihre Katzen sollen Freunde werden, und das möglichst schnell! Für gewöhnlich erreichen sie damit genau das Gegenteil. Erzwingt man zu früh eine Begegnung, fällt der »Panikschalter«, und die Katzen machen ausgesprochen negative Erfahrungen. Es könnte sein, dass Sie anschließend ein zweites Kennenlernen für die Tiere arrangieren müssen. Dieser Prozess kann außerdem doppelt so lange dauern, da sie bereits negative Erfahrungen miteinander gemacht haben. Ein gemächliches Tempo *spart* langfristig Zeit.

Schritt 5: Der erste Sichtkontakt und die Kunst der sanften Übergänge

Endlich dürfen Ihre Katzen einen ersten Blick aufeinander werfen! Es wird Sie kaum überraschen zu hören, dass diese Begegnung während einer Mahlzeit, eines leckeren Snacks oder des Spielens stattfinden sollte, wenn sich die Tiere am allerwohlsten fühlen.

Bei schwierigen Erstbegegnungen und dem zweiten Kennenlernen

Vielleicht lesen Sie dieses Kapitel, weil Sie Katzen eine zweite Chance geben möchten, die sich bereits kennen, aber inzwischen miteinander verfeindet sind. Oder weil Sie versuchen, fremde Tiere miteinander bekannt zu machen, und es nicht allzu gut funktioniert. Bauen Sie dazu im Durchgang zum geschützten Bereich vorübergehend ein durchsichtiges Hindernis auf, das zum Beispiel aus einem Fliegengitter, aus übereinandergestapelten Babyschutzgittern oder aus einer Plexiglasscheibe bestehen kann. Besprühen Sie beide Seiten täglich mit synthetischen Pheromonen. Versehen Sie die durchsichtige Abgrenzung vorübergehend mit einem Sichtschutz – einer blickdichten Tür, einem Stück Pappkarton oder einem Handtuch –, damit sich die beiden Katzen zunächst nicht sehen können. Besprühen Sie auch den undurchsichtigen Teil der Absperrung täglich mit Pheromonen. Die folgenden Anleitungen gelten sowohl für Erst- als auch für Zweitbegegnungen. Der einzige Unterschied besteht darin, dass für ein erstes Kennenlernen nur selten eine Absperrung, sondern lediglich ein wenig Abstand nötig ist.

Beim ersten und zweiten Kennenlernen

Wenn Ihre Katzen normalerweise freien Zugang zu ihrem Futter haben (was ich in den meisten Fällen empfehle, siehe Kapitel 5), müssen Sie die Näpfe ungefähr drei Stunden vor dem geplanten Sichtkontakt entfernen. Dann werden sie bereitwillig fressen, was Sie ihnen vorsetzen, während sie einen ersten Blick aufeinander erhaschen. Bieten Sie ihnen entweder besondere Leckerbissen, die bekanntermaßen gut ankommen, stellen Sie ihnen das Trockenfutter oder – wenn es Zeit ist – den Napf mit dem Nassfutter hin. Prüfen Sie, in welcher Stimmung die Tiere sind, bevor Sie ihnen gestatten, ihre Plätze zu beiden Seiten der Absperrung (oder des Raumes) einzunehmen. Falls eines von ihnen ängstlich oder nervös wirkt, greifen Sie zu einem interaktiven Spielzeug und spielen Sie mit ihm, um Stress abzubauen.

Wenn die Katzen Ihrer Ansicht nach bereit sind, platzieren Sie die Leckerbissen oder Fressnäpfe zu beiden Seiten der Abgrenzung (oder des Raumes). Der Abstand sollte drei bis sechs Meter betragen (falls nötig auch mehr). Wenn die Katzen zu fressen beginnen, entfernen Sie den Sichtschutz, öffnen Sie die Tür, entfernen Sie den Pappkarton oder das Handtuch. Unabhängig davon, ob Sie von Anfang an mit Sichtschutz gearbeitet haben oder nicht, haben die Katzen nun freie Sicht aufeinander.

Dass sie den ersten Blick aufeinander werfen, während sie fressen, vermittelt ihnen ein gutes Gefühl für das, was in Gegenwart des jeweils anderen Tieres geschieht. Beenden Sie den Sichtkontakt unbedingt, solange alles gut läuft, indem Sie den Sichtschutz wieder anbringen. Falls sich die Katzen im selben Zimmer befinden, locken Sie eine davon mit einer Spielangel aus dem Raum. Bei negativen Reaktionen müssen Sie den Sichtkontakt sofort beenden und beim nächsten Mal den Abstand vergrößern. Falls eine der Katzen nicht fressen will, heben Sie mit einer Jagdsequenz (siehe Seite 160) ihre Laune und bieten Sie ihr anschließend erneut etwas zu fressen an.

Aus der Katzenperspektive

Einige Katzen sind ziemlich besitzergreifend, wenn es um ihre Menschen geht. Falls Sie also vor der heimischen Katze mit dem Neuankömmling kuscheln, kann sie sich dadurch bedroht fühlen, was ihr wiederum einen Vorwand liefert, das neue Tier abzulehnen. Drücken und herzen Sie den Neuankömmling deshalb, wenn Sie mit ihm allein sind. Widmen Sie auch der heimischen Katze mehr Aufmerksamkeit als sonst – vor allem wenn sie besonders bedürftig wirkt.

Der erste Sichtkontakt sollte nur wenige Sekunden dauern. Beenden Sie ihn, indem Sie die Tür schließen oder den Tieren mit einem Stück Pappkarton die Sicht durch die Absperrung versperren. Warten Sie kurz und gestatten Sie ihnen dann einen zweiten kurzen Blick aufeinander. Wiederholen Sie diesen Ablauf so lange, wie die Katzen Interesse an ihrem Futter oder ihren Leckerbissen haben und entspannt wirken. Sie müssen den Sichtkontakt unbedingt beenden, *bevor* eines der Tiere erregt wirkt oder etwas tut, um das andere zu ängstigen. Beiden Katzen sollte im Gedächtnis bleiben, dass sie beim letzten Mal, als sie einander sahen, etwas zu fressen bekamen und nichts

Schlimmes passiert ist. Damit helfen Sie ihnen, positive Assoziationen zueinander und eine Toleranz füreinander aufzubauen. Wenn eine Katze wiederholt versucht, sich der anderen (oder der Abgrenzung) zu nähern, legen Sie ihr ein Geschirr an und nehmen Sie sie an die Leine oder bringen Sie sie so lange in einer Transportbox oder einem Welpenfreilauf unter. Falls eines der Tiere nicht ohne Weiteres fressen will, beschäftigen Sie es mit interaktivem Spielzeug oder einer Spielangel. Dabei sollte stets ausreichender Abstand zwischen den Katzen gewahrt bleiben. Sofern Sie ein Hindernis aufgebaut haben, sollten Sie verhindern, dass die Tiere ihm so nahe kommen, dass sie einander riechen können! Lenken Sie sie mit Spielzeug ab, um intensives Anstarren zu unterbrechen. Beenden Sie die Übung sofort, wenn eine der Katzen ängstlich oder aggressiv wird. Starten Sie einen neuen Versuch, nachdem sie sich wieder beruhigt haben.

Sind beide Katzen ruhig, können Sie den Sichtkontakt während der Fütterungs- oder Spielzeiten allmählich immer mehr verlängern und den Abstand immer weiter verringern. Sind alle Begegnungen angespannt oder anstrengend, dürfen die Katzen einander niemals unbeaufsichtigt sehen. Achten Sie darauf, dass sie sich im jeweiligen Revier befinden und die Tür zwischen ihnen fest geschlossen ist, wenn Sie nicht gerade während der Fütterung oder beim Spielen den Sichtkontakt üben. Fahren Sie mit dem täglichen Reviertausch fort und lassen Sie den Neuankömmling weiterhin Zeit in den Kernbereichen des Hauses oder der Wohnung verbringen, während die heimische Katze sicher in einem anderen Zimmer untergebracht ist. Wie lange diese Phase insgesamt dauert, hängt von Ihren Katzen ab. Sie kann ein paar Tage oder ein paar Wochen in Anspruch nehmen. Die Fortschritte sind offensichtlich, wenn beide Katzen beim Anblick des jeweils anderen Tiers jenseits der Absperrung entspannt bleiben.

Wenn Sie mit einer Absperrung arbeiten, besteht der nächste Schritt darin, den Tieren den direkten Blickkontakt ohne ein

Hindernis zu ermöglichen. Sofern auch nur die geringste Chance besteht, dass eines von beiden (und sei es in freundlicher Absicht) auf das andere zuläuft und es erschreckt, sollten Sie ihm Geschirr und Leine anlegen. Achten Sie auf einen ausreichenden Abstand. Sorgen Sie mit Leckerlis oder Futter und dem *getrennten, in weitem Abstand stattfindenden* Spiel mit der Katzenangel dafür, dass die Stimmung positiv bleibt, oder lenken Sie die Tiere bei Bedarf auf diese Weise ab. Überwachen Sie die Begegnung und machen Sie Schluss, solange alles gut läuft. Bei Anzeichen von Stress sollten Sie die Übung sofort beenden. Wenn Sie mal mit, mal ohne Absperrung üben, entsteht ein schöner, allmählicher Übergang. Im Laufe der Zeit können Sie die Einheiten immer weiter verlängern, bis sowohl der Neuankömmling als auch die vollständig vorgestellten heimischen Katzen alle Räume gemeinsam nutzen. Es könnte sein, dass das neue Tier den geschützten Bereich noch eine Weile in Anspruch nehmen möchte – und dabei Wert auf eine geschlossene Tür legt. Dieses Arrangement empfehle ich auch dann, wenn Sie gerade kein Auge auf die Tiere haben können.

Bleiben Sie aufmerksam. Wenn die Katzen so weit sind, dass sie sich alle zusammen frei in der Wohnung bewegen können, werden Sie die vorhandenen Futterplätze, Katzentoiletten, Katzenbetten, Aussichts- und Liegeplätze neu arrangieren oder weitere hinzufügen müssen.

Checkliste: Was Sie beim ersten Sichtkontakt beachten sollten

* Seien Sie bereit, langsam und in dem von Ihren Katzen bevorzugten Tempo vorzugehen.
* Der räumliche Abstand zwischen den Tieren sollte groß genug sein, sodass sie sich wohl fühlen. Manchmal kann er anfangs sogar (mehr als) 7 Meter betragen. Ich empfehle nicht, sie einander durch eine spaltbreit geöffnete Tür – mit lediglich ein paar Zentimetern Abstand – vorzustellen.

Klienten haben dies auf eigene Faust versucht, und die Folgen waren *verheerend*.

❧ Beenden Sie alle Begegnungen, *bevor* die Katzen Anzeichen von Angst oder Erregung zeigen. Mit anderen Worten: Machen Sie Schluss damit, solange alles gut läuft.

❧ Gestatten Sie den Tieren nur, sich unter Ihrer Aufsicht zu sehen. Dies gilt im Besonderen, wenn nicht immer alles völlig reibungslos läuft.

❧ Nutzen Sie Futter, Leckerbissen und Spielzeug, um positive Assoziationen zu erzeugen und die Stimmung der Katzen aufzuheitern.

❧ Unterbrechen Sie Fehlverhalten bereits im Ansatz, indem Sie die Tiere ablenken.

❧ Bestrafen Sie die Katzen nicht und weisen Sie sie niemals zurecht.

❧ Arbeiten Sie weiterhin täglich daran, den Gruppengeruch zu erhalten.

Wenn Ihre Katzen an irgendeinem Punkt des Procederes fauchen oder knurren, hatten Sie es zu eilig. In diesem Fall war entweder der Abstand zu gering oder der Sichtkontakt zu lang – oder beides. Verringern Sie den Abstand oder verlängern Sie die Begegnung nur dann, wenn keines der Tiere Anzeichen von Stress zeigt. Machen Sie einen Schritt zurück und gehen Sie von nun an besonders langsam vor, falls die Katzen fauchen, knurren oder einen gestressten Eindruck machen (mit dem Schwanz peitschen, die Ohren anlegen und andere Warnsignale für bevorstehende Aggressionen aussenden, siehe Kapitel 7). Verbinden Sie die Begegnungen der Katzen stets mit der Fütterung, um ihnen dabei zu helfen, dass sie positive Assoziationen zueinander aufbauen. Sie werden Sie wissen lassen, wenn Sie zu schnell vorgehen.

Zeigen die Katzen aggressives Imponiergehabe oder deuten sie anderweitig an, dass sie jeden Moment angreifen werden, schauen Sie in Kapitel 7 nach, was bei Anzeichen für bevorstehende Aggressionen zu tun ist. Dort finden Sie auch Hinweise darauf, wie Sie vorgehen müssen, wenn es tatsächlich zu Raufereien kommt und Sie die Tiere trennen müssen

---

Falls Sie beim ersten oder zweiten Kennenlernen auf Schwierigkeiten stoßen, sollten Sie sich unbedingt für jeden dieser Schritte ein paar Wochen Zeit lassen. Wenn Sie zwei fremde Katzen miteinander bekannt machen möchten und es dabei zu Problemen kommt, sollte der Sichtkontakt ausschließlich durch eine Absperrung erfolgen. Bitte befolgen Sie dazu die entsprechende Anleitung (siehe oben). Gelegentlich reagiert eine Katze sehr empfindlich, obwohl Sie sich genau an die beschriebene Vorgehensweise halten. Oder Sie haben einen Fehler gemacht und fürchten, damit eine negative Dynamik angestoßen zu haben. In einem solchen Fall kann es sinnvoll sein, sich an einen Katzenverhaltenstherapeuten zu wenden oder mit dem Tierarzt über die vorübergehende Verabreichung von Medikamenten zu sprechen, die ein aggressives Tier beruhigen und einem furchtsamen Selbstbewusstsein einflößen können. In Anhang A finden Sie außerdem eine moderne Methode, die die ganze Angelegenheit zwar noch etwas komplizierter macht, Ihren Erfolg aber zusätzlich sichert. Beim sogenannten Clickertraining handelt es sich um eine Möglichkeit, Wohlverhalten zu belohnen.

FÜNF

Schnurrtopia: Verändern Sie das Lebensumfeld Ihrer Katze

Aber das wildeste aller wilden Tiere war die Katze.
Sie ging eigene Wege und alle Orte waren ihr gleich.[51]
RUDYARD KIPLING: *Genau-so-Geschichten, »Die Katze,*
die eigene Wege ging«

Katzen haben wie gesagt von Natur aus ein ausgeprägtes Territorialverhalten. Das liegt zum Teil daran, dass sie sich in freier Wildbahn nicht auf andere Rudelmitglieder verlassen können. Die einzelne Katze *ist* das Rudel, der gesamte Organismus, und ganz allein für ihr Überleben verantwortlich. Sie sehnt sich nach einem Revier mit üppigen Ressourcen und hat den starken Drang, sie zu sichern und zu bewahren – für sich und nur für sich (und im Falle einer Katzenmutter auch für ihre Jungen). Diesen Wunsch kann sie wie eine allgegenwärtige, unterschwellige Angst empfinden. Der Zustand hat große Ähnlichkeit mit der ständigen Anspannung eines Menschen, dessen Sorge ebenfalls Ressourcen gilt, die er als begrenzt empfindet, hier sind es Geld, Liebe oder Aufmerksamkeit. Sobald irgendetwas die Besorgnis der Katze um ihre Ressourcen aktiviert, fühlt sie sich am besten, wenn sie etwas *unternimmt*, um sie zu sichern. Und das, was sie dann tut, wird vom Menschen als »Problem« bezeichnet.

Der Stress, den die Sorge um knappe Ressourcen – und der damit verbundene Wettbewerb – mit sich bringt, kann nicht nur zu Verhaltensproblemen führen, sondern auch die Abwehrkräfte schwächen und gesundheitliche Probleme verursachen.

Achtung!
Dies ist das wichtigste Kapitel für Sie. Die ausgeprägte Territorialität der Katzen ist der Faktor, der am häufigsten unterschätzt wird und den Sie *unbedingt* berücksichtigen müssen. Sie werden dieses Kapitel immer wieder zu Rate ziehen, um ein unerwünschtes Verhalten zu korrigieren. Die hier ausgesprochenen Empfehlungen haben auch eine stark vorbeugende Wirkung und werden Ihnen in all Ihren Beziehungen zu jeder Ihrer Katzen eine große Hilfe sein.

Wenn Sie wissen, inwiefern Ihre Katze auf das Überleben programmiert wurde, können Sie das Umfeld so gestalten, dass ihre Instinkte in für beide Seiten annehmbare Bahnen gelenkt werden. Sieht man einmal vom Fortpflanzungstrieb ab (der die Kastration von Katzen unumgänglich macht, will man die damit verbundenen Probleme verhindern), werden alle größeren Verhaltensauffälligkeiten bei Katzen entweder von ihrem häuslichen Umfeld verursacht oder lassen sich mit einem ganzheit-

lichen Ansatz zur Gestaltung ebenjenes Umfelds abschwächen.
Sie müssen die Umgebung oder das Revier auf die eine oder
andere Weise anpassen, um die Effektivität aller Programme zur
Verhaltensmodifikation zu erhöhen.

Sehen wir uns ein Beispiel für die subtile Verkettung der
äußeren Umstände an. Die Verhaltensprobleme, die meine
Klienten am meisten belasten, betreffen die Unsauberkeit der
Tiere. Wie kommt es dazu? Unsauberkeit hat nichts damit zu
tun, dass die Katzen pervers oder »böse« wären, sondern wird
dadurch verursacht, dass etwas in der Katzentoilette, in ihrer
näheren oder weiteren Umgebung die Tiere beunruhigt. Katzen
werden oft unsauber, weil nicht genügend respektive erreich-
bare Katzentoiletten vorhanden sind. Oder weil sie ohne Rücksicht auf die Bedürfnisse von risikoscheuen wie territorialen
Katzen aufgestellt wurden. Oder weil die Tiere um *andere* Ressourcen konkurrieren. Ich werde auch häufig zu Rate gezogen,
weil Katzen jaulen, kratzen, beißen oder Gegenstände umwer-
fen. Das kann passieren, wenn sie gestresst sind, nicht genügend Aufmerksamkeit bekommen oder sich langweilen, weil
ihre Umgebung wenig Anregendes bietet und es an angemessenen Beutezielen und anderen Objekten fehlt, die es ihnen gestatten würden, ihre Instinkte auszuleben und aufgestaute
Energie abzubauen. Eine Katze, die in ihrem Revier nicht die
Möglichkeit hat, Spannungen loszuwerden, wird möglicherweise destruktive oder störende Verhaltensweisen an den Tag
legen und unter anderem anfangen, Löcher in Ihre Möbel zu
fressen. Alle diese Verhaltensprobleme lassen sich dadurch
beseitigen, dass man die Lebensbedingungen verändert.

In diesem Kapitel werde ich Ihnen verraten, wie Sie die Umgebung Ihrer Katzen so gestalten, dass sie möglichst gesund
und glücklich sind – und möglichst wenig kaputt machen. Es
enthält die ausführlichste Erklärung des dritten Teils aller CAT-
Pläne, die Sie in den kommenden Kapiteln finden werden.
Selbstverständlich werde ich dort eine auf das behandelte Fehlverhalten bezogene Zusammenfassung des dritten Schrittes

geben. Trotzdem sollten Sie immer auch auf dieses Kapitel zurückkommen, da es am ausführlichsten beschreibt, wie man die
Lebensbedingungen einer Katze verändert. Die von mir empfohlenen Maßnahmen werden Ihnen helfen, die Umgebung
Ihrer Katzen an ihre ursprünglichen Bedürfnisse und Instinkte
anzupassen, nämlich:

* den Fortpflanzungstrieb;
* das Bedürfnis nach Sicherheit: Aussichts- und Ruheplätze
  sowie Verstecke, beruhigende Pheromone, Ruhe vor fremden
  Katzen, die um Ihr Haus schleichen (und die Sie abschrecken
  sollten);
* das Bedürfnis, an Kratzbäumen und anderen Kratzmöbeln
  angestaute Energie, Angst oder Spannung abzubauen oder
  das Revier zu markieren;
* den Wunsch nach einer Reihe von sicheren Zugangswegen
  zu den Ressourcen;
* das Bedürfnis nach Futter und Wasser am richtigen Ort;
* das Bedürfnis nach Beutezielen und einer anderweitig anregenden Umgebung: Spielsachen, Katzentunnel, alternative
  Futterplätze und Snackspielzeug;
* den Wunsch nach Kameradschaft und einem Gruppengeruch;
* das Bedürfnis nach sicheren, einladenden Ausscheidungs-
  plätzen.

Humane Sterilisation lindert viele
Verhaltens- und Gesundheitsprobleme

In Kapitel 7 werde ich detailliert erklären, wie viele Verhaltensprobleme dadurch entstehen können, dass Tiere nicht kastriert
werden. Wenn Sie kein Züchter sind, sollten Sie Ihre Katzen
zum richtigen Zeitpunkt kastrieren lassen. Es ist der erste und
wichtigste Schritt, um sie an das Leben mit Ihnen und den anderen Tieren im Haushalt zu gewöhnen. Die Sterilisation trägt

nicht nur dazu bei, die Populationsexplosion einzudämmen, die zur Folge hat, dass es so viele unerwünschte, ungesunde und unglückliche Tiere gibt. Sie hat für Sie und Ihre Katzen auch viele weitere Vorteile:

Kastrierte Kater

* neigen weniger zum Harnmarkieren und Davonlaufen;
* sind weniger kampfeslustig und leiden daher auch seltener unter Abszessen infolge von Verletzungen;
* stecken sich seltener mit Krankheitserregern wie dem felinen Leukämievirus (FeLV) und dem felinen Immunschwächevirus (FIV) an;
* neigen nicht zu Hodenkrebs;
* neigen nicht dazu, infolge einer Überproduktion der Talgdrüsen am Schwanz einen sogenannten »Fettschwanz« zu bekommen;
* sind preiswerter in der Haltung, da sie etwa ein Viertel weniger Kalorien benötigen.

Kastrierte Katzen

* haben ein geringeres Risiko für Mammatumoren (Brustkrebs), vor allem wenn sie vor der ersten Rolligkeit (Paarungsbereitschaft) kastriert worden sind;
* haben oft keine Gebärmutter mehr und können dann daher weder an Tumoren der Eierstöcke oder der Gebärmutter noch an Pyometra erkranken, einer eitrigen und bisweilen tödlichen Uterusentzündung, die unmittelbar nach der Rolligkeit auftreten kann;
* versuchen seltener, von zu Hause auszubüchsen.

Bevor wir ins Detail gehen, wie man das Revier verändern kann, um unerwünschtes Verhalten zu beeinflussen, möchte ich zunächst erklären, woraus dieses Territorium besteht.

Freigänger oder Hauskatze?

Es spielt keine Rolle, ob Ihre Katze ein reiner Stubentiger ist oder gelegentlich ins Freie darf: Wenn sie draußen Artgenossen entdeckt – weil sie ihnen unmittelbar begegnet, sie sieht, hört oder durch Fenster oder Türe riecht –, ist das der häufigste Grund für Harnmarkieren in der Wohnung (Kapitel 8) und ein wichtiger Auslöser für die sogenannte umgerichtete Aggression (Kapitel 7), die viele gute Katzenbeziehungen ernsthaft schädigen kann. Doch bei der Entscheidung, ob Ihre Katze ins Freie darf oder ausschließlich in der Wohnung bleiben soll, sind noch weitere Faktoren zu berücksichtigen. Sehen wir uns das Für und Wider an.

Freigänger

Der Freigang kann das Leben einer Katze bereichern und bietet Abwechslung zu monotonen Tagen im Haus. Bei *einigen* Tieren kann diese Stimulation tatsächlich viele Verhaltensauffälligkeiten und gegebenenfalls sogar das Harnmarkieren im Haus verhindern oder lindern. Wenn sie Gelegenheit haben, im Freien zu markieren, weil sie dort oft andere Freigänger sehen oder deren Harn riechen, *kann* das ihren Drang mitunter (aber keineswegs immer) befriedigen.

Wenn Sie Ihrer Katze den Freigang erlauben möchten, lauten die Schlagwörter »Wachsamkeit« und »vorsichtiges Experimentieren«. Finden Sie heraus, was am besten funktioniert. Um wirklich alle Gefahren auszuschließen, können Sie Ihrer Katze ein normales Geschirr mit Leine anlegen oder sie in ein sogenanntes »Walking Jacket« stecken – diese Art von Geschirr erinnert an ein kleines Jäckchen – und aufmerksam beobachten. Lassen Sie sie am besten nur dann in den Garten, wenn Sie sicher sein können, dass dort keine anderen Katzen ihren Duft hinterlassen haben. Die Voraussetzungen dafür schaffen Sie, indem Sie von vornherein dafür sorgen, dass sich fremde Freigänger von Ihrem Grundstück fernhalten (siehe Kapitel 9). Andererseits könnte sich bei Ihrer Katze der Wunsch nach dem Freigang auch wieder legen, wenn keine fremden Katzen mehr vorbeischauen.

Grundsätzlich gilt: Wenn eine Katze noch nie im Freien war, sollte man es besser dabei belassen. Meiner Ansicht nach sollte sie nur nach draußen dürfen, wenn Sie wissen, dass sie dort auch sicher ist – weil sie sich in einem Garten oder einem Katzenfreilauf befindet, aus dem sie nicht entwischen kann, weil Sie die Katze an der Leine oder am Geschirr führen oder weil Sie in einer Gegend wohnen, in der es weder Autoverkehr noch Raubtiere oder Rivalen und auch sonst nichts gibt, was ihr schaden oder sie belasten könnte. Natürlich ist sie sogar dann einem gewissen Stress ausgesetzt, wenn sie sich in einem Katzenfreilauf befindet oder Sie sie mit Katzengeschirr und Leine ausführen und sie Artgenossen sehen und riechen kann. Auch Flöhe und Zecken können bei Katzen ein Thema sein, die ins Freie dürfen (und sei es noch so kurz). Achten Sie deshalb immer darauf, dass Ihr Tier vor Ungeziefer geschützt ist.

Lassen Sie unkastrierte Katzen oder Kater *grundsätzlich nicht* ins Freie.

Wohnungskatze

Wenn Katzen Freigang bekommen, kann dies vereinzelt Fälle von Harnmarkieren oder -spritzen *im* Haus lindern. Es kann sich allerdings auch gegenteilig auswirken. Denn auf einmal ist da ein Revier, das markiert werden muss! Geschieht dies nicht draußen, kann das Tier nervös und ängstlich werden und dann eben im Haus markieren. Wenn Ihre Katze also nicht markiert und Sie auch nicht möchten, dass sie damit anfängt, sollten Sie sie nicht aus dem Haus lassen. Falls sie bereits markiert, ist ungewiss, wie sich der Freigang auf dieses Problem auswirken wird.

Die freie Natur der Wiesen und Wälder, aber auch der nachbarlichen Gärten birgt viele Gefahren für Ihre Katze. Sie kann

Verletzungen davontragen, die manchmal sogar tödlich sein können, oder erkranken. Sie kann von Hunden oder wilden Tieren gejagt werden. (Außerdem gibt es Menschen, die einfach keine Katzen mögen.) Sie kann von einem Auto überfahren werden, aus stehenden Gewässern trinken und sich dabei Parasiten einfangen, sich mit Katzenkrankheiten anstecken und extremen Witterungs- sowie Temperaturunterschieden ausgesetzt sein. Sie kann in Kämpfe mit Artgenossen verwickelt und schwer verletzt werden. Außerdem bedroht sie ihrerseits Vögel, unter anderem die Singvögel in Ihrem Garten. (Dies gilt jedoch auch für den Menschen, und die Katzenfreunde werden nicht müde, die Vogelschützer daran zu erinnern: Die Wahrscheinlichkeit, dass Vögel durch menschliche Aktivitäten zu Tode kommen, ist 56-mal größer als die, von einer Katze getötet zu werden.[52]) Sobald eine Katze das Leben als Jäger kennengelernt hat und auf den Geschmack gekommen ist, wird es *sehr* schwer sein, sie wieder davon abzubringen.

Abgesehen von den bereits genannten Alternativen zum Freigang empfehle ich grundsätzlich, Katzen im Haus zu halten. Diese Tiere haben ein sichereres und auch längeres Leben als Freigänger (sie werden im Durchschnitt zwölf und nicht nur drei Jahre alt, wie einige Schätzungen behaupten) und ein geringeres Bedürfnis, ihr Revier zu markieren.

Es gibt viele Möglichkeiten, eine Wohnung ebenso anregend zu gestalten wie die Natur – wie im weiteren Verlauf dieses Kapitels noch gezeigt wird. Unerwünschte Verhaltensweisen lassen sich oft dadurch beseitigen, dass man das natürliche Umfeld einer Katze in gewissen Aspekten nachempfindet. Mit dem Wissen um das Verhalten von Katzen ist auch die Zahl nützlicher und beinah magischer Hilfsmittel gewachsen, mit denen Sie ihnen den Katzenhimmel auf Erden bereiten können – während sie in der Wohnung sowohl behütet als auch glücklich sind.

Ein Hinweis zu den zur Verhaltensmodifikation
empfohlenen Hilfsmitteln und Produkten
Im vorliegenden Buch empfehle ich unter anderem folgende
Hilfsmittel: Spielsachen wie Beuteattrappen in Form von be-
nutzerfreundlichen Wedeln oder Spielangeln, batteriebetriebenes Spielzeug, Kratzbäume und Katzentunnel, beruhigende Pheromonsprays und -zerstäuber, starke Enzymreiniger zur
Geruchsentfernung, damit die Tiere keine festen Verknüpfungen zu Orten der Unsauberkeit herstellen können, sowie
Möglichkeiten, fremde Tiere rund ums Haus abzuschrecken,
die Ihre Katze nervös machen und allerlei Verhaltensprobleme
verursachen können.

Produkte und Markennamen kommen und gehen. Die Quali-
tät ehemaliger Spitzenware lässt nach. Hersteller werden von
Konkurrenten übernommen oder ändern den Namen. (Während der redaktionellen Bearbeitung dieses Buches wurde
eines meiner langjährigen Lieblingsprodukte zur Verhaltensmodifikation vom Markt genommen.) Andere stellen die Produktion ein. Und in einigen Ländern sind manche Artikel gar
nicht erhältlich. Wenn ich ein Hilfsmittel zur Verhaltensmodifikation erwähne, das Sie basteln oder kaufen müssen, verwende ich in der Regel den Gattungsbegriff (zum Beispiel: Pheromone, Spielangel und so weiter; eine Liste finden Sie in
Anhang C).

Einige dieser Hilfsmittel wirken beinah wie Zauberei. Trotzdem sollten Sie niemals versuchen, unerwünschte Verhaltensweisen bei Ihrer Katze ausschließlich mit diesen Produkten zu
beheben. Damit sie ihre maximale Wirkung entfalten, müssen
sie im Rahmen meines Verhaltensmodifikationsprogramms
und nach meinen Anleitungen eingesetzt werden – die sich
nicht immer mit den Angaben des Herstellers decken.

Die katzengerechte Einrichtung

Ein Gefühl der Sicherheit: Kratzbäume und andere Aspekte eines dreidimensionalen Reviers

Ist Ihnen schon einmal aufgefallen, dass Ihre Katze gern auf Möbelstücke klettert, springt oder darauf ruht? Ein großer Unterschied zwischen Ihnen und Ihren Katzen liegt darin, dass Sie beim Betreten eines Raumes nicht sofort nach dem höchsten und sichersten Punkt Ausschau halten. Denn von dort – von der Rückenlehne des Sofas, dem Fensterbrett, dem Kamin, der Arbeitsplatte, dem Sessel, dem Bett oder Ihrem Schoß – kann sie bereits aus sicherer Entfernung große Hunde, dominante Artgenossen oder andere Bedrohungen ausmachen, aus welcher Richtung sie sich auch nähern mögen. Ihre Katze bevorzugt Plätze mit einer guten Aussicht auf die Teppichsavanne und den hölzernen Waldboden Ihrer Wohnung. Gelegentlich konkurriert sie mit den anderen Tieren im Haushalt um diese sicheren und strategisch wertvollen Plätze. Vor allem, sofern es nicht genügend davon gibt. (Wenn Sie Glück haben, gelangen die Katzen zu einer »gütlichen Mehrbenutzerregelung«.) Mensch und Hund legen keinen Wert auf die vertikale Achse, aber das Revier einer Katze muss alle drei räumlichen Dimensionen einschließen. Dies gilt besonders dann, wenn mehr als eine Katze im Haushalt lebt.

Für ein dreidimensionales Revier brauchen Sie Kratzbäume sowie erhöhte Aussichts- und Liegeplätze, auf denen Ihre Katzen herumklettern und sitzen können. Sie geben ihnen ein Gefühl von Sicherheit und dienen gleichzeitig als geistige Herausforderung. Das Revier Ihrer Wohnung ist endlich, und je mehr Katzen Sie hineinpacken, desto größer wird die Wahrscheinlichkeit, dass es zwischen ihnen zu Konflikten kommt. Wenn Sie eine vertikale Dimension mit verschiedenen Ebenen hinzufügen, kann das für die Tiere wahrhaft lebensverändernd sein, denn je größer das verfügbare Revier, desto geringer sind die territorialen Spannungen. Katzen sind dazu geboren, vor Raubtieren zu fliehen, Reviere abzustecken und erhöht zu schlafen. Unterstützen Sie ihr natürliches Bedürfnis, herumzuklettern, an erhöhten Plätzen zu sitzen, ihr Revier abzugrenzen und sich eine gewisse Bewegungsfreiheit zu verschaffen. Wenn Sie mehr als eine Katze haben, muss auch der Katzenbaum mehrere Ebenen und Sitzgelegenheiten bieten. Jedes Tier sollte einen Kratzbaum, einen Platz am Fenster und vielleicht sogar einen eigenen »Catwalk« haben − Wandregale, die so angebracht sind, dass man es sich auf verschiedenen Ebenen gemütlich machen kann. Eine Katze kann sich stundenlang an einem Kratzbaum auf und ab schlängeln und dabei mal sitzen, mal ruhen. Probieren Sie verschiedene Kombinationen aus, bis Sie wissen, welche die größte Anzahl an erhöhten Sitzgelegenheiten bietet. Sonnige Fleckchen sind meist besonders beliebt. Abgelegene, ungenutzte Ecken im Haus können bei Ihrer Katze Anklang finden oder auch nicht.

Nehmen wir an, Ihre Katzen konkurrieren um einen bestimmten Platz, zum Beispiel die Rückenlehne der Wohnzimmercouch. Sie können nun versuchen, dort einen Katzenbaum aufzustellen. Daraufhin wird eines der Tiere vielleicht beschließen, dieses Angebot abwechselnd mit der Couchlehne zu nutzen. Die zeitversetzte Nutzung kann dazu beitragen, den Konkurrenzkampf zu dämpfen, der zu feindseligem Verhalten oder regelrechten Raufereien führen kann − denn diese können ihrerseits weitere Verhaltensprobleme hervorrufen, die in scheinbar keinem Zusammenhang dazu stehen. Ein dreidimensionales Revier verhilft schüchternen Tieren zu mehr Selbstbewusstsein und Entspannung. Dominante Tiere haben weniger das Bedürfnis, sich als Tyrannen aufzuspielen.

Ein preiswertes Katzenparadies

Um Geld für Kratzbäume und Katzenliegen zu sparen, können Sie Schränke oder Kommoden abräumen oder Bilderrahmen und Pflanzen vom Fensterbrett nehmen. So haben Sie im

Handumdrehen weitere Aussichts- und Ruheplätze für Ihre Katzen geschaffen.

Den Tieren ist es auch egal, dass die Pappkartons, in denen sie spielen oder die sie zerkratzen dürfen, keinen Cent kosten. Oder dass die Papiertüten, an denen sie so viel Spaß haben, gratis waren. (Entfernen Sie die Griffe und krempeln Sie den Rand um, damit sie offen bleiben.)

Für einen günstigen Katzentunnel benötigen Sie lediglich einen leeren, offenen Karton, den Sie auf die Seite legen und in den Sie ein paar Spielsachen werfen. Fertig ist eine Höhle, in der Ihre Katzen mit großem Vergnügen herumtollen.

Kratzbäume und alles, was Katzen sonst noch mögen

Katzen brauchen eine anregende Umgebung, in der sie Stress und überschüssige Energie abbauen und einfach Katzen sein können. Die Möglichkeiten sind vielfältig: Klettergerüste, Katzenbäume, -tunnel, interaktive Spiele, batteriebetriebenes Spielzeug, geschützte Aquarien und nicht zugängliche Vogelhäuschen, ausgefallene Futterangebote wie Katzengras, verschiedene Futterstellen und vor allem Snack- oder Intelligenzspielzeug, bei dem sie etwas tun müssen, um an das Futter oder die Leckerbissen zu kommen.

Kratzbäume oder -bretter erfüllen gleich mehrere Bedürfnisse und sind deshalb besonders wichtig. Sie lenken das Kratzbedürfnis der Katze in (aus menschlicher Sicht) wünschenswertere Bahnen, damit sie es nicht an Möbelstücken oder anderen Haushaltsgegenständen befriedigen. Das Material unterstützt sie dabei, alte Krallenhüllen loszuwerden und die Krallen zu schärfen, die Muskeln zu strecken, ihr Revier zu markieren und emotionale Spannungen abzubauen. (Sogar Tiere, denen Zehen und Krallen entfernt worden sind – was inhuman ist –, werden Pfotenmarkierungen setzen wollen. Auch sie brauchen einen Kratzbaum.) Um herauszufinden, was Ihren Katzen am besten gefällt, sollten Sie sowohl horizontale als auch vertikale Modelle ausprobieren. (Katzen, die sich beim Kratzen *strecken* wollen, dürften einen Kratzbaum bevorzugen.) Achten Sie darauf, ob ihnen Baumrinde, Holz, Stoff, Sisal, Pappkarton oder Teppich am liebsten ist. Da sie auch gern die von ihnen benutzten Routen kratzmarkieren, sollten Sie dort ebenfalls Kratzbäume aufstellen. Kratzangebote werden im Allgemeinen besser genutzt, je tiefer sie im Herzen der Wohnung liegen. Die Randgebiete sind weniger interessant. Sorgen Sie dafür, dass pro Katze mindestens eine Kratzgelegenheit vorhanden ist, und verteilen Sie sie dort, wo die Tiere die meiste Zeit verbringen.

Katzentunnel und Verstecke bieten Beschäftigungsmöglichkeiten und ein Gefühl von Sicherheit. Sie eignen sich hervorragend für ängstliche oder schüchterne Tiere, die ein sicheres Versteck brauchen oder ungesehen durchs Haus schleichen wollen. Halten Sie Langeweile in Schach, indem Sie für Abwechslung sorgen: Arrangieren Sie Spielsachen, Kartons oder Tunnel immer wieder neu.

Futterhäuser für Vögel oder Eichhörnchen sind für viele Katzen ebenfalls unterhaltsam. Sie können sie vor einem Fenster platzieren, an dem die Katzen die Aussicht von drinnen wie auf einem Großbildfernseher genießen. Sie können auch ein Aquarium (mit katzensicherer Abdeckung) aufstellen. Viele Katzen mögen Vogelfilme – obwohl meinen etwas durchgeistigten Exemplaren die Fische aus »Findet Nemo« lieber sind. Wenn sie aus dem Bild schwimmen, suchen sie hinter dem Fernsehgerät oder sogar im übrigen Zimmer danach.

Snackspielzeug kann wunderbar anregend sein. Es spricht den Beutetrieb Ihrer Katze an und erlaubt es ihr, die ergatterten Leckerbissen oder das Futter zu fressen. Es ist einiges an gutem Snackspielzeug im Handel. Es lässt sich aber auch aus einer Schuhschachtel oder einem beliebigen Plastikbehälter basteln, indem Sie ein Loch hineinschneiden und etwas Futter hineingeben, das dann herausgefischt werden kann. Snackspielzeug verlängert die Fütterung und lindert Angst oder Anspannung.

Neben den Pheromonen (siehe Kapitel 3) haben auch natürliche ganzheitliche Mittel wie Bachblüten eine starke, nachgewiesene Wirkung auf verhaltensauffällige und ängstliche Katzen. Viele Helfer in Tierheimen berichten, dass ängstliche oder schüchterne Katzen zuweilen nur dank des Einflusses natürlicher ganzheitlicher Mittel ein neues Zuhause finden. Sie werden je nach Präparat ins Futter, Wasser oder auf die Haut gegeben (durch die sie dann absorbiert werden), um der Katze zu mehr Entspannung, Selbstbewusstsein und der besseren Bewältigung von Stress zu verhelfen.

Der Aufenthalt in der Katzenpension

Pheromone und andere ganzheitliche Mittel können Katzen wirksam beruhigen. Wenn Sie Erkundigungen über Katzenpensionen einziehen, die für Sie in Betracht kommen, sollten Sie daher grundsätzlich die folgende Schlüsselfrage stellen: »Verwenden Sie dort, wo die Katzen untergebracht sind, Pheromonzerstäuber?«

Futter, Spielzeug, Katzenklo und Jagdtrieb

In einem Mehrkatzenhaushalt geht es nicht nur um die Größe oder die Anzahl der Ressourcen. Die Katzen brauchen ein umfangreiches Angebot mit jeweils mehreren Zugangswegen. So können sie wählen, von welcher Möglichkeit sie wann Gebrauch machen möchten, was ihnen die zeitversetzte Nutzung erleichtert. Je einfacher sie zu einer solchen Regelung gelangen, desto seltener werden Konflikte und territoriales Verhalten aufkommen und desto größer ist das Selbstbewusstsein aller Katzen. Um für optimale Verhältnisse zu sorgen, sollten Sie das Prinzip der Fülle und der Streuung auf alle Ressourcen anwenden, von

Katzentoiletten und Spielzeug bis hin zu Kratzbäumen und Aussichtsplätzen. Beginnen wir mit dem Futter.

Addieren und multiplizieren

Für die folgenden Hinweise gilt, dass sich optimale Ergebnisse nur dann erzielen lassen, wenn an verschiedenen Stellen der Wohnung *mehrere* Futternäpfe, *mehrere* Wassernäpfe, *viele* Aussichts- und Ruheplätze, *viele* Katzentoiletten, *viele* Kratzmöglichkeiten und *viele* Beuteattrappen oder Spielsachen zugänglich sind. Sie glauben vielleicht, Ihre Katzen seien auch ohne ein solches Schlaraffenland glücklich. Trotzdem möchte ich Ihnen dringend raten, es auf einen Versuch ankommen zu lassen und sich anzusehen, welche Auswirkungen dies hat. Viele meiner Klienten sagen, sie hätten vor diesen Veränderungen gar nicht gewusst, wie eine glückliche und selbstbewusste Katze aussähe. Sogar Klienten mit kleinen Apartments in New York stellen fest, dass die Tiere besser miteinander auskommen und weniger »arrogant« oder »gestresst« sind, wenn sie eine so einfache Veränderung vornehmen, wie zum Beispiel einen zusätzlichen Futternapf irgendwo in der Wohnung aufzustellen.

Futter

Wenn mehrere Tiere aus einem gemeinsamen Futternapf fressen oder alle Näpfe im selben Raum stehen und alle Tiere gleichzeitig gefüttert werden, übergehen Sie ihre territorialen Bedürfnisse. Falls der einzige Futternapf an einem Ort mit nur wenigen Zugangswegen steht, kann dies bei der Fütterung jene Art von Spannungen erzeugen, die in Schikane und Raufereien ausarten. Einige Katzen sind unglücklich und hungrig, weil andere sie einschüchtern und nicht an den Futternapf lassen. Es ist leicht, für eine Fülle breitgestreuter Futterplätze zu sorgen, aber es hat einen sehr großen Einfluss darauf, dass Ihre Katzen

Abstand halten und die vorhandenen Möglichkeiten besser zeitversetzt nutzen können und glücklich bleiben.

Dies lässt sich auch durch die *Freifütterung* erreichen, bei der rund um die Uhr am besten an mehreren Stellen in der Wohnung ein voller Futternapf bereitsteht.

Pflanzenfresser

Eigentlich weiß niemand so recht, warum Katzen gern Pflanzen fressen, vor allem Gras. Aber so ist es nun mal. Wildlebende Katzen fressen beinah täglich Gras, und einer Studie zufolge haben auch 36 Prozent der Hauskatzen eine Vorliebe für Grünzeug. Der Verzehr von Pflanzen dürfte deshalb zwar normal sein, er kann aber auch gefährlich werden. Zimmerpflanzen sind für Katzen meist schon in kleinen Dosen giftig und manchmal sogar tödlich.

Um Ihrer Katze abzugewöhnen, an den Pflanzen zu knabbern, können Sie die Blätter von beiden Seiten mit einem Bitterstoffspray einsprühen. Falls es nicht hilft, tragen Sie die Lösung wiederholt auf. Ich empfehle, keine giftigen Pflanzen in Reichweite Ihrer Katzen aufzustellen.

Bieten Sie Ihrer Katze Alternativen wie eine Stange Sellerie, ein Blatt Römersalat oder Katzengras aus der örtlichen Tierhandlung oder vom Bauernmarkt an. Sie können sogar selbst unbehandelte Kräuter, Gräser oder Katzenminze* (Nepeta cataria) anziehen. Ein größerer Anteil pflanzlicher Nahrung auf dem Speiseplan Ihrer Katze kann besonders wirksam sein, wenn Sie verhindern möchten, dass sie Zimmerpflanzen oder Blumen anknabbert oder frisst.

---

* Geschlechtsreife Katzen werden vom Geruch der Katzenminze (Nepetalacton) angezogen.

Warum Sie frei füttern sollten? Katzen haben kleine Mägen, die sich innerhalb weniger Stunden leeren. Ein leerer Magen bereitet kein Vergnügen – erst recht nicht, wenn er stundenlang leer bleibt. In freier Wildbahn und wenn die Tiere selbst über ihre Mahlzeiten bestimmen können, fressen sie recht häufig. Sie nehmen täglich zwischen neun und sechzehn mausgroße Mahlzeiten zu sich. Diese Fressgewohnheiten sind offenbar im Laufe der Evolution entstanden.[53] Da überrascht es nicht, dass Tiere, die nur zweimal am Tag nach Plan gefüttert werden, gelegentlich aufgewühlt wirken und noch unleidlicher werden, wenn sie nicht pünktlich etwas zu fressen bekommen. Bei knurrendem Magen können die »Tischgespräche« unwirsch (manchmal sogar feindselig) ausfallen, und dann kann es schon mal vorkommen, dass die Tiere ihre Unzufriedenheit aneinander auslassen. Dominante Katzen machen allen klar, dass sie das Sagen haben und sich zuerst am Futternapf bedienen werden. Dominante Katzen in Sorge um vermeintlich knappe Futterressourcen sind manchmal so sehr darauf bedacht, ihre Position zu wahren, dass sie Tiere von niedrigerem Rang nicht nur während der Fütterung, sondern auch zu anderen Zeiten einschüchtern.

Sogar Katzen, die ihr Futter nicht mit anderen teilen müssen, sind glücklicher, wenn sie dem natürlichen Rhythmus ihres Körpers folgen können. Jedes Mal, wenn eine Katze frisst, ist sie besonders zufrieden, stabil und emotional ausgeglichen. Viele meiner Klienten haben keine Ahnung vom Futterstress ihrer Katzen, bis sie erleben, wie sich die Persönlichkeit der Tiere verändert, wenn sie rund um die Uhr freien Zugang zu ihrer Nahrung haben oder mehr als zweimal täglich gefüttert werden.

Katzen, die nach einem festen menschlichen Zeitplan ihr Futter bekommen, sind meist weniger entgegenkommend und aggressiver als Tiere, die ihren eigenen Bedürfnissen folgen dürfen. In den meisten Fällen sind Bedenken, die Tiere könnten dadurch zunehmen, unbegründet. Ich kenne sogar übergewichtige Katzen, die abgenommen haben, als ihr Futter plötzlich frei verfügbar war. Sie erkannten, dass sie stets genug zu fressen haben würden und nicht alles auf einmal hinunterschlingen mussten, und hörten auf, sich zu überfressen. Die Freifütterung kann auch verhindern helfen, dass manche Tiere das Futter hinunterschlingen und später wieder erbrechen.

Ich empfehle diese Fütterungsmethode allerdings nur bei Katzen, die ihre Futtermenge selbst regulieren können. Anderenfalls verursachen Sie damit tatsächlich Übergewicht. Für solche Tiere ist ein programmierbarer Futterautomat ideal, der ihnen viermal täglich oder auch öfter eine Mahlzeit anbietet. Dabei wird lediglich die Häufigkeit der Mahlzeiten, nicht aber die Kalorienmenge erhöht. Bei Tieren, die ihre Nahrungsaufnahme selbst regulieren können und kein Problem mit Übergewicht haben (was auf 75 bis 90 Prozent der Katzen zutrifft), würde ich sogar sagen, dass es unmenschlich ist, sie nur zweimal am Tag zu füttern.

Die *Streuung der Nahrungsressourcen* kann für erheblich mehr Zufriedenheit und Harmonie unter Ihren Katzen sorgen. Platzieren Sie Futternäpfe an verschiedenen Stellen im Haus (und nicht nur in verschiedenen Ecken von Küche oder Bad) – sowohl zur Freifütterung als auch zu den geplanten Mahlzeiten. Es sollten ebenso viele Futternäpfe wie Tiere vorhanden sein. Wenn man Katzen zusammen füttert, ist das eine todsichere Methode, um Verhaltensprobleme zu *verursachen*. Experimentieren Sie mit verschiedenen Ebenen und stellen Sie manche Näpfe auf den Boden, andere auf Tische oder Fensterbretter. Eine eher schüchterne Katze fühlt sich vielleicht unwohl, wenn sie auf dem Boden fressen muss.

Mit *Snack- oder Intelligenzspielzeug* lässt sich die Fütterung verlängern und verhindern, dass eine Katze alles auf einmal hinunterschlingt. Stattdessen muss sie sich das Futter erarbeiten, und das verschafft ihr gleich auch noch die nötige geistige Stimulation. Bieten Sie das Snackspielzeug zunächst zusätzlich zu den normalen Fütterungsmöglichkeiten an, bis Sie sicher sein können, dass die Katze auch tatsächlich an das gesamte Futter kommt.

Bezüglich der Frage, womit Sie Ihre Katzen füttern sollen, empfehle ich Ihnen, im Zweifelsfall Ihren Tierarzt zu Rate zu ziehen.

Aus der Katzenperspektive

Katzenkinder sollten unterschiedliche Geschmacksrichtungen und Futtertexturen kennenlernen, sonst fressen sie später möglicherweise nur das, worauf sie als Jungtiere konditioniert worden sind. Katzen können sehr heikel sein. Sie nehmen unter Umständen nicht einmal dann eine gesunde Mahlzeit zu sich, wenn sie Hunger haben. Wie man weiß, verhungern sie lieber (oder fressen ihre Jungen), als sich mit einem Futter zufriedenzugeben, das ihnen nicht schmeckt. Vergleichen Sie das mit Ihrem wählerischen Kind!

Katzen sind sogar so heikel, dass Futterhersteller menschliche Testesser verwenden müssen, weil die Tiere sich verweigern.*

Wasser, Wasser überall

Wasser ist für die Gesundheit der Katze ebenso wichtig wie für die Gesundheit des Menschen. Es sorgt für einen weniger har-

---

* Der Autor Marc Abrahams beschäftigte sich in einer wissenschaftlichen Arbeit mit menschlichen Katzenfuttertestern. Er schreibt:»Menschliche Tester beurteilten Proben von dreizehn im Handel erhältlichen Futtersorten nach achtzehn sogenannten Geschmackskriterien: süß, sauer, Thunfisch, Kräuter, scharf, Soja, salzig, Getreide, Karamell, Huhn, Methionin, Gemüse, Innereien, Fleisch, verbrannt, Garnelen, ranzig und bitter ... Die Vorgehensweise war von der Beschaffenheit des Produkts abhängig. Bei den Fleischbrocken mussten die Tester beurteilen, wie hart, zäh oder körnig die Probe war (›Die Probe muss mit den Backenzähnen zerkaut werden, bis sie geschluckt werden kann‹). Die Soßen oder Aspikklumpen wurden nach ihrer Saftigkeit und Körnigkeit beurteilt (›Die Probe muss in den Mund genommen und mit der Zunge hin und her bewegt werden‹).« Siehe Marc Abrahams:»Pet projects: Can humans tell paté from dog food?«, in *The Guardian*, 26.5.2009, www.guardian.co.uk/education/2009/may/26/improbable-research-pet-food.

ten Stuhl, verbessert die Verdauung und die Aufnahme von Nährstoffen aus der Nahrung, die Regulierung der Körpertemperatur und die Ausscheidung von Abfallprodukten. Katzen können tagelang ohne Nahrung auskommen, aber wenn sie nicht genügend Wasser haben, werden die Körperfunktionen einfach eingestellt.

Wie beim Futter genügt es, wenn ein anderes Tier in der Nähe des Wassernapfs oder an einem der Zugangswege sitzt, um eine Katze einzuschüchtern. Darum verteilen Sie das kostbare Nass großzügig.

Haben Sie sich je gefragt, warum Ihre Katze aus Ihrem Glas trinkt? Oder aus allen möglichen Behältern, nur nicht aus dem Napf neben ihrem Futter? Katzen entfernen sich zum Trinken instinktiv von der Stelle mit der toten Beute, die das Wasser in freier Wildbahn mit Bakterien verseuchen könnte. Respektieren Sie dieses instinktive Bedürfnis und sorgen Sie für eine räumliche Trennung zwischen der »toten Beute« (in diesem Fall dem käuflich erworbenen Katzenfutter) und der Wasserquelle. Futter und Wasser sollten sich niemals in der Nähe der Katzentoiletten befinden. Das Wasser sollte appetitlich sein. Achten Sie deshalb darauf, dass es immer frisch ist. Ich gebe meinen Katzen mehrmals täglich frisches Wasser, was ich grundsätzlich empfehle, wenn ein Tier nicht genügend trinkt. Der Wassernapf sollte entweder breit oder randvoll sein. Die Schnurrhaare sind sehr empfindlich, und es kann vorkommen, dass eine Katze lieber die Pfoten ins Wasser taucht, um etwas davon auf den Boden zu spritzen, als zu riskieren, dass sie mit den Schnurrhaaren an den Rand eines engen Schüsselchens oder eines nicht bis zum Rand gefüllten Napfes stößt.

Katzen lieben fließendes Wasser, und wenn Ihr Liebling nicht aus seinem Napf trinken will, versuchen Sie es doch einmal mit einem Trinkbrunnen. Katzen sind berüchtigt dafür, dass sie nicht genug trinken, und diese einfachen Regeln können die Wahrscheinlichkeit erhöhen, dass sie bekommen, was sie brauchen.

Spielzeug

Katzenspielzeug ist oft kompliziert und kann zuweilen große Ähnlichkeit mit Denkspielen haben. Wieso ist das Angebot so viel breiter gefächert, verglichen mit dem, was für Hunde auf dem Markt ist? Weil Katzen einen ausgeprägteren Raubtiercharakter haben. Ihr Bedürfnis, Strategien zu entwerfen, zu jagen und zu töten, ist größer als das aller anderen Tiere. Freigänger töten Beutetiere sogar dann, wenn sie nicht die Absicht haben, sie zu fressen (oder zu Ihnen zu bringen).

Es gibt verschiedene Arten von Spielzeug: *lebloses Spielzeug* (das ich als »tote Beute« bezeichne), *batteriebetriebenes Spielzeug* und ganz besonders *interaktives Spielzeug* (das sich am besten als Beuteattrappe eignet). Selbstverständlich ist gegen tote Beute, gegen kleine falsche Mäuse und glitzernde, klingelnde Bälle nichts einzuwenden. Aber eine Katze ohne interaktives Spielzeug wird möglicherweise niemals spielen oder die Gelegenheit haben, ihr wahres Wesen zum Ausdruck zu bringen, indem sie eine vollständige Jagdsequenz absolviert. Wenn Sie mit interaktivem Spielzeug wie unten beschrieben arbeiten, erwacht Ihre Katze zum Leben! Batteriebetriebene Modelle ähneln dem interaktiven Spielzeug und sorgen dafür, dass Katzen auch dann spielen und Stress abbauen können, wenn Sie gerade beschäftigt oder außer Haus sind. Ich empfehle Ihnen, viel verschiedenes Spielzeug genau wie alle anderen Katzenressourcen im Haus zu verstreuen und *offen herumliegen zu lassen* (statt alles in einer Kiste oder einem Schrank zu verstauen). Dabei sollten Sie stets für Abwechslung sorgen und einige Sachen eine Weile aus dem Verkehr ziehen, um sie später wieder hervorholen zu können, als ob sie neu wären. Modelle mit Federn oder Schnurstücken sollten nach dem Spielen grundsätzlich weggeräumt werden, damit die Katze sie nicht fressen oder sich darin verheddern kann.

Finden Sie heraus, was Ihrer Katze gefällt. Mag sie Spielsachen, die Geräusche machen? Oder solche, die herumrollen oder -springen? Oder Dinge, die mit Katzenminze gefüllt sind? Einige Tiere lehnen es ab, ihr Spielzeug mit Artgenossen zu teilen, und brauchen ein Sortiment, an dem nur ihr eigener Geruch haftet.

Ich habe viele Klienten, die anfangs hartnäckig behaupteten, ihre Katze würde unter keinen Umständen irgendwelche Spielsachen anrühren. Ein solcher Zustand ist traurig und ungesund. Aber nach einem langen Beratungsgespräch, in dem ich immer die »Jagdsequenz« erkläre, rufen sie an und erzählen mir, ein bestimmtes Spielzeug habe ihre Katze buchstäblich zu Luftsprüngen hingerissen. Gelegentlich bringen sie Schuldgefühle darüber zum Ausdruck, dass ihre Katze in all den Jahren sehr wohl hätte spielen können. Sie sagen, die Tiere seien *wie ausgewechselt* und sehr viel glücklicher. Eine vollständig absolvierte Jagdsequenz macht eine Katze glücklich, selbstbewusster und zufrieden. Es kommt nur darauf an, dass man das richtige Spielzeug wählt und weiß, wie man es lebendig wirken lässt. Sind Sie bereit?

Die Jagdsequenz

Katzen müssen ihre Beute beschleichen und fangen – oder zumindest eine unblutige Variante dieses Verhaltens ausleben. Dies spielt eine entscheidende Rolle bei der Beantwortung der Frage, ob sie glücklich sind, aber auch bei der Behebung und Vorbeugung von Verhaltensauffälligkeiten. Nicht anders verhält es sich beim Menschen: Sport lindert Angst und Anspannung, Unausgeglichenheit und andere Verhaltensprobleme, macht uns geistig wacher, erhöht den Anteil der Wohlfühlsubstanzen im Gehirn und verlängert unser Leben.

Es beruhigt Katzen, wenn sie regelmäßig ein bis zwei abgeschlossene Jagdsequenzen am Tag absolvieren. Stellen Sie einen Terminplan auf und halten Sie sich daran. Regelmäßige Spielzeiten machen dem Tier klar, wann Phasen der Aktivität und – was zumindest für einige Katzenbesitzer ebenso wichtig ist – der Ruhe sind. Planen Sie bei erwachsenen Katzen täglich ungefähr ein bis zwei Spielphasen von etwa zehn bis dreißig Minuten ein. Wenn Sie *zwei* Spielzeuge gleichzeitig bedienen und so viel Abstand dazwischen halten wie möglich, können Sie mit zwei Tieren gleichzeitig spielen und dadurch etwas Zeit sparen – *falls* sie das akzeptieren. Auch batteriebetriebenes Spielzeug spart Zeit. Bei jungen Kätzchen empfehle ich bis zu vier Spielphasen am Tag, was ihrer natürlichen Vorliebe entspricht. Falls sich Ihre Katze schnell langweilt, sollten Sie zuerst die korrekte Ausführung der Jagdsequenz erlernen. Wenn Sie den Ablauf sicher beherrschen, können Sie ihr eine zwei- bis fünfminütige Pause gönnen, bevor Sie weiterspielen.

Ich empfehle die Beutesequenzen auch, wenn Ihre Katzen (noch) keine Verhaltensauffälligkeiten zeigen. Die Tiere neigen dann viel weniger dazu, zur Unzeit zu jagen, Artgenossen oder Menschen einzuschüchtern oder ängstlich zu werden. Das Spielen ist für eine glückliche, gut angepasste Katze so wichtig, dass die Signatur meiner E-Mails an meine Klienten jahrelang die Zeile enthielt:»Haben Sie heute schon eine Jagdsequenz mit Ihrer Katze absolviert?« Bei einigen Verhaltensproblemen (Zwangsstörungen, Aggressionen, Unsauberkeit und Harnmarkieren) wird sie auch dazu dienen, das Verhalten umzulenken und neue Verknüpfungen zu schaffen. Daher werde ich mich ausführlich damit beschäftigen.

Spielen Sie immer nur mit einer Katze, nicht mit mehreren gleichzeitig – zumindest am Anfang. Schüren Sie niemals Spannungen und heizen Sie auch niemals die Rivalität um die Beute an, indem Sie nur ein Spielzeug für mehrere Tiere verwenden. Ich habe erlebt, dass dies genügte, um zwei eng miteinander verbundene Tiere zu Erzfeinden zu machen. Wenn Sie mit zwei Katzen gleichzeitig spielen wollen oder müssen, sollten Sie in jede Hand eine Spielangel nehmen, sie so weit wie möglich auseinanderhalten und damit auch für Abstand zwischen den Tieren sorgen. Falls einer Katze beim Spielen unwohl ist, weil sie dabei von einer anderen aufmerksam beobachtet wird, trennen Sie die Tiere währenddessen, damit sie einander nicht sehen können. Woran merken Sie, dass Ihre Katze sich nicht wohl fühlt? Daran, dass sie nur kurz oder gar nicht spielt.

Schau mich nicht an!

Gelegentlich will eine Katze nur deshalb nicht spielen, weil andere Tiere im Zimmer sind. Dies ist ein klarer Hinweis auf Spannungen zwischen den Katzen im Haus. Bringen Sie das schüchterne Tier in ein anderes Zimmer und schließen Sie die Tür. Nehmen Sie eine Katzenangel zur Hand und fangen Sie an, mit ihr zu spielen. Was dann geschieht, wird Sie vielleicht überraschen!

Die Spielangel: Mit einer Spiel- oder Katzenangel lässt sich die echte Jagd mit den *unberechenbaren* Bewegungen echter Beutetiere, auf die Ihre Katze programmiert ist, am besten nachstellen. Eine Spielangel besteht aus einem langen dünnen Stab, von dem eine Schnur mit einem Spielzeug oder einem Federbüschel baumelt. Besonders gute Federn ahmen die *wirbelnden* Bewegungen und flatternden Geräusche eines fliegenden Vogels nach. Spielen Sie an einem Ort mit vielen Möbeln, Hindernissen und Verstecken, zum Beispiel im Wohnzimmer. Katzen jagen nicht gern auf offenen Flächen, sondern bevorzugen Orte, an denen sie ihrer Beute auflauern können.

Wenn Sie Ihr Bestes geben, um mit der Spielangel echte Beutetiere und eine echte Jagd nachzustellen, wird Ihre Katze im Allgemeinen die folgenden Bewegungselemente aus ihrem instinktiven Jagdrepertoire zeigen:

🐾 Anstarren der Beute (oder des Spielzeugs),

🐾 Beschleichen und Jagen,

🐾 Zupacken, Anspringen und Zubeißen,

🐾 Tötungsbiss (der am deutlichsten bei Katzen in freier Wildbahn zu sehen ist, die zur Nahrungsbeschaffung jagen).[54]

Der vollständige Ablauf vom Anstarren bis zum Tötungsbiss

Im Grunde verleihen *Sie* der Beuteattrappe Leben. Wedeln oder zucken Sie mit dem Spielzeug einige Meter von Ihrer Katze entfernt herum. Wie stellen Sie das am besten an? Katzen sind von Geräuschen wie dem Trippeln winziger Füßchen, Knistern, Schleifen, Plumpsen und Huschen fasziniert. Sie reagieren auch auf Bewegungen, die aussehen, als würde etwas hüpfen, sich winden, fliegen, humpeln und flattern – und sein Leben aushauchen. Halten Sie Ihrer Katze das Spielzeug nicht unter die Nase und bewegen Sie es niemals *auf sie zu*. Sie wird es nicht verstehen, und es könnte ihr sogar Angst machen. Echte Beutetiere *laufen davon*. Echte Beutetiere verstecken sich. Außerdem braucht Ihre Katze die geistige Beschäftigung, Strategien zu entwickeln, wie sie dieser Maus hinter dem Sofa auflauern kann. Es geht nicht nur ums Jagen, Springen und Beißen. Lassen Sie das Spielzeug kurz hinter einem Stuhl, dem Sofa oder einer leeren Schachtel verschwinden (und erzeugen Sie die entsprechenden huschenden oder plumpsenden Geräusche), bevor Sie es wieder zum Vorschein bringen. Dies wird dafür sorgen, dass im Körper Ihrer Katze chemische Stoffe freigesetzt werden, die ihr Wohlbefinden steigern.

Die Sequenz beginnt mit dem bedrohlichen *Anstarren*, während Ihre Katze sich auf das Spielzeug einstellt. Sehen Sie sich an, wie sie es *beschleicht* oder *jagt*. Das Beschleichen ist möglicherweise nicht durchgehend zu sehen: Die Katze entwirft eine Strategie. Danach duckt sie sich oder schleicht neben ihrer Beute her und geht dabei gelegentlich in Deckung. Das Beschleichen oder die Jagd kann auch recht kurz ausfallen:* Manche Katzen stürzen sich praktisch sofort auf das Spielzeug (der *Beutesprung*) und beißen hinein. Andere warten kurz, schlagen vor dem Sprung die Krallen in den Boden, wackeln verräterisch mit dem Hinterteil und machen uns so darauf aufmerksam, dass sie sich gleich auf das Spielzeug stürzen werden. Vielleicht versucht sie auch, es zu *fangen* und *hineinzubeißen*, möglicherweise während sie auf ihrem Kratzbaum sitzt und überlegt, wie sie das vorbeifliegende Spielzeug zu fassen bekommen könnte. Viele Katzen spielen mit ihrer »Beute«, lassen sie absichtlich wieder los und wiederholen so mehrmals die Schritte Anschleichen und Jagen sowie Fangen und Zubeißen.

Es sollte ein Spiel und weder zu leicht noch zu schwer sein. Machen Sie es Ihrer Katze nicht unmöglich, das Spielzeug zu fangen, aber überlassen Sie es ihr auch nicht kampflos. Sie entscheidet, wie oft sie die Jagdsequenz wiederholen, wie oft sie sich anschleichen, wie oft sie jagen, fangen, zubeißen und so weiter möchte. Wiederholen Sie die Abfolge mehrere Male, damit sie das Spielzeug immer wieder fangen kann. Machen Sie sich keine Sorgen, wenn es aussieht, als würde sie nicht die gesamte Sequenz durchlaufen. Amüsieren Sie sich einfach mit Ihrer Katze! Sie wird wissen, was zu tun ist.

Lassen Sie die Bewegungen allmählich immer schwächer werden und die Spielzeugbeute langsam »sterben«. So kommt Ihre Katze zum Ende der Jagdsequenz und wird wieder ruhiger. Vielleicht werden Sie auch Zeuge einer Geste, die dem *Tötungs-*

---

* Bei einigen Arten wie Geparden und Pumas ist dieses Bewegungsmuster so starr, dass Anschleichen und Jagen unerlässlich sind. Geparde sind erstaunlicherweise nicht in der Lage, mit den Pfoten nach einem Tier zu schlagen oder es zu fressen, wenn sie es nicht gejagt haben. Deshalb sind neugeborene Kälber, die noch etwas wackelig auf den Beinen sind, sicherer als ältere Tiere, die bereits laufen können. Diese faszinierende Beobachtung verdanke ich dem Harvard-Dozenten Raymond Coppinger, seiner Frau Lorna und ihrem Buch *Dogs: A New Understanding of Canine Origin, Behavior, and Evolution,* Chicago: The University of Chicago Press 2001, S. 207; dt.: *Hunde. Neue Erkenntnisse über Herkunft, Verhalten und Evolution der Kaniden,* Grassau: animal learn Verlag 2003, S. 223.

biss ähnelt: Ihre Katze will das Spielzeug nicht loslassen und versucht sogar, es fortzutragen. Oder sie rollt sich zur Seite, tritt mit den Hinterbeinen gegen das Spielzeug und beißt gleichzeitig hinein. Wenn Sie Ihrer Katze erlauben, ihre Beute zu töten, kann das ausgesprochen befriedigend für sie sein. Ich kenne auch Katzenbesitzer, die das Spiel viel zu früh beenden. Sie räumen mitten in der Jagd das Spielzeug weg, während das Tier vollauf damit beschäftigt ist, seine Beute immer noch einmal zu jagen und zu fangen, wie es das mit echten Beutetieren täte, deren Kräfte allmählich nachlassen.

Aus der Katzenperspektive: Immer langsam mit dem Laser, Jedi!

Das Spiel mit dem Laserpointer kann sehr amüsant sein. (»Seht euch nur diese verrückte Katze an, wie sie den Lichtpunkt jagt!«) Für das Tier selbst kann es jedoch äußerst frustrierend sein, weil es nie etwas zu fangen oder zu fassen bekommt. Eine unzufriedene Katze schnappt dann unter Umständen nach anderen Dingen wie einem Artgenossen oder Ihrem Knöchel.

Falls Sie einen Laserpointer verwenden, sollten Sie das Spiel mit einem echten Spielzeug anschließen, das sie auch »töten« kann.

Das Happy End: Futter!

Wenn Ihre Katze die Zähne in das Spielzeug schlägt oder es ein letztes Mal fängt, bieten Sie ihr einige Leckerbissen oder ihr Futter an. Da das Spielzeug offenkundig ungenießbar ist (es soll allerdings schon vorgekommen sein, dass ein Tier die eine oder andere Feder verspeist hat), sie aber *vielleicht* etwas fressen möchte, ersetzen Sie das Spielzeug durch Leckerlis. Dies ist die beste Form eines solchen Tauschhandels. Bieten Sie ihr etwas zu fressen an, auch wenn Sie vermuten, dass sie nicht hungrig ist.

Fressen und Jagen sind bei Katzen voneinander unabhängige Verhaltensweisen, diese Tiere jagen sogar dann, wenn sie längst satt sind. Und wenn Ihre Katze etwas fressen möchte und keine Gelegenheit dazu bekommt, könnte sie sich unbefriedigt fühlen. Manche Katzen zerren die Beuteattrappe nach dem Spielen sogar zum Futternapf und beginnen selbständig zu fressen! Wenn Sie sie mit Futter belohnen, wird sie zudem lernen, ihr Beutespielzeug zu lieben. Andererseits ist es durchaus in Ordnung, wenn sie Futter oder Leckerbissen verschmäht.

Wie gesagt: Spielsachen mit Schnüren und Federn können Ihrer Katze gefährlich werden und sollten deshalb nach dem Spielen immer weggeräumt werden.

Gesellschaft und soziale Bindung

Man könnte sagen, dass Gesellschaft eine Form von Stimulation darstellt, weshalb Sie dafür sorgen sollten, dass Ihre Katze reichlich davon bekommt. Die meisten Hauskatzen wurden auf den Umgang mit Menschen (beziehungsweise Artgenossen oder anderen Tieren) sozialisiert und gehen dauerhafte Bindungen ein. Gelegentlich leiden sie unter Trennungsangst, wenn ihre Besitzer auf Reisen gehen, sie auch nur ein paar Stunden allein lassen oder einer ihrer tierischen Gefährten plötzlich verschwindet. Lässt man Katzen längere Zeit allein, entwickeln sie häufig auch noch andere Verhaltensauffälligkeiten.

Als ihre Besitzer sind wir für unsere Katzen eine wichtige Ressource. Wir füttern sie, steigern ihr Selbstvertrauen und vermitteln ihnen ein Gefühl von Sicherheit. Schenken Sie ihnen deshalb reichlich Aufmerksamkeit. Das stimuliert sie nicht nur, sondern senkt oder beseitigt sogar den Stress und die Angst, die Verhaltensprobleme verursachen können. Es gibt Ihrer Katze enormen Auftrieb, wenn sie in Ihrem Schlafzimmer schlafen darf – ob Sie da sind oder nicht. Junge Kätzchen freuen sich ganz besonders über die Gesellschaft von Artgenossen.

Saubere, sichere und attraktive Katzentoiletten

Meist hat selbst eine Katzentoilette, die alles andere als ideal ist, noch etwas für sich. Wenn sie mit einem Material gefüllt ist, in dem Katzen scharren können, wird sich das Tier vielleicht sogar von einem Klo angezogen fühlen, das unangenehm riecht oder anderweitig problematisch ist. So wie Sie vielleicht auch an einen Strand gehen, an dem auch Müll liegt und an dem das Wasser zu kalt ist. Manchmal will man eben an den Strand, nicht wahr? Aber bei einer Katzentoilette und ihrer Umgebung müssen viele Faktoren stimmen, und das ist ausgesprochen wichtig. Sie sollten mehr als eine saubere, große, leicht zugängliche, sichere, gut beleuchtete und gut platzierte Katzentoilette im Haus haben. (Die genaue Zahl hängt von der Anzahl der Katzen ab; ich werde diese Frage weiter unten beantworten.) Wenn Sie diesbezüglich ein Katzenparadies schaffen, wird das sowohl Unsauberkeit als auch andere Verhaltensauffälligkeiten unterbinden, die aufgrund durchaus vermeidbarer sozialer Spannungen zwischen Katzen entstehen.

Aus der Katzenperspektive

Die folgenden Alarmsignale offenbaren, dass Ihre Katze mit der Einstreu unzufrieden ist: Sie scharrt nicht darin und schnuppert nicht daran. Sie versucht nicht, Urin oder Kot zu vergraben. Sie scharrt nach ihrem Geschäft außerhalb der Toilette, stellt sich auf den Rand und setzt nur zwei Pfoten hinein oder erledigt ihr Geschäft unmittelbar daneben.

Falls Ihre Katze ins Katzenklo steigt, sich heftig müht und sehr lange in der Hocke verharrt, könnte sie ein Problem mit den Harnwegen oder mit Verstopfung haben. Dies wäre auch dann denkbar, wenn sie ihre Toilette gar nicht erst benutzt, sie meidet, nur wenig Urin absetzt oder der Urin rosafarben oder rötlich gefärbt ist. Lautäußerungen können ein Hinweis auf Schmerzen sein. Wenn Ihre Katze Verstopfung hat, keinen

Harn produziert, der Urin rosa oder rötlich ist oder sie irgendwelche Laute von sich gibt, müssen Sie *sofort* mit ihr zum Tierarzt gehen. Eine solche Situation kann lebensbedrohlich sein.

Katzenstreu

Wenn Katzen die Wahl haben, werden sie sich wie ihre wilden
Ahnen in der Wüste instinktiv für Sand entscheiden. Sie sind
aber auch mit industriell hergestellter Katzenstreu zufrieden,
die eine ähnliche Beschaffenheit hat. Leider sind diese Produkte heute auf *Sie* zugeschnitten, als müssten Sie sie benutzen
oder als teile Ihre Katze Ihre ästhetischen Vorlieben. Letzten
Endes aber geht es darum, wie sie bei Ihrer Katze ankommen.
Meiner Erfahrung nach bevorzugen Katzen normalerweise
(sofern sie in der letzten Zeit keine Ausscheidungsprobleme
hatten) eine *geruchlose, mittelfeine Klumpstreu* oder eine *sehr
feinkörnige Silikat- oder sandähnliche Streu.* Beide Sorten binden
Gerüche. Der Klumpstreu gelingt dies sogar noch effektiver,
wenn sie Aktivkohle enthält. Silikatstreu ähnelt in ihrem Aussehen und ihrer Textur weißem Sand. Sie ist sehr leicht, völlig
ungiftig, saugt Urin auf, statt zu klumpen, und bindet Gerüche
ganz hervorragend. Für Tierärzte ist sie die erste Wahl. Allerdings gibt es auch Produkte auf dem Markt, die voller Chemie
sind und mit ihren großen, scharfkantigen Steinen Katzenpfoten verletzen können. Lassen Sie die Finger davon. Sie können
auf Katzen sehr abschreckend wirken.

Bei erwachsenen Tieren rate ich von Einstreu auf *Mais- oder
Weizenbasis* ab. Viele Tiere fressen diese Produkte. Das ist ungesund und kann gleichzeitig im Widerspruch zu ihrem Ausschei-
dungsbedürfnis stehen. Katzen lehnen es instinktiv ab, Kot oder
Urin in eine Nahrungsquelle abzusetzen. Entsprechend häufig
kann ich beobachten, dass Tiere eine Abneigung gegen diese
Produkte entwickeln. Hinzu kommt, dass sie unangenehm weich
sind: Die Katzen sinken mit den Pfoten ein, und das mögen sie
gar nicht. Ich kann Ihnen nicht sagen, wie oft Mais- oder Wei-

zenstreu hervorragendes Benehmen zunichtemachen oder ein bereits bestehendes Problem verschlimmern. Ich rate auch vom Gebrauch von Katzenstreu ab, die nach Kiefernholz riecht. Sie fällt in die Kategorie (stark) parfümierter Produkte, die den Tieren unangenehm sind und die sie deshalb meiden. Katzenkinder brauchen ganz spezielle Produkte. Da sie wie Menschenbabys alles in den Mund stecken, empfehle ich, Abstand von Perlen-, Ton- oder Klumpstreu zu nehmen.

Gelegentlich sind die Tiere in einem Haushalt hinsichtlich der Katzenstreu unterschiedlicher Meinung. Aus diesem Grund sollten Sie immer verschiedene Produkte vorrätig haben. Wenn Sie die Marke wechseln möchten, sollten Sie nach und nach immer mehr von der neuen Streu unter die alte mischen, bis der Wechsel vollzogen ist. So kann sich Ihre Katze daran gewöhnen, und Sie minimieren das Risiko einer negativen Reaktion.

Die saubere Katzentoilette

Eine meiner Klientinnen berichtete stolz:»Die Putzfrau macht zweimal wöchentlich das Katzenklo sauber.« Du lieber Himmel! Wenn ich einen öffentlich ausgestrahlten Werbespot über die Gesundheit und das Wohlergehen von Katzen schreiben und drehen dürfte, würde ich der sauberen Katzentoilette darin absolute Priorität einräumen. Ihre Katze verbringt einen Großteil des Tages damit, sich zu putzen. Machen Sie ihr diese Aufgabe nicht dadurch noch schwerer, dass Sie ihr eine blitzsaubere Katzentoilette verweigern.

❧ *Zweimal am Tag erspart große Plag.* Wie oft Sie verschmutzte Einstreu entfernen müssen, hängt letztlich von folgenden Faktoren ab: vom Sauberkeitsbedürfnis Ihrer Katzen, von der Anzahl der verfügbaren Toiletten und davon, wie häufig die einzelnen Örtchen benutzt werden. Wenn Sie feststellen möchten, wie oft Sie sauber machen müssen, beginnen Sie mit folgender Faustregel: Falls Ihre Katzen nicht unsauber sind, *kann* einmal am Tag genügen. Ich empfehle trotzdem,

die Einstreu zweimal am Tag von Verschmutzungen zu befreien. Achten Sie darauf, dass auch der Katzensitter diesen
Rhythmus einhält, wenn Sie auf Reisen sind (oder dass er
sogar noch häufiger zur Schaufel greift). Falls dies nicht möglich ist, müssen Sie für die Zeit Ihrer Abwesenheit vielleicht
zusätzliche Katzentoiletten aufstellen. Ich rate von Haubentoiletten ab, aber wenn Sie darauf bestehen, sollten Sie zwei-
bis dreimal täglich die verschmutzte Einstreu entfernen.

❧ *Tauschen Sie die gesamte Einstreu.* Wenn man nur die Klum-
pen oder die benutzte Streu entfernt, bleibt die Katzentoilette
nicht ewig sauber. Selbst bei einer regelmäßigen Reinigung
zwei- bis dreimal täglich hängt sich der Geruch von Kot und
Urin, den Katzen so abstoßend finden, in die übrige Streu.
Schon bald riecht die ganze Katzentoilette danach. Eine gute
Faustregel lautet, Klumpstreu in Abständen von einigen
Wochen, nicht klumpende Streu (Pellets) je nach Katze, Pro-
dukt und Geruch täglich bis wöchentlich auszutauschen.
Gerüche lassen sich dadurch neutralisieren, dass Sie die
Katzentoiletten mit einem Reinigungsmittel besprühen, das
Gerüche bindet. Einer Studie zufolge wurden Katzentoilet-
ten, die mit einem solchen Reiniger besprüht wurden, häufi-
ger benutzt als diejenigen, bei denen das nicht der Fall war.
Außerdem waren die Tiere mit ihren Toiletten zufriedener.[55]

❧ *Reinigen Sie die Katzentoiletten alle paar Wochen* mit einem
sanften Reinigungsmittel (ohne Bleiche), schrubben und
spülen Sie sie ab. Wenn sie zu riechen beginnen, haben Sie
zu lange gewartet – und damit möglicherweise bereits eine
Spirale der Abneigung gegen das Katzenklo bei Ihrer Katze
in Gang gesetzt. Die Kisten selbst sollten etwa alle sechs
Monate ausgetauscht werden, soweit sie nicht aus nicht-
absorbierendem Kunststoff bestehen.

Haben Sie genügend Katzentoiletten?

Stellen Sie noch mehr auf! In einem Mehrkatzenhaushalt müssen
Sie Konkurrenzkämpfe um die Ressource Katzenklo verhindern.

Anderenfalls werden dominante Tiere versuchen, ihre Mitbewohner davon fernzuhalten. Die Katzen, die eine Auseinandersetzung scheuen, werden den Bereich rund um die Toilette meiden – und sich ihr eigenes Plätzchen suchen (an einer Stelle, mit der Sie sehr wahrscheinlich nicht einverstanden sein werden!). Viele Katzen bevorzugen außerdem eine Toilette, die nicht allzu stark nach anderen Artgenossen riecht. Einer der Gründe dafür ist vielleicht schlicht die Sauberkeit. Vielleicht wollen sie aber auch ausweichen, weil sie Urin und Kot in der Katzentoilette als die Reviermarkierung anderer Tiere verstehen. Eine Möglichkeit, wie Sie unter Garantie Konkurrenz und soziale Spannungen abbauen können, liegt darin, die Anzahl der Katzentoiletten, Plätze und Möglichkeiten zu erhöhen. Im Allgemeinen gilt: Es sollte pro Katze eine Toilette und dazu mindestens ein weiteres Katzenklo, zumindest aber in jedem Stockwerk eines mehrgeschossigen Hauses eine Katzentoilette vorhanden sein – je nachdem, welche Berechnung höher ausfällt. Wenn Sie also nur eine Katze haben, aber in einem dreistöckigen Haus wohnen, brauchen Sie auf jeden Fall drei Katzentoiletten. Wenn drei Katzen auf einer Ebene leben, brauchen Sie mindestens vier Katzentoiletten.

Ein sauberer, gut beleuchteter Ort

Der Bereich der Katzentoiletten und die Zugangswege müssen rund um die Uhr – zumindest mit Nachtlichtern – ausgeleuchtet sein. Eine gute Beleuchtung sorgt dafür, dass sie nachts sofort sichtbar sind und einladender wirken. Katzen sehen auch bei wenig Licht bis zu sechsmal besser als wir. Aber je heller es ist, desto besser sehen sie, und wenn sie erblicken können, was in der Nähe lauert, fühlen sie sich sicherer. Manche Tiere begeben sich auch tagsüber nur ungern in dunkle, dämmrige Ecken.

Größe und Modell

Eine Katzentoilette sollte keine Abdeckung haben und eineinhalbmal so lang sein wie Ihre Katze. Wenn sie die Wahl haben, entscheiden sich erwachsene Tiere meist für das extra große Modell (vor allem, wenn sie übergewichtig sind). Meine Katzen lieben ihre großen, niedrigen, durchsichtigen Aufbewahrungsboxen aus Plastik. Falls es Probleme mit Unsauberkeit gibt und Sie genügend Platz haben, sollten Sie es damit versuchen. Diese Boxen kosten meist nicht mehr oder sogar weniger als eine Katzentoilette aus dem Zoogeschäft, und sie halten länger, weil sie aus einem weniger stark absorbierenden Material bestehen. Ich empfehle eine Größe von ungefähr 15 mal 40 mal 56 Zentimetern. Die Seitenwände sollten einerseits so hoch sein, dass keine Streu herausfällt, aber andererseits so niedrig, dass die Katze problemlos hineinkommt. Was ist zu tun, wenn Ihr Liebling die Streu hinauswirft? Kaufen Sie einen Plastikcontainer, der höher als 15 Zentimeter ist. Schneiden Sie von oben einen u-förmigen Eingang hinein, sodass die Wand an dieser Stelle nur noch etwa 15 Zentimeter hoch ist. Wenn Ihre Katze alt ist, an Arthritis oder Übergewicht leidet, sollte die Toilette nicht höher als 15 Zentimeter sein. Wenn Sie ein Kätzchen haben, für das gängige Katzentoiletten zu hoch sind, können Sie vorübergehend ein niedriges Modell speziell für Katzenkinder verwenden.

Selbstreinigende Katzentoiletten

Wenn es Probleme mit Unsauberkeit gab oder gibt, bleiben Sie bei normalen Katzenklos und machen Sie sie selbst sauber. Ich kenne einige Tiere, die selbstreinigende Katzentoiletten mögen, aber die meisten würden eher zum Tauchen gehen, als eine solche Toilette zu benutzen.* Viele Katzen entwickeln wegen der Motorgeräusche bei der Reinigung eine Abneigung dagegen. Außerdem reicht die tatsächlich nutzbare Fläche für die meis-

---

* Ich hatte eine ziemlich gute Vorstellung davon, welche der selbstreinigenden Katzentoiletten auf dem Markt tatsächlich funktionieren, bevor ich vor kurzem vom Hammacher-Schlemmer-Institut mit einer stärker kontrollierten Studie beauftragt wurde. Nachdem ich mehrere Modelle getestet hatte, empfahl ich das Produkt von LitterMaid. Dieses Ergebnis deckt sich mit meiner langjährigen Erfahrung bei den Hausbesuchen meiner Klienten.

ten Tiere nicht aus. Da viele Menschen das Katzenklo nicht unmittelbar nach jeder Benutzung sauber machen können, wie das bei den selbstreinigenden Modellen der Fall ist, könnte dieser Sauberkeitsfaktor auf manche Tiere jedoch durchaus anziehend wirken. Die Geräte sind allerdings keineswegs wartungsfrei. Sie müssen täglich prüfen, ob noch genügend Einstreu vorhanden ist, und dafür sorgen, dass weder Streu noch Schlimmeres den Reinigungsrechen oder -mechanismus blockiert. Wenn Sie sich eine selbstreinigende Katzentoilette zulegen möchten, sollte dies lediglich ein *Zusatzangebot* zu einer angemessenen Anzahl von Katzenklos sein, die Sie selbst reinigen.

Der richtige Platz für die Katzentoilette

Natürlich hat jeder Mensch eigene Vorstellungen davon, wie viele Katzentoiletten er im Haus haben möchte und wo er sie aufstellen will. Aber unser ästhetisches Empfinden wird niemals über die Instinkte einer Katze siegen. Am Ende entscheidet *sie*! Wenn Sie neue Katzentoiletten aufstellen, sollten Sie die vorhandenen nur dann umstellen, falls sie an ungünstigen Stellen stehen oder nie benutzt werden. Ziehen Sie die folgenden Empfehlungen zu Rate bei der Frage, wo Sie die neuen Katzenklos platzieren sollen, um ein Katzenparadies zu schaffen, in dem sich die Tiere bereitwillig an den von Ihnen gewünschten Orten erleichtern.

Was Sie tun sollten

Erleichtern Sie den Zugang

Ihre Katze sollte nicht vom ersten Stock die Treppe hinunter ins Erdgeschoss laufen, über einen schlafenden Hund hechten, einen Spießrutenlauf mit mehreren Artgenossen hinter sich bringen, über die Treppe in den Keller purzeln, durch ein Labyrinth aus Kisten sprinten, im Hochsprung ein Babyschutzgitter überwinden und durch eine Katzenklappe in eine dunkle Garage donnern müssen, um ihr Geschäft erledigen zu können. All das wird ihr einfach zu viel sein. Sie wird sich ein Örtchen suchen, das hübscher und bequemer ist – für Ihre Katze, aber nicht für Sie. Sie will – genau wie Sie in Einkaufszentren und auf Flughäfen – wissen:»Wo sind die nächsten Toiletten?« Solange der Mensch die Katzentoilette versteckt, werden die Tiere mit der gleichen Begeisterung ihren Kot und ihren Urin öffentlich präsentieren.

Verteilen Sie die Katzentoiletten

Ich arbeite oft mit Menschen, die – sagen wir mal – sechs Katzen haben. Die sieben Katzentoiletten sind bereits ein guter Anfang, aber sie sind allesamt im Keller aufgereiht, nur durch eine einzige Katzenklappe zugänglich, und jenseits davon lauert Buster, der Haustyrann: *Ach, entschuldige die Störung*, sagt die schüchterne Katze. *Kümmer dich nicht um mich, ich bin schon wieder weg. Ich gehe einfach nach oben aufs Sofa ...* Abgesehen von Fragen der Bequemlichkeit und der Konkurrenz lässt ein einziger Standort für Katzentoiletten auch außer Acht, dass manche Tiere es ablehnen, Kot und Urin am selben Ort abzusetzen. Das ist der vielleicht größte Fehler, den ich bei meinen Klienten sehe.

Wegen Überfüllung geschlossen

Gelegentlich befinden sich nicht nur alle Katzentoiletten, sondern das *ganze* Katzenzubehör an einem Ort. Solche »Katzenzimmer« sind oft im Keller und voll mit Spielsachen, Katzentoiletten, Futter – und Artgenossen. Sie setzen es möglicherweise mit der Einrichtung eines Spielzimmers für Ihre Kinder gleich. In Wirklichkeit ist es – um in der Sprache der Kinder zu bleiben – eher so, dass die Erbsen nicht nur die Karotten, sondern auch noch das Ketchup *und* die Fußbälle und Onkel Roberts verschwitzte Sporthose berühren.

Es spielt keine Rolle, ob nur die Katzentoiletten aufgereiht sind oder ob Sie ein ganzes Katzenzimmer haben. Wenn sich zu viele Ressourcen an einem Ort ballen, erschwert das in einem Haushalt mit mehreren Katzen die zeitversetzte Nutzung und erhöht die Wahrscheinlichkeit unschöner Zusammenstöße. Es begrenzt die Zahl der Zugangswege und macht es dem Haustyrannen umso leichter, die Ressourcen zu bewachen und andere Tiere einzuschüchtern.

Ein Beispiel für eine sinnvolle Anordnung ist, die Katzentoiletten an entgegengesetzten Punkten des Hauses oder der Wohnung zu platzieren, also etwa im Norden, Osten, Süden und Westen. Stellen Sie sich vor, dass Ihr Haus von mehreren Wegen durchzogen ist, auf denen Ihre Katzen zu den wichtigen Ressourcen (Futter, Wasser, Aussichts- und Ruheplätzen, Katzentoiletten) gelangen. Positionieren Sie die Katzenklos zu verschiedenen Seiten oder Enden dieser Wege. Bei einer breiteren Streuung geschieht Folgendes: Wenn Angel durch den Flur nach Westen läuft, wo sie auf den wartenden Buster stößt, kann sie umgehend kehrtmachen und das stille Örtchen im Osten, Norden oder Süden aufsuchen.

Machen Sie die Toiletten offen zugänglich

Offen zugängliche Katzentoiletten geben Ihrer Katze das Gefühl, leichter fliehen zu können, und lassen ihr die Wahl zwischen mehreren Zu- und Ausgängen. Ihr Überlebensinstinkt verhindert, dass sich diese Tiere in Situationen begeben, in denen sie verwundbar sind. In ihrer Toilette sollte Ihre Katze eine hervorragende Aussicht auf ihr Revier haben, um sehen zu können, wer da vielleicht des Weges kommt. Versetzen Sie sich bei der Platzwahl in Ihre Katze hinein und überlegen Sie, wie viel sie von ihrer Umgebung mitbekommt. Kann sie sehen, wer das Zimmer betritt? Ein häufiges Missverständnis lautet, Katzen legten Wert auf »Privatsphäre«. Der Mensch versteht darunter pragmatischerweise eine Katzentoilette, die in eine für Gäste uneinsehbare Ecke gezwängt wird. Aber der Katze sind eine gute Sicht und gute Fluchtmöglichkeiten im Allgemeinen wichtiger als ihre Intimsphäre. Den meisten Menschen ist es lieber, wenn Katzentoiletten nicht offen herumstehen. Sie sollten allerdings nur in Ausnahmefällen in Kämmerchen, Schränken oder hinter Pflanzen oder Möbelstücken versteckt werden. Falls Sie sich für eines dieser geheimen Örtchen entscheiden, müssen Sie Ihrer Katze auch leichter zugängliche Alternativen mit mehr Aussicht und besseren Fluchtmöglichkeiten bieten. Sorgen Sie dafür, dass die Katzentoilette vor Hunden und kleinen Menschen sicher ist. Eine Möglichkeit ist ein Babyschutzgitter, das Ihre Katze problemlos überspringen kann, oder ein spezielles Absperrgitter, das mit einer kleinen Katzentür versehen ist. So bleiben Bello und Baby Fred draußen, aber Fluffy kann nach Belieben hineinschlendern.

Stellen Sie Katzentoiletten nach Möglichkeit *nicht* direkt an die Wand. Der Abstand sollte zu allen Seiten mindestens 30 Zentimeter betragen, damit die Katze die Kiste vollständig umrunden, beschnuppern und sich überlegen kann, von welcher Seite sie einsteigen möchte. Auf diese Weise erhöhen Sie sowohl die Zu- als auch die Ausgänge, was dem Tier die alles entscheidenden Flucht- und natürlich Wahlmöglichkeiten verschafft.

Der Mythos von der Privatsphäre

Dass eine Katze für ihr Geschäft Privatsphäre baucht, ist in erster Linie ein im Anthropomorphismus begründeter Mythos. Ich kenne Katzenbesitzer, die ihr ganzes Zuhause umgestaltet haben, damit die Katzentoilette in einer abgeschiedenen Ecke stehen konnte. Es hätten nur noch der Klopapierhalter und ein paar Zeitschriften gefehlt, und sie hätte ausgesehen wie das stille Örtchen, das sich ein sehr kleines Menschlein wünschen würde. Es ist Katzen nicht »peinlich«, die Toilette zu benutzen. Was sie wollen, ist Sicherheit. Während sie ihr Geschäft verrichten, wollen sie vor Raubtieren und (echten oder vermeintlichen) Konkurrenten geschützt sein. Das kann bedeuten, dass sie sich nicht in Anwesenheit des Hundes erleichtern wollen. Häufiger aber heißt es, dass sie sich in den Momenten, in denen sie reglos und verwundbar sind, instinktiv einen Ort mit guter Sicht und hervorragenden Fluchtmöglichkeiten wünschen.

Was Sie lieber lassen sollten

Die Maßnahmen, von denen Sie absehen sollten, sind oft einfach das Gegenteil dessen, was Sie tun sollten. Es gibt aber einige weitere Punkte, die ich nachfolgend zusammenfassen werde:

* Stellen Sie Katzentoiletten nicht an stark frequentierten Orten wie im Flur auf. Dass Katzen es lieber ruhig mögen, ist keine Laune.
* Versperren Sie Ihrer Katze den Weg zur Toilette nicht mit Hindernissen wie Wäschebergen.
* Sorgen Sie dafür, dass sie weder auf ihrer Toilette noch auf dem Weg dorthin fremde Katzen durchs Fenster sehen kann (siehe Abschreckungsmaßnahmen in Kapitel 8).
* Stellen Sie die Katzentoilette niemals an einen Ort, an dem das Tier durch laute Geräusche erschreckt werden könnte, wie zum Beispiel neben das Garagentor, den Kühlschrank, die Waschmaschine oder den Trockner. Wenn es sich nicht vermeiden lässt, bieten Sie zusätzlich ruhigere Alternativen an.
* Stellen Sie die Katzentoilette niemals in einen kleinen, vollgestopften Raum wie die Waschküche (die den weiteren Nachteil hat, dass es dort stark nach Bleich- oder Waschmitteln riecht).
* Stellen Sie Katzentoiletten niemals an Orten auf, an denen sich etwas Unschönes ereignet hat – Kämpfe, Feindseligkei-

ten oder Strafmaßnahmen. Katzen können sich urplötzlich daran erinnern. Befindet sich Ihr Samtpfötchen unweit einer Katzentoilette, in der es schon einmal ein negatives Erlebnis hatte, fängt es vielleicht an zu knurren oder zu fauchen oder sträubt sogar die Haare. Oder es benutzt sie einfach nicht.

🐾 Stellen Sie Katzentoiletten niemals ausschließlich im Badezimmer auf. Für manche Tiere ist das kein Problem, aber anderen kommt das Badezimmer wie ein Großbahnhof vor, weil so viele Leute ein und aus gehen. Einige Katzen haben eine Abneigung gegen den Wasserdampf und die Feuchtigkeit der Dusche. Falls Sie eine Katzentoilette in einem belebten Badezimmer aufstellen, sollten Sie eine weitere an einem anderen Ort platzieren. Dann hat die Katze die Wahl, wenn das Badezimmer besetzt ist und sie lieber allein sein möchte.

🐾 Stellen Sie Katzentoiletten niemals neben Objekte, die zum »Nestbereich« der Tiere gehören – Futter, Wasser, Schlafgelegenheiten. Dies gilt vor allem für kleine Räume. Dinge, die eine Katze mit ihrem Nest verbindet, sollten sich niemals im selben Zimmer wie ihre Toilette befinden. In freier Wildbahn würden Kot und Urin Parasiten, Raubtiere und die Konkurrenz anlocken. Ein angeborener Überlebenstrieb sorgt dafür, dass Katzen ihr Nest instinktiv vor Raubtieren schützen. Deshalb verrichten sie dort auch niemals ihr Geschäft. Falls Sie Katzentoiletten und Futternäpfe nicht in verschiedenen Zimmern unterbringen können, stellen Sie sie an diagonal entgegengesetzten Punkten auf oder erzeugen Sie mit einem Sichtschutz eine gewisse Trennung.

Weitere »Don'ts«

Verwenden Sie wie gesagt keine Haubentoiletten – schon gar nicht, wenn mehrere Katzen im Haushalt leben. Abdeckungen sind etwas für Menschen, nicht für Katzen. In freier Natur gibt es nichts, was mit einer Haubentoilette vergleichbar wäre. Wenn die Katze in eine Art Höhle kriecht, schränkt das die Sicht auf ihr Revier und auf mögliche Fluchtwege ein. Außerdem fängt sich in Haubentoiletten der Geruch. Es kommt zu einem Toilettenkabineneffekt, Urin und Kot bleiben feucht und besonders geruchsintensiv. Ihre arme Katze kann sich das höchst empfindliche Näschen nicht zuhalten. Mir brennen schon beim Gedanken daran die Augen, und ich weiß, Ihren Katzen geht es ebenso.

Vielleicht fürchten Sie, Ihre Katze könnte die Einstreu aus der Toilette scharren, versehentlich über den Rand pinkeln oder den Urinstrahl gegen die Wand richten. In einem solchen Fall kaufen Sie, wie oben empfohlen, eine hohe Aufbewahrungsbox und schneiden Sie eine Öffnung in die Seite, die Ihrer Katze problemlos Einlass gewährt.

Ich habe oft erlebt, dass eine Katze ihre Toilette nur wegen der Haube verschmähte. Ältere, übergewichtige oder arthritische Tiere können sich in Haubentoiletten schlecht bewegen. Diese Modelle sind oft zu klein und fast immer ein wenig zu hoch für Katzen, die etwas unbeweglich sind. Falls Sie schon eine Haubentoilette besitzen, rate ich Ihnen, die Abdeckung abzunehmen oder mindestens zwei weitere Schalentoiletten an anderen Punkten für Ihre Katze aufzustellen.

Verwenden Sie keine Toilettenbeutel oder -folien! Das Knistern schreckt manche Katzen ab, und wenn sie ihr Geschäft verscharren, bleiben sie mit den Krallen in der Plastiktüte hängen. Falls der Beutel nicht perfekt passt, kann Urin zurückspritzen – und das gefällt den Tieren ganz und gar nicht.

Wenn Sie dieses Kapitel gelesen haben, sind Sie gut gerüstet und können Ihren Katzen sehr viel Unglück sowie das unerwünschte Verhalten ersparen, das häufig damit einhergeht (und auch die Besitzer unglücklich macht). Im nächsten Kapitel werde ich kurz auf die Zusammenhänge zwischen Gesundheitsproblemen und Verhalten eingehen. Danach sind Sie dafür gerüstet, auch den dritten Schritt meiner CAT-Pläne gegen alle Verhaltensauffälligkeiten umzusetzen, die zur Sprache kommen werden.

SECHS

Psychologie und Physiologie: Hat Ihre Katze auch gesundheitliche Probleme?

»Sprich doch deutsch!« sagte der Weih. »Ich weiß jedenfalls nicht, was diese gelehrten Wörter alle bedeuten, und ich glaube fest, du weißt es selber nicht!«[56]
LEWIS CARROLL: *Alice im Wunderland*

Das Verhalten einer Katze ist das Produkt ihrer Gene, ihrer Umwelt, ihrer sozialen Entwicklung und ihrer Gesundheit. Viele Verhaltensprobleme haben medizinische Ursachen und sollten zunächst vom Tierarzt behandelt werden. Aber selbst in diesen Fällen ist es empfehlenswert, auch einen Katzenpsychologen (oder dieses Buch) zu Rate zu ziehen. Aus meiner Erfahrung mit zahllosen Klienten und ihren Tierärzten weiß ich, dass Veterinäre mit gesundheitlichen Problemen hervorragend umzugehen wissen. Bei Verhaltensproblemen jedoch – vor allem wenn inzwischen die Gewöhnung dazugekommen ist – erzielen sie wie gesagt nur selten den gleichen Erfolg. Betrachten wir nun Gesundheit und Verhalten Ihrer Katze sowie die Schnittmenge daraus.

Gehen Sie regelmäßig zum Tierarzt

Tierbesitzer bringen ihre Katzen bekanntermaßen seltener zum Tierarzt als ihre Hunde. Ganz zu schweigen davon, dass sie natürlich seltener dorthin gehen als reine Hundebesitzer mit ihren Lieblingen. In den letzten Jahren ist dieses Ungleichgewicht sogar noch größer geworden. Ich möchte Ihnen ans Herz legen, Ihre Katze so oft zur Vorsorgeuntersuchung und zur Zahnreinigung zu bringen, wie Ihr Tierarzt das empfiehlt. Planen Sie aber mindestens einen Besuch im Jahr und gehen Sie sofort, wenn das Tier ein unerwünschtes oder untypisches Verhalten zeigt.

Ein möglicher Grund, weshalb die Leute ihre Katzen seltener zum Tierarzt bringen, als sie wahrscheinlich sollten, liegt darin, dass Katzen Krankheiten besser verbergen als Hunde. Man schätzt zum Beispiel, dass fast ein Drittel aller Katzen über acht Jahren unter schmerzhafter Arthritis leidet. Doch das würde man nie vermuten. Denn sie zeigen es nicht durch Humpeln wie Hunde oder Pferde. Katzen verraten ihren Schmerz auch selten durch Lautäußerungen. Möglicherweise schnurren sie sogar, wenn es ihnen nicht gutgeht, da Schnurren eine Form der Selbstberuhigung sein kann. Gelegentlich machen sich Erkrankungen dadurch bemerkbar, dass die Katze plötzlich nicht mehr springen kann oder will, häufiger schläft, weniger spielt und jagt. Aber andere Hinweise darauf, dass etwas nicht in Ordnung ist, wie plötzlich auftretende Aggressivität, Harnmarkieren oder Unsauberkeit, können fälschlicherweise für Verhaltens- und nicht für Gesundheitsprobleme gehalten werden. Eine krankhafte Schilddrüsenüberfunktion etwa ist nur eine von vielen körperlichen Aggressionsursachen. Ich kann Ihnen auch nicht sagen, wie oft ein Zahnabszess für die Raufereien zwischen den Katzen in einem Haushalt verantwortlich ist. Wie lange liegt die letzte Zahnuntersuchung bei *Ihrer* Katze zurück? Ein schmerzender Zahn oder entzündetes Zahnfleisch ist sehr belastend und kann die Dynamik im ganzen Haushalt verändern – und zwar keineswegs zum Besseren! Eine schlechte Mundgesundheit verursacht Schmerzen oder Unannehmlichkeiten. Es kommt zu Stress, was wiederum zu Spannungen zwischen den Katzen führt.

Medizinische Ursachen und Gewöhnung

Unerwünschtes Verhalten kann krankheitsbedingt sein. Bei der Behebung von Verhaltensproblemen sollten Sie sich deshalb gleich zu Beginn versichern, dass alle medizinischen Ursachen ausgeschlossen sind. Zu vielen in diesem Buch behandelten Verhaltensauffälligkeiten gibt es eine Rubrik mit dem Titel »Gesundheitshinweis«. Diese Informationen sollen Ihnen eine Vorstellung von den möglichen medizinischen Ursachen geben, die Sie gegebenenfalls vom Tierarzt abklären lassen müssten.

Wenn es gesundheitliche Gründe gibt, wird ein Besuch beim Tierarzt sie meist zutage fördern und zu einer wirksamen medizinischen Behandlung führen. Aber so erfolgreich sie auch ist, kann sie doch zuweilen nichts gegen die *Gewohnheiten* ausrichten, die infolge des Gesundheitsproblems entstanden sind. Das unerwünschte Verhalten hat nun eine weitere, von der ursprünglichen Krankheit unabhängige Ursache: Es ist zur Gewohnheit geworden. Ich arbeite zum Beispiel oft mit Klienten, deren Katzen bereits von ihren Harnwegsinfektionen oder Harnkristallen genesen sind, wenn unser Beratungsgespräch stattfindet. Aber die Tiere sind immer noch unsauber, weil sie

❀ ihre Toilette (oder das Substrat beziehungsweise den Ort) noch immer mit dem letzten schmerzhaften Ausscheidungsvorgang in Verbindung bringen und sich
❀ daran gewöhnt haben, aufs Sofa zu machen.

Beides kann sehr schnell gehen, und schon ist eine Vorliebe für einen neuen Ort und ein anderes Material entstanden.

Mit diesem Buch wollen wir sichergehen, dass Sie sowohl die ursprünglichen medizinischen Ursachen mit Ihrem Tierarzt beseitigen als auch das durch Gewohnheit und Lebensumstände entstandene Verhalten abstellen. Gleichzeitig lösen wir negative Verknüpfungen, machen das erwünschte Verhalten für Ihre Katze attraktiv und erziehen sie entsprechend. An diesem Beispiel kann man gut verdeutlichen, warum es oft nicht genügt, bei der Behandlung auf nur einen Aspekt einzugehen und zum Beispiel nur den Harnwegsinfekt behandeln zu lassen oder lediglich zusätzliche Katzentoiletten zu Hause aufzustellen.

Aus der Katzenperspektive

Ein Psychotrauma kann ebenfalls der Katalysator für unschöne Gewohnheiten sein, die keine medizinischen Ursachen haben. Wenn Sie Ihre Katze in unmittelbarer Nähe der Katzentoilette angeschrien oder geschlagen oder sie gewaltsam hineingesetzt haben, bringt sie diesen Ort möglicherweise mit der schmerzlichen oder negativen Erfahrung Ihrer Wut in Verbindung. Auch in diesem Fall müssen wir tiefsitzende Verknüpfungen lösen.

Besser leben mit Chemie? Greifen Sie nicht (automatisch) zu Medikamenten!

Ich gebe gern zu, dass Psychopharmaka Katzenleben retten und funktionieren können, wenn alles andere versagt. In einigen Fällen ist das die verantwortungsvollste und sogar menschlichste Lösung. An dieser Stelle bereitet mir jedoch Sorge, dass bei normalen und leicht zu behebenden Verhaltensauffälligkeiten viel zu häufig Medikamente verschrieben werden. So wie ein Kinderarzt bei einer Aufmerksamkeitsdefizit-Hyperaktivitätsstörung (ADHS) – manchmal sogar mit dem Einverständnis der Eltern – zu schnell pharmazeutische Produkte verschreibt, weil sich die Kleinen, nun ja, eben wie Kinder benehmen, werden auch Katzen oft wegen natürlicher und leicht abzustellender Verhaltensweisen wie Harnmarkieren oder Kratzen unnötig mit Medikamenten behandelt.

Ein Mensch, der Katzen liebt, kann die Folgen einer unnötigen Arzneimittelbehandlung als tragisch empfinden. Ein solches Tier verliert möglicherweise genau die Züge, die es als Katze ausmachen. Gehen Sie zu Ihrem Tierarzt oder zu einem auf Verhaltenstherapie spezialisierten Veterinär, aber informieren Sie sich vorher entsprechend. Das stärkt Ihre Position. Medikamente haben bei der Beseitigung von Verhaltensproblemen durchaus ihre Berechtigung. Es gibt aber auch eine Vielzahl von Gründen, weshalb man ihnen skeptischer gegenüberstehen sollte, als die meisten Katzenbesitzer es tun.

Erstens führt selbst das Medikament, das bei dem jeweiligen Verhaltensproblem am effektivsten ist, je nach Anwendung in nur etwa 50 Prozent der Fälle zum gewünschten Ergebnis. Die Erfolgsquote der wirksamsten Medikamente gegen Harnmarkieren liegt zwischen 75 und 90 Prozent[57] – und ist damit geringer als bei meiner Methode. (Immer vorausgesetzt, es handelt sich auch tatsächlich um das richtige Medikament. Zuweilen sind mehrere Tierarztbesuche nötig, um die Dosis festzulegen oder ein anderes Arzneimittel zu finden, das besser wirkt als das Präparat, das ursprünglich verschrieben wurde.) Klienten, die Harnspritzen bei ihren Katzen medikamentös behandeln, können mit meinen Methoden meist die zugrunde liegende Ursache beseitigen und die Medikamente absetzen.

Zweitens funktioniert selbst eine erfolgreiche medikamentöse Behandlung meist nur, solange das Mittel verabreicht wird. (Die Ausnahme sind Arzneien zur Entschärfung sozialer Konflikte zwischen Artgenossen; hier können die Ergebnisse von Dauer sein.) So tritt zum Beispiel bei Katzen, die wegen Harnmarkieren behandelt werden, nach Absetzen der Medikamente in 75 bis 95 Prozent der Fälle das Problem wieder auf.[58] Wenn Sie nicht auf das Verhalten Ihrer Katze einwirken, fällt sie möglicherweise in die unerwünschte Gewohnheit zurück, sobald sie das Mittel nicht mehr bekommt.*

Drittens werden diese Medikamente oft irrtümlich verschrieben. Ich kenne viele Fälle, in denen der Tierarzt – manchmal auf Druck des Katzenbesitzers – angstlösende Medikamente verschrieb (die, wie die meisten Arzneimittel für Katzen, ursprünglich beim Menschen eingesetzt wurden) und dabei ironischerweise die medizinischen Ursachen für das Problem wie Blasen- oder Nierensteine übersah.

Die medikamentöse Behandlung von Katzen aus der Sicht eines Tierarztes

von Dr. med. vet. James Shultz

In meinen ersten zehn Berufsjahren als Tierarzt für Kleintiere habe ich wohl Tausenden von Tierbesitzern Rat erteilt, wenn ihre Hunde verhaltensauffällig waren. Diesen Klienten stand

---

* Die medikamentöse Behandlung kann sich jedoch als sinnvoll erweisen, um das Harnspritzen vorübergehend zu unterbinden und dem Besitzer damit Gelegenheit zu geben, die entscheidenden Veränderungen im Umfeld der Katze vorzunehmen und sämtliche Urinmarkierungen ein für alle Mal zu beseitigen.

eine schier endlose Zahl von Möglichkeiten offen: Hundetrainer, Hundetherapeuten, Welpenflüsterer und Tierkommunikatoren standen bereit, um zu helfen. Gruppentraining, Einzeltraining, Training zu Hause, dreimonatige oder längere Trainingslager für Hunde – die selbstverständlich ebenso teuer waren wie ein kleiner Geländewagen – waren die Regel. Und erst das Produktangebot: Citronellahalsbänder, Schockhalsbänder, Stachelhalsbänder, Würgehalsbänder, GPS-Halsbänder, Kopfhalfter – die Liste ließe sich beliebig fortsetzen. Aber wie sah es bei den Katzen aus? Bei ihnen lagen die Dinge ganz anders. Die Klienten kamen frustriert in die Praxis. Wie die meisten anderen mir bekannten Tierärzte hatte auch ich im Studium nichts über das Verhalten von Katzen gelernt, aber ich tat mein Bestes: Zunächst schlossen wir die rein körperlichen Ursachen aus. Danach probierten wir ein paar Sachen aus und veränderten zum Beispiel Zahl und Anordnung der Katzentoiletten, die verwendete Einstreu und bereicherten das Lebensumfeld des Tieres mit ein paar Spielsachen. Wenn das nicht half, konnte der Katzenbesitzer wenig tun: Er konnte die Katze in die Scheune oder nach draußen verbannen, er konnte eines oder mehrere Medikamente ausprobieren. Da es praktisch keine Präparate gibt, die speziell für Katzen mit Verhaltensauffälligkeiten entwickelt wurden, mussten wir im Allgemeinen ein für den Menschen hergestelltes Medikament testen und dann versuchen, eine geeignete Dosis zu finden. In etwa der Hälfte der Fälle zeigten diese Medikamente eine gewisse Wirkung. Gelegentlich brachten sie die entscheidende Verbesserung, und der Besitzer war begeistert, genau wie ich. Viel zu oft aber gab es Probleme. Eine ganze Menge davon. Da war zunächst die Frage, wie man eine Katze dazu bringt, das Medikament zu nehmen? Wir haben es mit Pillen und flüssigen Medikamenten mit Thunfischgeschmack versucht, die Medizin in Leckerbissen versteckt und sogar mit Gels gearbeitet, bei denen der Wirkstoff über die Haut aufgenommen wird. Nicht immer hatten wir damit Erfolg.

Dann waren da noch die Kosten. In fast allen Fällen, die sich mit Medikamenten behandeln ließen, war die Behandlung nur so lange erfolgreich, wie die Katze das Präparat bekam. Es war mit anderen Worten unmöglich, die Medikamente abzusetzen. Darüber hinaus berichteten die Klienten, dass sie nicht nur ein Loch in ihre Kasse rissen, sondern auch andere unerwünschte Nebenwirkungen hatten. Sogar bei einigen der neueren Präparate stellten sie fest, dass die »Persönlichkeit« der Katze oder des Katers verlorenging oder das Tier die meiste Zeit wirkte, als wäre es »nicht ganz da«. Diese Nebenwirkungen unterscheiden sich nicht wesentlich von dem, was auch bei Menschen zu beobachten ist, die diese Medikamente nehmen. (Bitte beachten Sie, dass Katzen bei der Einnahme einiger Präparate ein paar Wochen lang benommen wirken können, ihr Zustand sich aber meist wieder normalisiert, nachdem sich ihr Körper an das Medikament gewöhnt hat.) Da Katzen diese Medikamente anders verstoffwechseln als der Mensch (für den sie ursprünglich entwickelt wurden), ist das häufige Auftreten unerwünschter Nebenwirkungen nachvollziehbar.

Im Grunde behandelten wir diese Fälle nach dem oben genannten Plan oder einer Variante davon – bis wir Mieshelle kennenlernten. Das Aufregende an ihren Methoden war, dass es ihr immer gelang, die dem unerwünschten Verhalten zugrunde liegende *Ursache* zu finden. In den meisten Fällen bedeutete dies, dass keinerlei medikamentöse Behandlung erforderlich war, und wenn wir doch einmal ein Präparat in Verbindung mit ihren Strategien einsetzten, dann nur für kurze Zeit. Mieshelle identifiziert die Ursache des unerwünschten Verhaltens (zum Beispiel Harnmarkieren) und löst das Problem damit *ein Katzenleben lang* – ohne dass eine medikamentöse Behandlung erforderlich wäre und ohne dass Sie Ihre Katze bis an ihr Lebensende in den Geräteschuppen verbannen müssten.

Trotz alledem steht außer Frage, dass Medikamente mitunter nicht nur hilfreich, sondern nötig sind und sogar Leben retten können. Zuweilen sind sie auch dann unumgänglich, wenn das Problem keinerlei medizinische Ursachen hat und zu 100 Prozent verhaltensbedingt ist. Stellen Sie sich vor, eine Katze würde eine Gefahr für sich, einen Artgenossen oder einen Menschen darstellen. Unter diesen Umständen ist eine medikamentöse Behandlung gewiss besser, als das Tier wegzugeben oder zu töten.

Ich bin allerdings der festen Überzeugung, dass wir bei Problemen ohne medizinischen Hintergrund zunächst natürliche Möglichkeiten prüfen sollten, ehe wir auf Medikamente zurückgreifen. Ich habe sehr viel Erfahrung damit, unerwünschtes Verhalten ausschließlich mit Techniken der Verhaltensmodifikation und einer Verbesserung der Lebensbedingungen zu beseitigen, und erziele große Erfolge. Daher bin ich der Ansicht, dass die medikamentöse Behandlung von Katzen mit unerwünschtem Verhalten meist unnötig ist. Es ist wenig sinnvoll, einer Katze Medikamente gegen ihre Angst zu verabreichen, wenn sich der Auslöser problemlos aufspüren und aus ihrem Lebensumfeld entfernen lässt. In den seltensten Fällen sind Medikamente allein genug. Das Verhalten hat eine Ursache – und die besteht nicht etwa darin, dass die Nahrung des Tieres zu wenig Fluoxetin enthielte. Katzenpsychologen sollten bei Verdacht auf medizinische Probleme nicht zögern, einen Tierarztbesuch zu empfehlen. Umgekehrt halte ich es für unethisch, medikamentös gegen Verhaltensprobleme vorzugehen, ohne zunächst den Rat eines Fachmanns für Verhaltensfragen einzuholen.

SIEBEN

Aggressive Katzen:
Wie Sie die innere Wildkatze Ihres
Stubentigers akzeptieren und zähmen

Sie [die Edamer Katze] sah ganz gutmütig aus, fand Alice;
aber andererseits hatte sie doch reichlich lange Krallen und mehr als
genug Zähne und Alice hielt es daher für das beste, sie mit einigem
Respekt zu behandeln.[59]
LEWIS CARROLL: *Alice im Wunderland*

Berücksichtigt man Gewicht und Größe, sind Katzen respekt-
einflößende Gegner. Man sagt, sie seien die perfekten Fleisch-
fresser. Hunde verfügen über eine einzige Waffe – ihre Zähne.
Aber bei Katzen ist da noch so viel mehr. Da ist zum einen das
Maul, das sie extrem weit öffnen können. Es ist voll mit Zähnen, die so scharf sind, dass sie die Wirbelsäulen von Tieren
durchtrennen können, die von kleinerer oder gleich großer

Statur sind wie sie selbst. Sie haben vier Pfoten, mit denen sie beinah zupacken und die sie mit ihren rasiermesserscharfen Krallen wie Schwerter schwingen können. Sie verfügen auch über weitere strategische Vorteile. Katzen bewegen sich nahezu lautlos, aber sie besitzen eine explosive Sprungkraft und Schnelligkeit. Sie lassen sich schwieriger bändigen als ein chinesischer Schlangenmensch, der Houdini channelt. Ihr Rückgrat ist biegsam wie eine gekochte Nudel, und sie haben kein Schlüsselbein. Sie können die Schultern in fast alle Richtungen drehen. Wie menschliche Spitzensportler haben sie ein unfehlbares Gespür für ihre Lage im Raum. Es ist allgemein bekannt, dass sich Katzen, die aus großer Höhe herabfallen, meist in der Luft drehen, um dann wieder auf den Füßen zu landen. In ihrer entzückenden »Autobiographie mit Katze« *Homer und ich* schildert Gwen Cooper, wie ihr blinder Kater Homer Fliegen durchs ganze Haus verfolgt, bis er mit einem Mal eineinhalb Meter in die Luft springt – oft inklusive Rückwärtssalto – und eine von ihnen mit dem Maul fängt.[60]

Katzenbisse

Bei Katzenbissen können besonders gefährliche Bakterien übertragen werden, die beim Menschen etwa in der Hälfte der Fälle zu Infektionen führen. Das birgt ein Element der Gefahr, das (und es ist wohl nicht übertrieben, dies zu sagen) die meisten Katzenbesitzer nicht bedachten, als sie den kleinen Hänsel als Kätzchen aussuchten. Katzenbisse können sowohl beim Menschen als auch bei Artgenossen (oder anderen Tieren) sehr tief gehen und sollten unverzüglich behandelt werden.

Das Angriffs-und-Verteidigungs-Arsenal der Katze hat seinen Sinn: Ihre Ahnen, die afrikanischen Falbkatzen, lebten, pirschten, jagten, fingen, töteten, bewachten und fraßen ihre Beute mutterseelenallein. Das ist wie gesagt auch heute noch so. Sie verlassen sich nicht auf ein Rudel oder eine Gruppe, wie Hunde und Wölfe es tun. Katzen sind sowohl Raub- als auch Beutetiere und haben deshalb ein besonderes Bedürfnis nach Anpassungsmöglichkeiten, die ihnen einerseits als Raubtier nutzen und andererseits verhindern, dass sie selbst zur Beute werden. Natürlich haben sie es »voll drauf«, wie man heute so sagt, und zwar sowohl in der Verteidigung als auch im Angriff. Was also tun Sie, wenn es den Anschein hat, als würde eine Katze es auf einen Kampf anlegen? *Zurückschlagen?* Leider versuchen das manche Menschen.

Nicht strafen, nicht schimpfen, nicht nach dem Tier greifen

Ich habe bereits in Kapitel 1 erklärt, dass Sie mit einer Katze weder schimpfen noch sie bestrafen sollten. Natürlich können Sie ein wütendes oder aggressives Tier *durchaus* überwältigen, sofern Sie bereit sind, zerkratzte Arme und (wie man nur hoffen kann) eine ordentliche Dosis Schuldgefühle in Kauf zu nehmen. Sie können sogar versuchen, es zu »bestrafen«. (Ich setze das Wort in Anführungszeichen, weil es sich hier um die Vorstellung des *Besitzers* handelt.) Aber indem Sie das Tier *misshandeln* (so sehe ich das, und die Katze wird mir da vermutlich beipflichten), werden Sie das Problem nicht lösen. Sie werden es damit möglicherweise nur noch weiter verärgern, verängstigen oder Ihre Beziehung zu ihm schädigen – oder alles zusammen. Lassen Sie es lieber. Versuchen Sie auch niemals, eine aufgewühlte Katze auf den Arm zu nehmen oder zu beruhigen. Ist sie erst einmal in Wallung, regt sie sich meist so schnell nicht wieder ab, und menschliche Versuche, sie zu beruhigen, sind zum Scheitern verurteilt. So manches Tier empfindet die Aufmerksamkeit vielleicht sogar als eine Art Belohnung für sein Verhalten – ein weiterer Fehler. Lassen Sie eine verärgerte Katze einfach in Ruhe; sie könnte Sie sonst verletzen.

Vorsicht, moderner Aberglaube!

Gelegentlich hört man, wenn junge Kätzchen beißen oder kratzen, sollte man ihnen einen Klaps geben oder sie anknurren, wie ihre Mutter es täte, um das unerwünschte Verhalten zu unterbinden. Ich empfehle dieses Vorgehen nicht. Ein Klaps verstößt gegen unseren ausdrücklichen Vorsatz, das Tier nicht zu bestrafen. Wir sind auch keine Katzenmütter und verfügen deshalb nicht über die gleiche Bandbreite an Lautäußerungen und Körpersprache wie sie.

Aggression bei Katzen verstehen

Das erste Puzzleteilchen besteht darin, dass Sie lernen müssen, Aggression zu verstehen. Anschließend müssten Sie sie so schnell wie möglich unterbinden oder eindämmen, da aggressives Verhalten selbstverstärkend sein kann. Je länger Sie es durchgehen lassen, desto tiefer kann es sich eingraben. Katzenbesitzer, die erst nach *jahrelangen* Problemen mit Aggression zu mir kommen, stellen mich vor die größten Herausforderungen in meiner Beratungstätigkeit.

Mit Ausnahme der Katze sind die meisten Haustiere weniger territorial als ihre wilden Ahnen. Sie bleiben ihr Leben lang verspielter als ihre Vorfahren und reagieren weniger ängstlich und misstrauisch auf neue Erfahrungen. Sie zeigen ein weniger raubtierhaftes Verhalten und sind, was Nahrung und Aufmerksamkeit angeht, sehr stark von anderen abhängig. Aber wie verhält es sich bei der Katze? Ihr Territorial- und Aggressionsverhalten entwickelt sich, während sie heranreift, und wenn sie erwachsen ist, ähnelt es dem ihrer wilden Ahnen. Ein weiterer Beweis für ihre unvollständige Domestizierung!

Mieze Jekyll oder Monster Hyde?

Im einen Augenblick ist sie niedlich und flauschig, im anderen ein Derwisch mit Fangzähnen. Es scheint völlig unverständlich, dass Katzen sich so schnell vollständig verwandeln können, aber in bedrohlichen Situationen kann Aggression eine ganz normale Reaktion sein – zumindest werden sie selbst das so sehen. Ihre aggressiven Instinkte sind sogar einer der wichtigsten Gründe dafür, dass sie so große Überlebenskünstler sind. Eine Katze ist ihr eigener Leibwächter, und das muss auch so sein.

Bei Katzen ist Aggression so natürlich wie das Hüpfen beim Känguru. Eine aggressive Katze ist nicht böse. Die Instinkte, die wir unter dem Stichwort »Aggression« zusammenfassen, sichern ihr Überleben: Sie dienen ihr dazu, Beute zu fangen und zu töten, ein Revier zu markieren und zu verteidigen, sich und ihre Jungen zu schützen. Die Fähigkeit, sich blitzschnell zu verteidigen, ist instinktiv in ihr verankert. Es ist Teil dessen, was sie ist und was sie zu einem solchen Überlebenskünstler macht. Manchen Menschen fällt es schwer, die Überlebensmechanismen einer Wildkatze in ihrem Liebling zu erkennen und zu verstehen – vor allem wenn sie sich in einem niedlichen Fellknäuel verbergen. Aber jede Katze kann aggressiv werden, wenn es die Umstände erfordern, und gelegentlich schaffen Katzenbesitzer solche Situationen, ohne sich dessen bewusst zu sein. Keine meiner sechs Katzen ist je aggressiv geworden, aber ich weiß, dass die Fähigkeit dazu stets in ihnen steckt.

Ein amerikanischer Katzenbesitzer hat knapp 2,5 Katzen. (Dabei handelt es sich natürlich um den statistischen Durchschnitt, nicht um eine konkrete Zahl von, sagen wir mal, zwei oder drei Grinsekatzen in verschiedenen Stadien des Verschwindens.) Da kann es jederzeit zu Aggressionen im Haushalt kommen. Die schwerwiegendsten Formen setzen genau wie das Markieren mit der sozialen Reife im Alter von ungefähr zwei Jahren ein. Fortpflanzungsfähige Kater im sexuellen Wettbewerb sind häufig aggressiv. Bei Katzen ist es eher eine Frage der sozialen Hierarchien, des Reviers und emotionaler Reaktionen als der Sexualität. Aggression gegen Artgenossen ist verdeckt, subtil und passiv und deshalb sehr schwer zu erkennen. Sie werden nur selten Zeuge einer direkten Konfrontation zwischen Ihren knurrenden Katzen werden, bei der es um einen Futternapf geht. Die Tiere könnten sogar unmittelbar vor Ihrer Nase einen Konflikt austragen, und Sie würden nichts davon mitbekommen. Die eine Katze nimmt eine subtil aggressive Körperhaltung ein, die andere signalisiert ebenso subtil ihre Unterlegenheit, und das war's. Gelegentlich werden Konflikte auch nur durch Anstarren gelöst, und wie unter Menschen gilt: Wer zuerst zwinkert oder geht, hat verloren. Ein deutlicherer Hinweis auf Aggression bei Katzen, ob sie bedroht werden oder selbst bedrohen, ist meist, dass sie sich größer machen, als sie eigentlich sind. Das ist ihre Form des Bluffens und Prahlens. Sie drücken die längeren Hinterbeine durch, um das Hinterteil anzuheben, und die Haare an Rücken und Schwanz stellen sich auf (das ist die sogenannte Piloerektion). Andere Tiere machen sich kleiner, legen schützend die Ohren an, rollen sich fest zusammen und lehnen sich zurück, um Abstand vom Auslöser der Unruhe zu bekommen. Vielleicht entscheiden sie sich auch einfach für den passiv-aggressiven Ansatz und machen ihre Revieransprüche mit ein paar Harnmarkierungen geltend. Aber ganz egal, wie plakativ oder subtil das Verhalten ist: Wenn sich zwei Katzen nicht vertragen, kann das den ganzen Haushalt – Menschen wie Tiere – durcheinanderbringen.

Wie steht es mit Aggression gegen Menschen? Sie ist im Allgemeinen die Folge menschlichen Verhaltens. Eine Studie kam zum Beispiel zu dem Ergebnis, dass fast alle Katzenbisse provoziert seien. Das heißt nicht zwangsläufig, dass das Tier misshandelt wurde, sondern dass es unmittelbar vor dem Biss auf eine ihm unangenehme Art gestreichelt, zur falschen Zeit auf den Arm genommen oder anderen Berührungen ausgesetzt wurde, die ihm unangenehm waren.[61] Möglicherweise ahnen Sie nicht einmal, dass Sie Ihre Katze verärgern. Unter diesen Umständen ist es sinnvoll, die verschiedenen Anzeichen und Arten unmittelbar bevorstehender Aggression kennenzulernen, damit Sie aufhören können, bevor etwas passiert.

Gesundheitshinweis

Aggressives Verhalten infolge von gesundheitlichen Problemen kann gelegentlich auch mit schmerzbedingter oder irritativer Aggression überlappen. Bringen Sie Ihre Katze zum Tierarzt, um folgende Ursachen ausschließen zu können: Erkrankungen wie lokalisierte Schmerzen oder allgemeine Beschwerden, Anomalien des Zentralnervensystems, felines Immunschwächevirus (FIV), Schilddrüsenüberfunktion, Krampfanfälle, Infektionen, Mangelernährung, Toxoplasmose, hepatische Enzephalopathie, feline ischämische Enzephalopathie, Meningeom, Vergiftungen, Erkrankungen des zentralen Nervensystems, Zahnprobleme, Analbeutelverstopfung oder Reaktionen auf Präparate wie Corticosteroide und Gestagene.[62]

Vorbeugung

Bevor ich auf die verschiedenen Aggressionstypen einzeln eingehe und CAT-Pläne zu ihrer Behandlung vorstelle, möchte ich einige Grundgedanken darlegen, wie man Aggressionen vorbeugen kann, bevor sie ausbrechen.

Die Sozialisierung und das richtige Kennenlernen

Aggressionen dürften wohl dann am schwersten zu behandeln sein, wenn eine Katze als Jungtier nicht ausreichend auf den

Menschen sozialisiert worden ist. Ehe Sie also ein Kätzchen oder eine junge Katze ins Haus holen, sollten Sie herausfinden, wie sie – vor allem in der entscheidenden Zeit zwischen der zweiten und der siebten Woche – sozialisiert worden ist. Falls Sie selbst Katzenkinder im Haus haben, sollten Sie unbedingt dafür sorgen, dass sie in einem sicheren Umfeld und unter Aufsicht viel Umgang mit den Menschen, Artgenossen und anderen Tieren im Haushalt haben. Machen Sie sie während des wichtigen Zeitfensters zwischen der zweiten und der siebten Woche außerdem mit verschiedenen Geräuschen und sogar Orten und Situationen bekannt. Setzen Sie diese Begegnungen auch später vorsichtig und behutsam fort. Schon eine unangenehme Erfahrung kann ein Kätzchen das Fürchten lehren. Tun Sie Ihr Möglichstes, damit die Kleinen im Haus weder mit einem ungestümen Hund noch einer extrem territorialen Katze oder einem wütenden und trotzigen Kleinkind in Berührung kommen. Denn sicher wollen Sie nicht, dass sie für immer Angst vor Hunden, Katzen und Kleinkindern haben (wie das sicher auch bei manchen Menschen in Ihrem Bekanntenkreis der Fall sein dürfte).

Kätzchen, die in ihrer frühen Jugend nicht ausreichend sozialisiert worden sind, neigen später sehr viel stärker zu Angst und Aggression als ihre besser sozialisierten Artgenossen. Ich höre von meinen Klienten oft, dass sie vermuten, aufgrund des Verhaltens ihrer Katze müsse sie misshandelt worden sein, bevor sie das Tier aufnahmen. In den meisten Fällen ist es aber nur nicht richtig sozialisiert worden. Gerade die Sozialisierung auf den *Menschen* kann helfen, Spielaggression zu vermeiden.

Bei erwachsenen Tieren müssen Sie den korrekten Kennenlernprozess durchspielen, wenn Sie eine neue Katze (einen neuen Menschen, Hund oder ein neues Haustier) ins Haus holen. Sie werden froh sein, wenn Sie das getan haben. Denn manchmal entwickelt eine Katze nur deshalb ein ängstliches oder stark territoriales Verhalten, weil ihre Besitzer zu früh ein weiteres Tier aufgenommen und damit die Grundlage für jahrelanges Chaos geschaffen haben. Es genügt nicht, wenn sich die

beiden ein paar Tage durch den Spalt unter der Tür beschnuppern. (Die vollständige Beschreibung, wie Sie zwei Katzen miteinander bekannt machen, finden Sie in Kapitel 4.)

Der menschliche Körper ist tabu

Spielaggression und unerwünschtes Raubtierverhalten lässt
sich dadurch unterbinden, dass Sie niemals Teile Ihres Körpers
(oder anderer Menschen) als Spielzeug verwenden. Ich beobachte Leute dabei, wie sie ihre Finger, Zehen, Haare ins Spiel
bringen oder ihr Gesicht in das ihrer Katze reiben. Das ist keine
gute Idee. Arbeiten Sie stattdessen lieber mit Spielangeln und
Federwedeln, werfen Sie mit einfachem Spielzeug und lassen
Sie batteriebetriebene Spielsachen ihr Programm abspulen, ohne dabei in irgendeiner Form einzugreifen.

Lassen Sie Katzen kastrieren

Nichtkastrierte Katzen sind üblicherweise revierbezogener
und aggressiver und neigen stärker zum Harnmarkieren. Der
Fortpflanzungstrieb ist einer der natürlichen Instinkte der
Katze, die man ausschalten kann und sollte. Katzen sind außerordentlich vermehrungsfreudig. Tag für Tag müssen mindestens
30 000 Tiere sterben, um die Population verwilderter Katzen
auch nur auf einem gleichbleibenden Niveau zu halten.[63] Es
sollte klar sein, dass die enorme Menge wildlebender Katzen,
die sich allein in den Vereinigten Staaten auf siebzig Millionen
beläuft, eine Krise im Tierschutz bedeutet. Das kollektive Ver-
säumnis der Katzenbesitzer, ihre Tiere kastrieren zu lassen, be-
schert unzähligen ausgesetzten und verwilderten Katzen sowie
deren Nachkommen ein unglückliches Leben und verursacht
viele zusätzliche Probleme, zum Beispiel:

Verschmutzung öffentlicher Anlagen, nächtliches Katzengeschrei
und Raufereien, Tierleichen [von Beutetieren – von den Kadavern

der verstorbenen wildlebenden Katzen ganz zu schweigen], Angriffe auf Haustiere und Menschen, unerwünschtes Eindringen in Häuser und Wohnungen, Flohplagen in der Nachbarschaft, gesundheitliche Gefährdung [des Menschen] durch Katzen im Allgemeinen (Toxoplasmose), Töten von Vögeln und Fischen, die als Haustiere sowie zur Zierde gehalten werden [sowie Töten von Vögeln im Allgemeinen], Scharren in Gärten.[64]

Jahr für Jahr werden unzählige Katzen durch die Tierheime geschleust, häufig wegen Verhaltensweisen, die sich durch die Kastration der männlichen Tiere beseitigen oder verringern ließen. Um die instinktive sexuelle oder territoriale Aggression Ihres Katers zu dämpfen, sollten Sie ihn unbedingt im Alter von vier bis sechs Monaten kastrieren lassen. Etwa 90 Prozent der männlichen Tiere, die vor Pubertätsbeginn kastriert werden, werden niemals aggressiv gegen Artgenossen. Aber es ist nie zu spät: Wenn Sie einen erwachsenen Kater kastrieren lassen, besteht immer noch eine 90-prozentige Chance, dass die Raufereien ein Ende haben (bei 50 Prozent legen sich die Aggressionen sofort, bei 40 Prozent nach ein paar Monaten).[65] Die frühzeitige Kastration weiblicher Tiere trägt nicht nur zur Kontrolle der Katzenpopulation bei, sondern verhindert wie gesagt auch, dass sie an Mammatumoren (Brustkrebs) und Ähnlichem erkranken.

Abschrecken

Halten Sie fremde Tiere fern und sorgen Sie dafür, dass sie nicht in Ihr Haus oder Ihre Wohnung gelangen. Wenn Ihre Katze draußen einen Hund oder einen Artgenossen sieht, Pfotenabdrücke oder Kot auf der Erde entdeckt oder die Harnmarkierungen fremder Katzen am Fenster riecht, führt das häufig zu angstbedingter umgerichteter und territorialer Aggression. Falls Sie den Besitzer des Freigängers kennen, können Sie ihn bitten, das Tier von Ihrem Haus und Ihrem Garten fernzuhalten. (Stößt Ihr Ansinnen bei Ihrem Nachbarn auf wenig Resonanz, können Sie in Kapitel 9 nachlesen, wie Sie Freigänger von Ihrem Grundstück fernhalten [siehe Seite 313].) Füttern Sie verwilderte Katzen niemals in der Nähe Ihres Hauses oder Ihrer Wohnung.

Die verschiedenen Arten von Aggression

Die verschiedenen Aggressionsarten bei Katzen lassen sich nach Zweck oder Funktion unterscheiden. Zu den Aggressionen, die eine bestimmte Ursache haben, gehören die Angst- und die durch Streicheln oder Schmerz verursachte (sogenannte »irritative«) Aggression. Es gibt die innerartliche Aggression, die angstbedingt, territorial oder sexuell motiviert sein kann oder der Verteidigung der Nachkommen dient (also dadurch ausgelöst wird, dass ein Artgenosse den Nachwuchs einer Katze zu bedrohen scheint), sowie die Jagdaggression. Ferner lässt sich die grundlegende emotionale Unterscheidung treffen, ob sie dem Angriff oder der Verteidigung dient. Wir werden uns hier nicht mit Feinheiten wie der irritativen Aggression beschäftigen, die in übergeordnete Kategorien fallen. Wir werden auch die krankheitsbedingte sowie die idiopathische Aggression ausklammern – das ist der griechische Ausdruck für: »Wir haben keine Ahnung, warum Ihre Katze das gemacht hat«, oder wie Alice zu sagen pflegte: »Ich finde, ihr könntet etwas Besseres mit eurer Zeit tun, als sie auf Rätsel ohne Lösung zu verschwenden.«[66]

Ich werde die ausführlichere Diskussion der verschiedenen Aggressionsarten mit der unerwünschten Spielaggression und der Jagdaggression gegen Sie oder andere Menschen sowie Artgenossen, andere Tiere oder echte Beute beginnen. Ich erkläre zunächst die verschiedenen Ursachen und biete anschließend einen CAT-Plan an, der bei beiden Formen von Aggression funktioniert.

Spielaggression

Wenn Sie Ihre junge Katze streicheln oder mit ihr spielen, wird sie früher oder später einmal zu weit gehen und Sie zu fest in den Finger beißen oder die Krallen ausfahren und in Ihren Knöchel schlagen. Es scheint, als hätte sie ungehemmt zugebissen oder gekratzt. Sie müssen sich nur die blutigen Kratzer und Bisswunden an Händen und Knöcheln ansehen! Aber sie tut, was alle jungen Katzen bis zu einem gewissen Grad tun: Sie schult ihr Jagdvermögen. Sie hat nur noch nicht gelernt, das Verhalten zu hemmen, mit dem sie andere verletzt.

Ein solches Kätzchen kann beim Spielen von einer Minute auf die nächste die Ohren anlegen, knurren und angreifen, als hätte jemand einen Schalter umgelegt. Wenn ein Kätzchen oder eine Katze lediglich spielt, wird das im Allgemeinen geräuschlos ablaufen. Knurrt oder faucht sie, könnte sie dagegen in Kampfstimmung sein – und sich entweder verteidigen oder angreifen wollen.

Natürliches Spielverhalten

Viele Menschen (nicht nur »Erstkatzenbesitzer«) haben keine Ahnung, dass es normal ist, wenn ihr Kätzchen seine Jagdfertigkeit schult, und sie nicht versehentlich ein Leopardenbaby erstanden haben. »Willkommen im Leben eines Katzenkindes«, sage ich dann. Junge Katzen beginnen im Alter von etwa zwei Wochen zu spielen, indem sie mit den Pfoten nach Gegenständen schlagen, die sich bewegen. Mit drei bis vier Wochen spielen sie dann miteinander – das ist meist auch der Zeitpunkt, ab dem sie sich allmählich richtig bewegen können. Kleine Katzen setzen Pfoten und Zähne nur vorsichtig ein und nehmen diverse Körperhaltungen ein, die dazu dienen, die Koordination zwischen Auge und Pfote sowie die Jagdfertigkeiten zu verbessern.

Das Spielen erfüllt viele Aufgaben: Es trainiert die körperliche Leistungsfähigkeit, dient der Erkundung der Umgebung sowie der Entwicklung von Koordination, Zeitgefühl und Zentralnervensystem.* Die Jungkatze wiederholt das Jagdverhalten oder die einzelnen Bewegungsabläufe so lange, bis zum Instinkt auch das Können hinzukommt. Wenn Sie Ihre junge Katze beobachten, werden Sie im Laufe der Zeit die folgenden Körperhaltungen sehen:

🐾 Sie liegt mit dem Bauch nach oben auf dem Rücken.
🐾 Sie steht über einem anderen Tier oder Gegenstand.
🐾 Sie macht einen Buckel und einen Schritt zur Seite.
🐾 Sie springt nach vorn.
🐾 Sie sitzt oder steht auf den Hinterbeinen.
🐾 Sie stößt sich mit allen vieren in die Luft.
🐾 Sie starrt ein anderes Tier/einen Gegenstand an.

Jungkatzen üben auch, verschiedene Arten von Beute zu fangen, von »Mäusen« (sie stürzen sich auf kleine Objekte und packen sie mit den Vorderpfoten) über »Vögel« (sie fangen fliegende Objekte und führen sie zum Maul) bis hin zu »Kaninchen«. (Sie jagen größere bewegliche Objekte wie meinen Mini-Chihuahua. Als Josephine und Farsi noch Katzenjunge waren, bestand sein ganzer Lebenszweck darin, dass die beiden ihm in einer Neuauflage der uralten Kämpfe zwischen Säbelzahnkatzen und Wölfen auflauerten, ihn zu Fall brachten und sanft in den Nacken bissen.) Katzenjunge haben genau wie Kinder unsichtbare Freunde und werden mit großer Begeisterung sogenannte Phantomspiele spielen.

Ein Kätzchen mit gesunder Spielsozialisation lernt, wenn es zu weit geht: Es wird von seinen Wurfgeschwistern oder seiner Mutter gezwickt, gekratzt, es erntet ein leises Knurren oder einen Klaps. Oft gehen Mutter oder Geschwister auf Abstand zu dem allzu ausgelassen spielenden Kätzchen oder lassen es stehen. Damit vermitteln sie ihm die Botschaft: *Unnötig grobes*

---

* Einige Studien legen – meiner Ansicht nach nicht sehr überzeugend – dar, dass das Spiel bei Katzen weder eine evolutionäre Anpassung sei noch der individuellen Entwicklung der Tiere diene.

Verhalten. Reiß dich zusammen, sonst spielen wir nicht mehr mit dir. Eine junge Katze, die lernt, wann es genug ist, lernt auch, ihr Verhalten, ihre Reaktionen sowie die Heftigkeit, mit der sie zubeißt oder kratzt, zu regulieren.

Wenn aus dem Spiel Ernst wird

Spielaggression bei Katzen tritt am häufigsten zwischen dem Beginn der Pubertät und dem Alter von zwei Jahren auf. Diese Phase wird als »psychologische Adoleszenz« bezeichnet. Wird eine Katze beim Spielen zu aggressiv, hat das meist eine der folgenden vier Ursachen: Sie ist wild aufgewachsen, wurde zu früh von ihrer Mutter und ihren Geschwistern getrennt, ihr Besitzer hat sie auf aggressives Verhalten sozialisiert, oder sie war unterernährt.

Wurde eine junge Katze zu früh von ihrer Mutter und ihren Geschwistern getrennt (vor allem, wenn dies vor Ablauf der sogenannten sensiblen Phase mit sieben Wochen der Fall ist, aber auch dann, wenn es vor der zwölften Woche geschieht), war ihre Mutter abwesend oder aufgrund von Krankheit, einer zu frühen Folgeschwangerschaft oder Tod nicht verfügbar, müssen Sie aufpassen: Dieses Kätzchen musste eine wichtige Lektion entbehren. Gleiches gilt für junge Katzen, die wild aufgewachsen sind. Auch sie haben nie gelernt, was im Umgang mit Menschen erlaubt ist und was nicht. Die Urform der Spielaggression (die manche Tierverhaltenstherapeuten als »Aggression aufgrund mangelnder Sozialisation« bezeichnen) dürfte bei einer Katze auftreten, die wild geboren ist und in der sensiblen Phase keinen Umgang mit Menschen hatte. Denken Sie nur an ein Kind, zu dem im Trotzalter niemand »Nein« gesagt hat.

Litt das Katzenjunge darüber hinaus aus irgendeinem Grund an Mangelernährung, kann dies nachteilige Auswirkungen auf seine Koordinations- und Reaktionsfähigkeit haben. Es kann übertrieben schnelle Reflexe zeigen, ängstlich oder aggressiv sein. Mit anderen Worten, für die besten Mittel gegen Spielaggression bei heranwachsenden oder erwachsenen Katzen – die richtige Sozialisation und Ernährung – bräuchten Sie eine Zeitmaschine. Aber verzweifeln Sie nicht: Wie Sie in diesem Kapitel noch sehen werden, ist selbst in den Fällen, in denen das Element der Vorbeugung fehlte, eine Behandlung möglich.

Vom Menschen verursachte Spielaggression

In vielen Fällen sind wir, möglicherweise ohne es zu wissen, für einen Großteil der Spielaggression verantwortlich. Manche Katzenbabys werden zu früh adoptiert, oft schon mit sechs bis acht Wochen. Es wirkt sich nachteilig auf die weitere soziale Entwicklung der Jungkatze aus, wenn sie vor der zwölften Lebenswoche von Mutter und Geschwistern getrennt wird.

Es gibt eine weitere Möglichkeit, die Sozialisation zu unterstützen, die auch vor künftigen Verhaltensauffälligkeiten schützt: die bevorzugte Adoption von *zwei* kleinen Katzen. So geben Sie den Tieren die Möglichkeit, ihre soziale Kompetenz weiter auszubauen, und verringern die Wahrscheinlichkeit, dass es später zu Verhaltensauffälligkeiten kommt. Ihr Katzenjunges wird sich auch nie so sehr langweilen, dass es seine geballte Verspieltheit auf Ihre Person richten muss. Ich halte es für unnötig traumatisierend, ein Kätzchen von allen seinen Geschwistern zu trennen, und empfehle dringend, gleich zwei davon aufzunehmen. Am besten, Sie entscheiden sich für zwei kleine Katzen aus dem gleichen Wurf. Sollte das nicht möglich sein, nehmen Sie im Tierheim noch eine andere Katze mit nach Hause. Eine Adoption im Doppelpack unterstützt die Sozialisation sogar dann, wenn eines der Tiere (oder sogar beide) älter ist als zwölf Wochen. Indem Sie sich zwei Katzenkinder anschaffen, werden nicht nur Sie, sondern auch die Tiere mehr Spaß haben.

Katzenbesitzer, die mit den Jungen toben und der Verlockung nicht widerstehen können, sich mit einem kleinen Fellknäuel mit winzigen Beißerchen zu balgen, müssen angemessenere Formen des Spielens finden. Ich habe mehr als nur ein paar von ihnen einräumen hören, sie würden mit ihren Kätzchen raufen und sie mit den Händen herumrollen, während die Kleinen sie (noch sanft) bissen und kratzten. Das kann sehr viel Spaß machen, solange die Katze klein ist. Wie niedlich! Aber passen Sie auf, wie Sie Ihren angehenden Tiger erziehen. Sogar bei Hunden sind viele Wissenschaftler und Trainer der festen Überzeugung, vermeintlich aggressive Rassen würden weniger von ihren Genen als vielmehr von ihren Besitzern auf Gewalt konditioniert.[67] Auch Katzenbesitzer, die nie mit ihren Kätzchen spielen, müssen ihr Verhalten ändern. Die junge Katze muss instinktiv das Jagen üben und wird nach der besten Möglichkeit dazu suchen. Bewegliche Ziele eignen sich natürlich besonders gut, deshalb reicht es nicht aus, wenn Sie einfach eine mit Katzenminze gefüllte Spielmaus auf dem Boden herumliegen lassen und denken, damit wären ihre Bedürfnisse erfüllt. Wenn Sie Ihre Katze nicht mit Spielangeln und anderen beweglichen Zielen beschäftigen, könnte es sein, dass Ihre sich bewegenden Hände und Füße automatisch zum Objekt ihrer Wahl werden.

Zum Glück lassen sich Verhaltensauffälligkeiten aus der Kategorie der unangemessenen Spielaggression leicht beseitigen oder abschwächen – auch ohne dass man seiner Katze die Krallen entfernen lassen müsste, wie es einige schlecht informierte Katzenbesitzer tun (in Deutschland, Österreich und der Schweiz und anderen Ländern ist das illegal)[68]. Die Krallenentfernung kann das Tier sogar dazu veranlassen, vermehrt die Zähne einzusetzen.

Jagdaggression

Eines Tages, als ich acht Jahre alt und wie immer draußen war, um mich im Tierreich umzusehen, entdeckte ich ein Vogelküken. Es hatte gerade erst das Nest verlassen und saß noch etwas wackelig auf einer Zaunlatte. Ich trat langsam von hinten heran und versuchte, mich so geräuschlos wie möglich anzuschleichen, wie ich es bei den Katzen beobachtet hatte. Ich freute mich, dass das Vogelbaby nicht davonflog. Aber gerade als ich den Zaun erreicht hatte und nach ihm greifen wollte, fegte ein braun-schwarzer Blitz es vom Zaun und lief damit davon. Der Blitz war Spunky, eine der Katzen aus dem Stall, um deren Sozialisation ich mich so sehr bemühte.

Ich hatte soeben ein Paradebeispiel für das Jagdverhalten von Katzen gesehen. Spunky befand sich emotional weder im Zustand des Angriffs noch der Verteidigung. Er war neutral. Jagende Katzen sind leidenschaftslos, sie konzentrieren sich ganz auf ihre Aufgabe. Das Jagdverhalten beginnt im Alter von ungefähr fünf Wochen mit etwas Starthilfe der Mutter und ist bei Katzen völlig normal, sofern es auf die bekannten Beutetiere wie Vogeljunge gerichtet ist, die schwankend auf Zaunlatten sitzen. Bei jungen Katzen, die einen guten Monat alt sind, gehören die Fertigkeiten, die später bei der Jagd eingesetzt werden, zum gesunden Spiel. Mit fünf bis sieben Wochen zeigen Katzenjunge einzelne Bewegungselemente aus der Jagd. Mit sieben bis acht Wochen führen sie Scheingefechte, und während sich ihre neuromuskuläre Kontrolle verbessert, werden sie mit vierzehn Wochen erfolgreiche Jäger.

Verwaiste oder von Hand aufgezogene Kätzchen können aus verschiedenen Gründen häufiger aggressives Jagdverhalten zeigen, wenn sie erwachsen sind. Wie bei der Spielaggression unterstellen Katzenbesitzer auch bei der spielerischen Jagd oft irrtümlicherweise Boshaftigkeit oder Arglist. Dies führt dazu, dass Katzen misshandelt werden. Vielleicht sitzen Sie gerade auf dem Sofa, haben die Füße hochgelegt und lesen Zeitung, als Sie merken, wie Ihr Kater Sie um die Sofaecke herum anstarrt. Ehe Sie sichs versehen, duckt er sich, wackelt mit dem Hinterteil und stürzt sich auf Ihre nackten Füße auf dem Hocker. Er umklammert sie kurz, um sofort wieder loszulassen und davonzulaufen. Sie sind soeben Zeuge der Jagdsequenz Ihrer Katze geworden.

Einige Experten sind der Ansicht, dass man das Jagdverhalten nicht als »Aggression« bezeichnen sollte, da es weder dem Selbstschutz dient noch soziale Funktion hat und keine Veränderung der emotionalen Befindlichkeit stattfindet, wie etwa *Jetzt bin ich aber wirklich wütend!* oder *Ich habe Angst!* – eine jagende Katze ist emotional neutral. Sie tut, was ihre Natur verlangt. Dessen ungeachtet sollten Sie Jagdverhalten im Haushalt unterbinden, das für gewöhnlich durch Überraschungsangriffe auf den Besitzer oder auf Artgenossen gekennzeichnet ist.

Gehemmte Jagdaggression
Wenn Ihre Katze im Haus festsitzt und draußen ein appetitlicher Vogel vorbeiflattert, ist sie in ihrem Jagdverhalten gehemmt. Vielleicht können Sie sehen, wie ihr Schwanz hin und her zuckt, und bemerken sogar ein leichtes Zähneklappern – wie bei Jim Carrey in seinen frühen Filmen.

Es ist normal, dass junge Katzen spielen, die das Jagen erst noch lernen müssen. Auch bei erwachsenen Tieren ist es normal, sowohl Spiel- als auch Jagdverhalten zu zeigen. Das Spiel ist nicht nur normal, es kommt ihm sogar eine entscheidende Rolle für die geistige, körperliche und emotionale Gesundheit der Katzen zu und verhindert außerdem unerwünschte Verhaltensweisen. Daher sollten die Behandlungsmethoden im folgenden CAT-Plan es einer Katze weiterhin erlauben, zu spielen oder das Jagen zu üben, ohne dass Sie oder andere Tiere im Haushalt zum Opfer unerwünschten Verhaltens werden.

Der CAT-Plan gegen Spiel- und Jagdaggression

Beenden Sie das unerwünschte Verhalten

Es wäre schwierig und Sie hätten sicher kein Vergnügen daran, wenn Sie den Kontakt mit Ihrer Katze einschränkten. Die beste Lösung ist daher, wachsam zu sein und im Voraus zu wissen, in welchen Situationen sie besonders gern angreift, um diese vermeiden zu können. Sie dürften mit dieser Strategie deutlich mehr Erfolg haben als Inspektor Clouseau, der von seinem Diener Kato immer wieder aus dem Hinterhalt attackiert wird.

Vermeiden – ohne Hände!

Vermeiden Sie von vornherein Situationen, die Ihre Katze dazu veranlassen könnten, Jagd auf Sie zu machen. So kann zum Beispiel jede Art von Bewegung eine Spiel- oder Jagdreaktion auslösen, die damit endet, dass sie beißt oder kratzt. Passen Sie darum auf, was Sie tun. Falls Sie die Hände nehmen, um mit Ihrem Kätzchen zu spielen, hören Sie sofort damit auf! Es ist verlockend, eine kleine Katze dadurch zum Spielen zu verführen, dass Sie über ihrem Kopf mit den 2 wackeln. Doch damit bringen Sie ihr lediglich bei, *Ihre Hände anzugreifen.* Auch Zehen sind tabu! Versuchen Sie, alle Körperteile, die sie besonders gern attackiert, für sie unerreichbar zu machen. Manche Katzenbesitzer legen dem Tier (temporär) ein Halsband mit einem Glöckchen an, damit sie hören, wenn es sich nähert.

Solche Maßnahmen verlangen möglicherweise etwas Kreativität von Ihnen und könnten einige Umstände bereiten. Aber je mehr Ihr Kätzchen oder Ihre Katze lernt, ihre Spiel- und Beuteinstinkte auf Sie zu richten, umso länger kann es dauern und umso schwieriger kann es werden, dem Beißen und Kratzen ein Ende zu machen.

Vorausschauend handeln

Am wichtigsten aber ist, dass Sie lernen, die Körpersprache Ihrer Katze zu deuten, um im Voraus erkennen zu können, wann Bisse oder Kratzer drohen, und entsprechend zu handeln. Die Warnsignale der Spielaggression sind die folgenden:

* Die Katze lauert hinter Türen und anderen Gegenständen – bereit, ihr Opfer anzuspringen.
* Ihr Schwanz peitscht oder zuckt.
* Sie dreht die Ohren nach hinten oder legt sie an.
* Sie fährt die Krallen aus.
* Sie drückt Beine und Schultern durch.
* Sie »wackelt« mit dem Hinterteil.
* Sie senkt den Kopf.

Bitte beachten Sie, dass bei der Spiel- und Jagdaggression manche Körperhaltungen Ähnlichkeit mit dem Ausdruck der Angstaggression haben können, wie etwa:

* Beschleichen – die Katze duckt sich flach auf den Boden und bewegt sich langsam vorwärts –,
* Knurren.

Die Warnsignale für jagdaggressives Verhalten sind:

* Die Katze zeigt das Verhalten unabhängig davon, ob sie hungrig ist oder nicht.
* Ihre Stimmung verändert sich kaum oder gar nicht.
* Sie ist voll konzentriert.
* Sie schleicht sich lautlos, heimlich und mit Bedacht an, statt spontan zu handeln.
* Nach dem Anstarren und dem Beschleichen folgt der Rest der Jagdsequenz (siehe Kapitel 5), vom Jagen bis zum Ergreifen oder vom Anspringen bis zum Zubeißen, sowie der Tötungsbiss.
* Die Katze lauert, schleicht, senkt den Kopf, wackelt mit dem Hinterteil, zuckt mit dem Schwanz (die Körperhaltungen beim Jagen).

Ab- und Umlenken

Zeigt Ihre Katze Anzeichen bevorstehender Aggression, sollten Sie versuchen, ihr zuvorzukommen: Lenken Sie das Tier ab, indem Sie einen Federwedel oder eine Spielangel von sich fortbewegen oder ein kleines Spielzeug von sich wegwerfen. Effektive Ablenkungsmanöver ermöglichen es der Katze, ihren normalen Beutetrieb auszuleben und sich daran zu gewöhnen, das richtige Ziel anzugreifen. Ebenso wichtig ist, dass Sie die Katze daran hindern, den Angriff auf Sie immer wieder zu üben und damit die Gewohnheit zu stärken, die Sie eigentlich unterbinden möchten. Ihr Beutetrieb bringt es vielleicht auch mit sich, dass sie ihre Zähne zum Beispiel in einen Hasen schlagen will, deshalb sollten Sie ihr Futter oder Leckerbissen anbieten, falls sie ihre Beute verspeisen möchte. Auf diese Weise werden Sie die Vorstellung weiter festigen, dass Spielsachen einladende und lohnende Beuteziele sind (siehe Jagdsequenz in Kapitel 5).

Platzieren Sie Katzenangeln, Federwedel und andere Spielsachen an strategisch günstigen Orten im ganzen Haus, zum Beispiel dort, wo Sie viel Zeit verbringen oder wo Ihre Katze Sie häufig attackiert: am Sofa, im Flur, am Sessel, am Bett, in der Küche. Dann sind sie griffbereit, wenn Sie Anzeichen von Aggression entdecken. Greift Ihre Katze Sie nur bei bestimmten Gelegenheiten an, zum Beispiel wenn Sie von der Arbeit nach Hause kommen, können Sie versuchen, sie tagsüber in ein anderes Zimmer zu verbannen, um die Verknüpfung zwischen dem auslösenden Ereignis Ihrer Heimkehr und dem aggressiven Verhalten zu lockern. Oder Sie kommen gleich mit einer Spielangel herein, um sie ab- und ihren Spieltrieb umzulenken. Ich empfehle als vorbeugende Maßnahme, schon mit der Katze zu spielen, bevor Sie Anzeichen von Aggression erkennen können – vor allem in den Situationen oder an den Orten, an denen es häufig zu Angriffen kommt.

Die Wahl des richtigen Zeitpunkts ist sehr wichtig. Warten Sie mit Ihrem Ablenkungsmanöver nicht, bis Ihre Katze tatsächlich aggressiv wird, da Sie ihr angriffslustiges Verhalten dann noch verstärken. Sie wird daraus folgern, sie bräuchte nur auf irgendetwas loszugehen, und schon spielten Sie mit ihr.

Ignorieren: Zeigen Sie die kalte Schulter

Wir können viel von Katzenmüttern lernen. Benimmt sich eines der Jungen zu ungestüm und beißt es zum Beispiel richtig zu, statt lediglich zu zwicken, kann sich seine Mutter einfach abwenden, indem sie aufsteht und den Nachwuchs stehen lässt. Aufmerksamkeitsentzug kann auch bei Menschen sehr wirkungsvoll sein. Entziehen Sie Ihrer Katze sofort die Aufmerksamkeit, wenn sie zu weit geht. Begeben Sie sich für ein paar Minuten aus dem Zimmer. Katzen lernen schnell. Es wird nicht lange dauern, bis sie weiß: Wenn sie zu fest zubeißt oder kratzt, verliert sie etwas, was ihr *sehr* wichtig ist – *Sie!*

Nur bei Spielaggression: Aversionstherapie und »Akte höherer Gewalt«

Setzt Ihre Katze die Angriffe unerbittlich fort, ist es Zeit für einen »Akt höherer Gewalt«. Verpassen Sie ihr einen Spritzer aus der Wasserpistole oder einen Luftstoß, ohne dass sie merkt, woher dies kommt – gerade so viel, um sie zu unterbrechen. Sie sollten eine Katze mit dieser Technik niemals traumatisieren oder bestrafen, sondern nur ein wenig überraschen. Zielen Sie nie auf ihr Gesicht, sondern auf ihre Flanken oder ihr Hinterteil; oder lassen Sie die Dose einfach hinter Ihrem Rücken zischen.

Nur bei natürlicher Jagdaggression: Vorbeugen und managen

Die Jagd auf angemessene oder natürliche Ziele lässt sich schwer auf humane Weise »kurieren«. Am besten, Sie verhindern, dass Ihre Katze Zugang zu Beutetieren wie Vögeln und anderen freilebenden Tieren hat. Hängen Sie ihr gegebenenfalls ein kleines Glöckchen an einem Sicherheitshalsband* um, damit mögliche Beuteziele gewarnt sind und eine bessere Chance zu entkommen haben. Aber halten Sie diese Methode nur nicht für narrensicher. Katzen sind Meister der Kampfkunst: Ich kenne Tiere, die intuitiv wissen, wie sie sich bewegen müssen, damit das Glöckchen keinen Laut von sich gibt. Könnten Katzen den Umgang mit Pfeil und Bogen erlernen, hätten sie Ähnlichkeit mit den in dem Buch *Zen in der Kunst des Bogenschießens*[69] beschriebenen Zen-Meistern, die ihr Ziel auch blind treffen und mit dem zweiten Pfeil den ersten spalten.

Wenn Sie sehen, dass der Countdown zur Jagdsequenz bei Ihrer Katze läuft und sie ihre Beute anstarrt, lenken Sie sie mit einem Tischtennisball oder Ähnlichem ab. Gelingt es Ihnen nicht, sie in dieser Phase zu unterbrechen, und hat sie bereits mit dem Beschleichen oder Jagen begonnen, kann es sehr viel schwieriger werden, sie abzulenken.

Zu guter Letzt: Fliehen Sie nie vor Ihrer Katze, wenn sie in Jagdstimmung ist. Falls sie sieht, wie Sie davonlaufen, könnte das ihren Beutetrieb noch weiter anstacheln.

Das neue, akzeptable Verhalten attraktiv machen

Nun müssen wir Ihrem Kätzchen oder Ihrer Katze zeigen, was sie in ihrer Umgebung *stattdessen tun soll*. Katzen haben das Bedürfnis, zu spielen, zu beißen, zu kratzen und zu jagen. Daran führt kein Weg vorbei. Sie werden bereits als Katzenjunge darauf programmiert. Wir müssen ihnen lediglich helfen, angemessene Ziele für dieses Verhalten zu finden.

---

* Dies ist die sicherste Möglichkeit, da es sich wie eine gute Skibindung bei Belastung öffnet, damit sich Ihre Katze nicht verletzen kann, wenn sie irgendwo hängenbleibt.

Planen Sie regelmäßige Spielzeiten

Wie viele andere Verhaltensauffälligkeiten lässt sich auch die Spiel- und Jagdaggression durch das regelmäßige, vorhersehbare Spiel dämpfen. Dabei handelt es sich gewissermaßen um ein »homöopathisches Mittel« – wie für Sie die Berührung mit einem Schnurrhaar der Katze, die Sie gekratzt hat. Das Spielen ist auch eine gute Möglichkeit, Ihrer Katze Bewegung zu verschaffen. Planen Sie jeden Tag etwas Zeit für das interaktive Spiel mit ihr ein. Regelmäßige Spielzeiten zeigen Ihrer Katze oder Ihrem Kätzchen auch, wann Zeit für Aktivität ist. Bei erwachsenen Tieren empfehle ich zweimal täglich zehn bis zwanzig Minuten. Bei jungen Katzen ist es ratsam, bis zu viermal täglich zu spielen, was ihrer natürlichen Vorliebe entspricht. Falls sie sich schnell langweilt, spielen Sie zwei Minuten und machen dann fünf Minuten Pause, bevor Sie fortfahren. (Die vollständige Beschreibung der Spiel- und Jagdsequenz finden Sie ab Seite 160.)

Sie können das interaktive Spiel zum Beispiel mit batteriebetriebenem Spielzeug ergänzen, das Sie nicht selbst bewegen müssen, sodass Sie den Beutetrieb Ihrer Katze sogar dann auslösen können, wenn Sie nicht in der Nähe sind. Falls sie gern Jagd auf Sie macht, wenn Sie sich hinsetzen oder wenn Sie im Bett liegen, sollten Sie vorbeugend denken und ihr bereits *davor* (das heißt etwa eine halbe Stunde vor dem Zubettgehen) eine Jagdsequenz oder eine andere Form des Spiels ermöglichen oder ein batteriebetriebenes Spielzeug einschalten, während Sie zu arbeiten versuchen.

Belohnen Sie Verhalten, das Sie wiederholt sehen möchten

Man denkt sehr schnell daran, Katzen zu korrigieren (oder schlimmer noch, sie zu bestrafen), wenn sie etwas Unerwünschtes tun. Eine der wirksamsten Techniken gerät dagegen häufig in Vergessenheit: Belohnen Sie Ihre Katze, wenn sie beim Spielen die richtige Beute angreift, sich still verhält oder andere wünschenswerte Verhaltensweisen zeigt. Sie können sie mit sanfter Stimme loben, streicheln und ihr Leckerbissen oder etwas anderes zu fressen geben. Darüber hinaus können Sie mit dem Clickertraining arbeiten, um ein bestimmtes erwünschtes Verhalten zu fördern und zu belohnen. (Weitere Informationen zu dieser hochwirksamen modernen Lösung finden Sie in Anhang A.)

Verbessern Sie die Lebensbedingungen

Hier lautet die Schlüsselanweisung, *das Umfeld der Katze anregender zu gestalten.* Ein gelangweiltes Tier verspürt vielleicht den Wunsch, seine Fangzähne in Ihren Knöchel zu schlagen. Geben Sie Ihrer Katze reichlich Gelegenheit, ihre Spielaggression und ihr Beuteverhalten an geeigneten Objekten zu entladen. Verwandeln Sie Ihr Heim in ein aufregendes Revier mit vielen Aussichts-, Versteck- und Spielmöglichkeiten. (Siehe Kapitel 5 für eine ausführliche Darstellung aller Möglichkeiten, einschließlich der Abschnitte zu Spielzeug, Kratzbäumen und anderen anregenden Gegenständen.)

Nur bei Spielaggression:
Wie bitte? Noch ein Kätzchen?

Falls Sie nur eine kleine Katze haben, die weiter gnadenlos auf Sie losgeht, sollten Sie in Erwägung ziehen, ein zweites Tier aufzunehmen, das etwa im gleichen Alter ist und ungefähr die gleiche Größe hat. Ein weiteres Kätzchen ist manchmal die beste Möglichkeit, Ihrem Tier ein zusätzliches Ventil für seine Spielfreude zu geben. Wenn ich diesen Vorschlag erwähne, können sich Katzenbesitzer, die gerade noch Bisswunden auskurieren, meist nicht mit der Vorstellung anfreunden, ihren Haushalt zu vergrößern. Tun sie es doch, legen sich die Angriffe auf sie entweder ganz oder reduzieren sich mindestens um die Hälfte. Ist die Anschaffung eines weiteren Kätzchens unmöglich, müssen Sie sich darauf konzentrieren, das Angebot an Spielmöglichkeiten und interaktiven Spielsachen für Ihre Katze zu erhöhen.

Haben Sie Geduld. Es dauert eine Weile, Gewohnheiten zu bilden und zu brechen, und Ihre Katze tut das, was ihr im Blut liegt. In den meisten Fällen legt sich die Spielaggression, wenn die Tiere älter werden.

Umgerichtete Aggression

Weiter geht es mit der umgerichteten Aggression, die von einem geeigneten, aber nicht verfügbaren Ziel auf ein Lebewesen oder Objekt in unmittelbarer Nähe umgeleitet wird. Diese Form der Aggression beginnt meist mit einer Angstreaktion und kann manchmal in einen Teufelskreis der Gewalt zwischen *Artgenossen* münden.

In der Literatur gibt es einen besonderen Fall von umgerichteter Aggression: Die Geräusche, die eine sprechende Puppe von sich gab, erschreckten die Katze einer Familie so sehr, dass das verängstigte Tier auf das kleine Mädchen mit der Puppe losging und es ins Gesicht biss. Hier handelt es sich natürlich um eine extreme Ausprägung des Phänomens. Die umgerichtete Aggression – gegen Menschen oder Tiere, die sich in der Nähe befinden – ist jedoch eine typische Reaktion, wenn eine Katze verängstigt und der Auslöser dieser Angst unerreichbar ist. Umgerichtete Aggression ist besonders verwirrend, da wir die Ursache oft nicht erkennen können und nicht wissen, was den plötzlichen Angriff ausgelöst hat. Bei etwa der Hälfte aller Angriffe auf Menschen haben wir es mit umgerichteter Aggression zu tun, die fälschlicherweise oft für grundlos gehalten wird. Aber die Katze handelt *nicht* aus Arglist. Ihre Reaktionsbereitschaft ist lediglich so stark erhöht, dass sie gezwungen ist, ihre ursprünglichen Triebe auszuleben.

Der folgende Fall von umgerichteter Aggression kommt recht

häufig vor: Kater Moe sitzt auf dem Sofa und schaut zum Fenster hinaus. Dabei sieht er, wie eine Nachbarskatze durch sein Revier läuft, sicher auf der anderen Seite der Fensterscheibe. Moe faucht, schreit und geht urplötzlich auf die Dänische Dogge los, die schlafend neben ihm liegt. Vermutlich hat er draußen etwas gesehen, was ihm zunächst Angst gemacht und deshalb die Kampfreaktion ausgelöst hat. Zum Bersten voll mit aggressiver Energie, hat er sich für Kampf statt Flucht entschieden, konnte seine Aggression aber nicht gegen ihr eigentliches Ziel richten. Deshalb ging er auf etwas in seiner Nähe los – den Hund. Unter diesen Umständen können häufig auch Fenster, Möbel und normalerweise eher unschuldige Lampenschirme in die Schusslinie geraten. Es könnte sogar Sie treffen, während Sie in der Nähe eine Tasse Kaffee trinken. Oder Ihren auf dem Sofa schlafenden Gatten. Alles oder jeder, der einer aufgebrachten Katze in die Quere kommt, kann zur Zielscheibe ihrer Aggression werden. Und da sich Katzen nicht so schnell wieder beruhigen, werden Sie vielleicht nie wissen, warum sie gerade auf etwas losgegangen ist.

Unlängst hatte ich eine Klientin, die einen großen Kratzbaum erworben hatte. Sie hatte ihn ans Fenster gestellt, damit ihre Katze in der Sonne liegen konnte, aber nach einigen Tagen merkte sie, dass sie aufgeregt und manchmal sogar aggressiv war. Ab und zu, so erzählte sie, würde sie sogar nach ihr schlagen und mit ausgefahrenen Krallen auf sie losgehen, wenn sie vorbeikam. Mit etwas Detektivarbeit fanden wir Folgendes heraus: Von seinem neuen Platz konnte das Tier sehen, wie die Nachbarskatzen den Garten durchquerten. Wieder ein Fall von umgerichteter Aggression! Wir haben den Kratzbaum natürlich umgestellt. Fall gelöst.

Umgerichtete Aggression auf der Leinwand

Frag doch das Vieh, das wird dich's lehren ...
HIOB 12,7

Wenn Sie alt genug sind, »The Three Stooges« (»Die drei Verrückten«) zu kennen, oder sehr viele YouTube-Videos schauen, wissen Sie, wie umgerichtete Aggression aussieht. Moe gibt Larry eins auf die Mütze. Larry tritt Curly in den Hintern. Larry leitet die ursprünglich gegen Moe gerichtete Wut auf Curly um. (Gewöhnlich verschiebt auch Moe Aggressionen: Er löst die Kettenreaktion dadurch aus, dass er sich über irgendetwas in seiner Umgebung aufregt.)

Wie uns »The Three Stooges« lehren, können Menschen den Impuls der umgerichteten Aggression besser nachempfinden als die meisten anderen Aspekte der Katzenpsychologie: Einst erklärte ich das Konzept einem Katzenbesitzer, dessen Tiere umgerichtete Aggression zeigten. »Wow«, sagte er. »Ich glaube, meine *Frau* macht das auch.«

Ich hatte immer das Gefühl, dass wir Menschen den Tieren ähnlicher sind, als wir denken. Wenn wir unsere Haustiere beobachten, können wir sehr viel über uns und unsere Beweggründe erfahren. Ist das nun umgekehrter Anthropomorphismus?

Umgerichtete Aggression kann unvermittelt und scheinbar aus dem Nichts kommen und das unschuldige Opfer sehr verstören. Sie kann die anderen Katzen im Haushalt so tief verschrecken und sowohl den Angreifer als auch das Opfer so wirksam umprogrammieren, dass sie die gesamte soziale Hierarchie auf den Kopf stellt. Eine Katze muss nur ein einziges Mal auf einen Artgenossen losgehen, um einen Teufelskreis der Instabilität zwischen den Tieren in Bewegung zu setzen, der manchmal kein Ende mehr nimmt (sofern keine professionelle Hilfe in Anspruch genommen wird). Dies kann für eines der Tiere oder gar für beide traumatisierend sein. Stellen Sie sich vor, zwei Katzen ruhen friedlich. Es gibt ein lautes Geräusch. Beide erschrecken, plustern sich auf und nehmen eine Abwehrhaltung ein. Sie sehen einander in dieser Pose und sagen sich: *Unglaublich. Sieht ganz danach aus, als wollte diese Katze auf mich losgehen.* Daraufhin benehmen sie sich noch defensiver, oder eine von ihnen greift an. Vielleicht kommt es sogar zum Kampf, und von da an reagieren sie grundsätzlich aggressiv, wenn sie einander sehen. Es kann vorkommen, dass beide tun, als ob die jeweils andere den Streit vom Zaun gebrochen hätte. Sogar eine Katze, die sich selbst im Spiegel sieht, kann auf diese Weise reagieren und immer aufgebrachter werden, während sich ihr Gegenüber immer mehr aufplustert. Und was erworbene Assoziationen angeht, haben Katzen – im Guten wie im Bösen – ein *sehr* langes Gedächtnis.

»Die Angst des Opfers entwickelt sich zu einer Art bedingten Paranoia«, schreibt die Tierärztin und Tierverhaltenstherapeutin Stefanie Schwartz. »Sie wird in einer defensiven Körpersprache deutlich, die noch lange, nachdem die ursprünglichen Zusammenhänge in Vergessenheit geraten sind, erneute Übergriffe durch den ›Raufbold‹ auslöst.«[70] Noch komplizierter wird die ganze Sache dadurch, dass auch die schikanierte Katze später zum Aggressor werden kann. Dies ist sogar sehr wahrscheinlich, wenn das Tier, das die Aggression umgeleitet hat, ursprünglich einen niedrigeren Status hatte als sein Opfer. Au weia! Es hat schon seinen Grund, weshalb man bei »The Three Stooges« niemals sieht, wie Curly Moe ein paar hinter die Löffel gibt. Die dominante Katze schikaniert man nicht! Sie wird ihren Status geltend machen, und dann kann das arme Tier, von dem der Angriff ausging, sehr schnell selbst zum Opfer werden.

Falls *Sie* ursprünglich das Opfer waren, ist Ihre Katze nun möglicherweise darauf konditioniert, Sie als Angriffsreiz zu betrachten.

Zum Glück lassen sich diese Probleme beheben.

Vom Umgang mit umgerichteter Aggression

Eine Episode umgerichteter Aggression lässt sich weder wiedergutmachen noch kurieren. Zuerst müssen Sie die unmittelbaren Konsequenzen – die Auseinandersetzungen und die Aufregung – bewältigen. Danach müssen Sie versuchen, die Auslöser der Angst zu beseitigen, damit so etwas nicht mehr vorkommt.

Beenden Sie Raufereien und trennen Sie die Tiere

Weil Katzen keine klaren, auf Dominanz beruhenden Hierarchien haben, können sie ihre Probleme nicht auf die gleiche Art lösen wie Hunde. Stattdessen gilt im Allgemeinen: Je mehr sie miteinander kämpfen, desto größer wird das Problem. Falls Ihre Katze ihre Aggressionen auf einen Artgenossen im Haushalt umleitet, müssen Sie die Tiere sofort so voneinander trennen, dass niemandem etwas passiert. Greifen Sie niemals direkt und unmittelbar ein, sondern schieben Sie ein Kissen oder ein großes Stück Pappkarton zwischen die Katzen, oder werfen Sie ein dickes Handtuch über eines der Tiere, um den Kampf zu beenden. Verzichten Sie auf aversive Reize wie »Akte höherer Gewalt«! Wenn Sie einer destruktiven Situation weitere negative Aspekte hinzufügen, machen Sie alles nur noch schlimmer. Locken Sie den Angreifer in ein anderes Zimmer, falls Sie ihn dazu nicht auf den Arm nehmen müssen. Am besten ist ein ruhiger, abgedunkelter Raum. Bleibt das Tier dort, wo das auslösende Ereignis stattgefunden hat, hält möglicherweise auch seine Anspannung weiter an. Es könnte sogar sein, dass es die *gesamte Umgebung* als Auslöser empfindet. Ist es ihm weiter ausgesetzt, verstärkt dies bewusst oder unbewusst seine Panikreaktion und kann eine Heilung erschweren.

Wenn das Tier nicht aus dem Zimmer zu locken ist, lassen Sie es in Ruhe, damit es sich beruhigen kann. Sorgen Sie für Futter, Wasser, Streu und im Idealfall auch für beruhigende Pheromone. Nehmen Sie eine gereizte Katze oder einen aufgeregten Hund, die während der Auseinandersetzung im Zimmer waren, niemals auf den Arm. Sie könnten Bisse oder Kratzer davontragen. Das ist natürlich nicht persönlich gemeint. Es kann Stunden oder gar Tage dauern, bis alle Katzen sich wieder beruhigt haben. Je stärker der auslösende Reiz, desto länger die Erholungsphase. Verlassen Sie das Zimmer und locken Sie behutsam auch alle anderen Tiere oder Menschen aus dem Raum. Suchen Sie anschließend nach den Auslösern der Angst, um sie zu beseitigen. Schaffen Sie an diesem Ort später mit Spieltherapie und Fütterungen positive Assoziationen. Sie können die Angst Ihrer Katze lindern, indem Sie sie dazu bringen, sich aktiv der Beobachtung eines Spielzeugs zu widmen oder mit Ihnen zu spielen (siehe Kapitel 5).

Beseitigen Sie die Auslöser der Angst

Wie Sie fremde Katzen von Ihrem Grundstück fernhalten, erkläre ich in Kapitel 9. Falls nicht zu verhindern ist, dass Ihre Katze freilaufende Tiere sieht, wird im genannten Kapitel auch beschrieben, wie Sie das Fenster verhängen können, aus dem sie normalerweise hinaussieht. Sie müssen nicht die gesamte Sicht, sondern nur den Teil des Fensters blockieren, durch den sie hinaussehen kann.

Auch wenn die Auslöser der Angst ein für alle Mal beseitigt sind, kann die Beziehung zwischen Ihren Katzen beschädigt bleiben. In diesem Fall sollten Sie den nachfolgenden CAT-Plan gegen territoriale, angstbedingte und innerartliche Aggression befolgen. Schenken Sie dem Abschnitt, wie Sie Katzen auf kontrollierte Art und Weise zusammenbringen können, besondere Beachtung. In Extremfällen kann jedoch eine vollständige Neuvorstellung erforderlich sein (siehe Kapitel 4).

Ist oder wird eine Episode umgerichteter Aggression Bestandteil eines tiefsitzenden Verhaltensmusters, müssen Sie den CAT-Plan gegen territoriale, angstbedingte und innerartliche Aggression befolgen.

Ich werde nun die genannten Aggressionstypen behandeln und Ihnen einen CAT-Plan an die Hand geben, der in allen diesen Fällen wirkt und auch bei umgerichteter Aggression hilfreich sein kann.

Territoriale Aggression

Die Ursache für das aggressive Verhalten der einsamen Jäger ist oft das instinktive Bedürfnis, das eigene Revier zu verteidigen, das ihnen sagt: *Ich muss die Konkurrenz von meinen wichtigsten Ressourcen fernhalten.* Nach Erlangen der sozialen Reife ist es normal, wenn Katzen ihr Revier verteidigen. Dieses Verhalten setzt häufig im Alter zwischen zwei und vier Jahren ein, wenn die biologische Uhr ihnen signalisiert, dass es an der Zeit ist, sozialen Rang und Revieransprüche zu erwerben. Status und Revier sind eng miteinander verknüpft: Um das Revier zu vergrößern oder auch nur Mitbenutzerrechte zu erwerben, wird Ihre Katze möglicherweise versuchen, sich als gleich- oder höherrangig zu etablieren; doch dazu muss sie wiederum ihr Revier vergrößern. Die Territorialität entwickelt sich in der Regel sehr langsam, manchmal sogar so langsam, dass der Besitzer nichts davon mitbekommt. Wird er schließlich darauf aufmerksam, kann es deshalb den Anschein haben, als käme sie aus heiterem Himmel. Oft sind zwei Katzen die besten Freunde … und mit einem Mal ist es vorbei. Statt sich vor dem Einschlafen aneinanderzukuscheln, sich gegenseitig zu putzen und zufrieden miteinander zu spielen, knurren und fauchen sie, sobald sie einander sehen.

Gelegentlich toleriert ein Tier Nachbarskatzen, die es schon einmal gesehen hat, besser als völlig fremde Artgenossen, aber auch die sanftmütigste Katze kann einen Artgenossen von Ihrem Grundstück jagen. Möglicherweise können Sie beobachten, wie sie die Grundlage für ihre Revieransprüche schafft: Sie patrouilliert ihr Revier, reibt ihr Kinn an den Gegenständen darin und darüber hinaus und markiert sie mit ihrem Urin und ihrem Geruch. Gerade das Harnmarkieren (siehe Kapitel 9) sollte als Hinweis auf tieferliegende Spannungen gewertet werden, die zu unverhohlener Aggression führen können.

Die territoriale Aggression gegen eindringende Artgenossen ist überraschend wirkungsvoll: Der Eindringling ist psychologisch im Nachteil und zieht sich bei Anzeichen von Aggression seitens der heimischen Katze meist zurück. Nur selten kommt es zum Kampf. Angesichts des Arsenals an Waffen, das Katzen zur Verfügung steht, ist die Gefahr ernsthafter Verletzungen zu groß. Territoriale Aggression zeigt sich weder im Angriff noch in der Verteidigung durch unverblümte Gewalt, sondern fast immer durch stark ritualisiertes Imponiergehabe, das manchmal zwar sehr subtil, aber dennoch wirksam ist. Kommt es trotzdem zum Kampf, den die heimische Katze verliert, ist sie danach vielleicht nicht nur verletzt, sondern verliert auch die Spitzenposition in der Fortpflanzungshierarchie der Kolonie, was sogar auf eine psychologische Kastration hinauslaufen kann.

Eine der häufigsten Ursachen für territoriale Aggression ist die Erweiterung des Haushalts – um eine neue Katze, ein neues Familienmitglied oder einen Gast. (In Kapitel 4 lesen Sie, wie Sie die Beteiligten korrekt miteinander bekannt machen.) Üblicherweise wird die heimische Katze territoriales Verhalten gegenüber dem neuen Tier an den Tag legen. Es kann aber auch von einem dreisten Neuankömmling ausgehen. Das Opfer könnte anfangen, sich vor seinem Feind zu verstecken, und meidet möglicherweise sogar die Katzentoilette. (Kapitel 8 zeigt Lösungen für die daraus resultierende Unsauberkeit.)

Fremde Gerüche können eine Katze auch dann aggressiv machen, wenn sie das Tier, an dem sie haften, sehr gut kennt. Nehmen wir an, Ihr Kater Curly war beim Tierarzt. Er kommt nach Hause. Moe prügelt ihn windelweich.

Moe: *Igitt, du stinkst!*
Curly: *Ich rieche nach Tierarzt, dafür kann ich nichts. Lass mich in Ruhe!*

Moe: *Von wegen, ich werde dir gleich noch eine verpassen.*

Derartige Krisen bei der Rückkehr vom Tierarzt kommen recht häufig vor. Es könnte sein, dass Moe gerade in besonders territorialer Stimmung ist, seine Angst umleitet und als Aggression zum Ausdruck bringt oder an einer, wie manche Tierverhaltenstherapeuten sagen, innerartlichen Aggression durch Nichterkennen leidet. Wenn Sie mit einer Katze vom Tierarzt (oder einem anderen Ort wie einer Tierpension) kommen, kann sie anders riechen. Die daheimgebliebenen Katzen können dann nicht nur auf den »Tierarztgeruch«, sondern auch auf Aussehen und Verhalten des Heimkehrers negativ reagieren. Möglicherweise fühlt sich das Tier noch nicht ganz wohl, kämpft mit den Nachwirkungen der Narkose oder ist einfach gestresst von der Fahrt und verhält sich deshalb seltsam. Angesichts des dösigen Eindringlings mit dem fremden Geruch (bitte denken Sie daran, dass Katzen Freund und Feind anhand des Geruchs unterscheiden) und da sie möglicherweise auch Ihre emotionale Anspannung spüren, kann der Kreislauf aus Angst und umgerichteter Aggression die heimischen Katzen geradewegs in die territoriale Aggression führen.

Eine vernünftige Duftstrategie

Die Gefahr geruchsbedingter Aggressionen lässt sich mit einer Variante des Pheromonaustauschs so gering wie möglich halten. Bevor Sie den Heimkehrer ins Haus bringen, greifen Sie zu einem trockenen Handtuch und reiben damit zunächst die heimische, dann die heimkehrende Katze ab. Wenn sie anschließend ins Haus kommt, riecht die heimische Katze lediglich ... sich selbst! Was könnte harmloser sein? Kehren Sie die Reihenfolge *niemals* um und reiben Sie die heimischen Tiere *niemals* mit einem fremden Geruch ein! Damit könnten Sie die Daheimgebliebenen ängstigen und territoriales Verhalten verursachen.

Ich kenne oder behandle viele Fälle von territorialer Aggression (manchmal in Verbindung mit statusbedingter Aggression), die sich nicht nur gegen Artgenossen, sondern auch gegen Menschen richten: Eine Katze ließ die Hospizschwester nicht zu ihrer sterbenden Besitzerin vor. Andere verteidigen den Futternapf selbst gegen ihr Herrchen. Wieder andere lassen fremde Tiere nicht in die Nähe ihrer Katzentoilette oder ihres Schlafbereichs. Eine Katze setzte sich sogar auf die Videospielkonsole und schlug nach allen, die sie bedienen wollten. Manche gehen auf jeden Gast los (was im Laufe der Zeit dazu führen kann, dass die Zahl Ihrer Besucher schrumpft.)

So bereiten Sie sich auf Gäste vor

Wenn Gäste kommen und Sie befürchten, Ihre Katze könnte ängstlich oder aggressiv reagieren, sollten Sie sie in einem anderen Zimmer unterbringen, solange Sie Besuch haben. Das *Tagebuch einer Katze*, aus dem ich bereits in Kapitel 1 zitiert habe, formuliert das so: »Heute Abend hatten sie eine Art Versammlung mit ihren Komplizen. Ich wurde so lange in Einzelhaft gesperrt.« Geben Sie dem Tier reichlich Futter und Wasser, Streu, Spielzeug und sogar einen Leckerbissen. Schalten Sie das Fernseh- oder Radiogerät ein, um den Lärm zu kaschieren. Spielen Sie mit ihm, bevor Sie die Tür schließen.

Noch ein paar Hinweise für die Situationen, in denen Sie nicht garantieren können, dass Sie Ihre Katze von einem überraschenden – oder überraschten – Besucher fernhalten können:

* Stutzen Sie ihr die Krallen, um tiefe Kratzer zu verhindern.
* Warnen Sie die Gäste davor, sich der Katze zu nähern, ihr in die Augen zu sehen oder laute Geräusche und ausholende Bewegungen zu machen.
* Haben Sie immer ein interaktives Spielzeug oder ein paar Spielsachen griffbereit, die Sie werfen können. Sie dienen

nicht nur der Ablenkung, sondern können auch dazu beitragen, die Stimmung und das emotionale Befinden der
Katze zu verbessern.

Angstaggression

Eine gewisse Angst ist eine sinnvolle Anpassungsreaktion. Sie
hält alle Lebewesen davon ab, etwas Törichtes zu tun, was den
Fortbestand ihres Erbgutes gefährden könnte – mit anderen
Worten Verhaltensweisen, die zu Verletzungen oder Tod führen
könnten. Bei Tieren verursacht Angst eine von vier Reaktionen:
Kampf, Flucht, Erstarren oder Unterwerfung. Es kann vorkommen, dass eine Katze aus Angst erstarrt oder uriniert, aber das
ist selten; und nach Ansicht der Experten ordnet sie sich niemals unter. Sie wird stattdessen kämpfen oder flüchten. Diese
Entscheidung fällt im Bruchteil einer Sekunde und hängt davon
ab, womit sie ihr Überleben am besten sichern zu können glaubt.
Ich habe allerdings festgestellt, dass eine Katze meist fliehen
wird, wenn ihr dies problemlos möglich ist. Nur wenn sie sich
in die Enge getrieben fühlt und keine Fluchtmöglichkeiten sieht,
erreicht ihre Erregung den kritischen Bereich, und sie entscheidet sich für den Kampf. Diese Kampfreaktion hat Katzen zwei-
fellos zu den Überlebenskünstlern gemacht, die sie sind. Für
ihre Besitzer, für Tierärzte, Kinder, andere Haustiere und sogar
sie selbst kann sie allerdings ernste Konsequenzen haben.

Alles kann die Stressreaktion einer Katze in Angstaggression
umschlagen lassen. Die erlernte Reaktion auf einen bestimmten
Schmerz (den sie zum Beispiel in einer Tierarztpraxis erfahren
hat) kann schnell in Angstaggression münden, was dann der Fall
ist, wenn sie sich beim Tierarzt weigert, aus der Transportbox
zu kommen. Auch andere Umstände können Angst – gefolgt von
Aggression – auslösen: wenn man ihr eine Tablette in den Hals
stopft; wenn sie einen Hund oder ein Kleinkind auf sich zulau-

fen sieht; wenn es plötzlich einen lauten Knall gibt, weil ein Teller oder ein Teil des Bestecks in ihrer Nähe hinunterfällt; und sogar wenn sich eine Katzenangel in ihrer Nähe bewegt (das ist ungewöhnlich, aber es kommt vor)! Angstaggression ist die häufigste Form der Aggression zwischen Katzen, die auf einmal im gleichen Haushalt leben, ohne einander offiziell vorgestellt worden zu sein. Katzen sind unterschiedlich empfindlich, aber bei manchen Tieren ist die Angstschwelle sehr niedrig.

Körpersprachliche Warnsignale

Eine ängstliche Katze rollt sich manchmal auf den Rücken, wendet dem Angreifer das Gesicht zu und reckt alle vier Pfoten schützend in die Luft. Der eine oder andere mag diese Haltung für unterwürfig halten, wie das bei Hunden der Fall ist, wo der Anblick des ungeschützten Bauchs einen Angriff verhindern soll, indem er zum Ausdruck bringt: *Ist ja schon gut! Du bist der Ranghöhere von uns beiden.* Katzen drücken Dominanz oder Unterwerfung nicht mit speziellen Gesten aus. Sie vermitteln ihren relativen Status durch eine Mischung aus offensiver und defensiver Aggression, Vermeidung, Reglosigkeit und vermeintlicher Unterwerfung. Eine auf dem Rücken liegende Katze ist ein furchterregender Gegner. Ihr scheinbar unterwürfiges Verhalten – *Das soll übrigens nicht heißen, dass ich mich deiner Autorität beuge!* – ist einfach der Versuch, einen Angriff zu verhindern. Sie hat ein Maul mit messerscharfen Zähnen sowie alle vier krallenbesetzten Pfoten zu ihrer Verfügung. Mit den Vorderbeinen kann sie vierbeinige Angreifer unweit des Mauls packen, während sie ihnen gleichzeitig mit den Hinterbeinen den Bauch aufschlitzt, wie sie es auch mit ihrer Beute tut. Sicher haben Sie dieses Manöver schon einmal gesehen, wenn eine Katze mit einer Beuteattrappe spielt, sich auf den Rücken rollt und wie wild mit den Füßen nach dem Spielzeug tritt.[71]

Richtet sich die angstbedingte Aggression gegen Sie, hatte Ihre Katze möglicherweise in der sensiblen Phase zwischen zwei und sieben Wochen zu wenig Kontakt mit Menschen. Wenn dieser Mangel an Erfahrung groß genug war, sind die entstandenen Nervenverknüpfungen so stabil, dass Sie ihr praktisch nicht beibringen können, Ihnen oder Ihren Gästen weniger aggressiv zu begegnen. (Einige Tierverhaltenstherapeuten bezeichnen diesen Typus als durch mangelnde Sozialisation bedingte Aggression. Das klassische Beispiel dafür sind Tiere, die in freier Wildbahn zur Welt gekommen und aufgewachsen sind, wie meine allerersten Katzen. Mit viel Zeit und Liebe können sie zwar alle zumindest ein wenig zutraulicher werden, aber der – wenn auch variable – Spielraum ist begrenzt. Je nach genetischem Erbe kann die eine von zwei wilden Katzen recht arglos werden, während sich die andere mit menschlicher Berührung niemals wohl fühlen wird.)

Innerartliche Aggression

Aggressionen gegen Artgenossen können viele Ursachen haben. Katzen kämpfen, wenn umgerichtete, status- oder angstbedingte sowie territoriale Aggressionen aus dem Ruder laufen. Oder aus Gründen, die nur sie selbst kennen. Aber wenn sie es tun – ganz gleich, wieso –, ist das immer ein sehr schlechtes Zeichen.

Spiel oder Ernst?

Die Chancen stehen gut, dass es sich bei der Rauferei Ihrer Katzen um ein Spiel handelt, wenn:

* sie sich kennen und noch keine schlechten Erfahrungen miteinander gemacht haben;
* sie nicht schreien, kaum fauchen, spucken oder knurren

und auch nicht mit ausgefahrenen Krallen aufeinander losgehen;
* mal die eine, mal die andere den Angreifer spielt;
* nach der Rauferei kein Tier das andere fortjagt und keines
von beiden verängstigt wirkt;
* weder Blut fließt noch Fellbüschel fliegen;
* die Ohren nicht angelegt und nicht nach hinten gedreht
sind.

Behelligen Sie Ihre Katzen nicht, wenn sie spielen. Beim Spiel
können sowohl junge als auch erwachsene Tiere ihr Durchset-
zungsvermögen und ihre Kraft demonstrieren – selbst wenn das
Spiel für Sie wie ein Kampf aussieht. Es trägt dazu bei, die soziale Rangordnung innerhalb des Haushalts festzulegen, und
lindert so Revier- und Sozialstreitigkeiten. Lassen Sie die Katzen
gewähren, sofern sie nicht ernsthaft aufeinander losgehen, einander verletzen oder der Kampf allzu einseitig wirkt, damit sie
das soziale Gleichgewicht finden, das sie brauchen. Anderenfalls könnten sich die Konflikte verstärken und häufen. Zum
Glück beenden viele Katzen spielerische Rangeleien von selbst,
wenn sie außer Rand und Band geraten.

Beobachten Sie dagegen einen Kampf zwischen zwei Katzen,
die normalerweise nicht besonders gut miteinander auskommen
oder nicht miteinander spielen, haben Sie es vermutlich mit
einem Fall von Aggression zu tun. Wenn nach der Rauferei ein
Tier das andere davonjagt oder sich die beiden aus dem Weg
gehen, ist die Wahrscheinlichkeit noch größer, dass es sich
nicht um ein Spiel, sondern um einen echten Kampf gehandelt
hat.

Der CAT-Plan gegen territoriale, angstbedingte und innerartliche Aggression

Unter Umständen sind Ihre Katzen bereits in einer Beziehung der körperlichen Feindseligkeiten, ja der Gewalt gefangen. Mit anderen Worten, sie kämpfen bereits miteinander. In diesem Fall müssen Sie den folgenden CAT-Plan umsetzen und die Tiere erneut miteinander bekannt machen, als würden sie einander zum ersten Mal begegnen (siehe den Abschnitt »Das zweite Kennenlernen« in Kapitel 4).

Falls sie *noch nicht miteinander raufen* oder mit Ausnahme von sporadischen oder kleineren Auseinandersetzungen miteinander auskommen, folgen nun ein paar Tipps, wie Sie diese Spannungen abbauen können, bevor sie sich verschlimmern.

Beenden Sie drohende Aggressionen
Vorwegnehmen
Achten Sie auf folgende Alarmzeichen.

Hinweise auf drohende territoriale Aggression (bitte beachten Sie, dass Jagdverhalten ganz ähnlich aussehen kann):
- Anstarren,
- Anheben des Hinterteils,
- Fauchen (wenn das Tier in der Defensive ist),
- Pfotenhiebe,
- Belauern (eine beliebte Strategie ist es, der anderen Katze auf dem Weg zur Toilette aufzulauern),
- Angriffe aus dem Hinterhalt,*
- Harnmarkieren,

---

* Eine territorial motivierte Katze wird nicht mit dem Hinterteil wackeln (eine Spiel- oder Jagdbewegung), sondern aus dem Hinterhalt angreifen. Der Angreifer legt sich auf die Lauer, bis das ahnungslose Opfer in seine eigenen Angelegenheiten vertieft vorbeispaziert, nicht ahnend, dass gleich die Fetzen fliegen werden.

😺 Lautäußerungen (Vokalisieren),

😺 eine Katze macht gnadenlos Jagd auf ein anderes Tier, zum Beispiel einen Artgenossen.

Hinweise auf wachsende Spannungen zwischen Katzen (schon bevor es zu offenen Aggressionen kommt, werden aufmerksame Katzenbesitzer erkennen, dass sich etwas zusammenbraut):

😺 Anstarren.

😺 Der Schwanz zuckt, peitscht hin und her, ist aufgeplustert wie eine Flaschenbürste (Piloerektion).

😺 Das Rückenfell ist gesträubt (Ihre Katze wirkt plötzlich flauschiger als sonst).

😺 Die Ohren sind nach hinten gedreht oder angelegt.

😺 Alle Gelenke des Körpers sind durchgedrückt.

😺 Das Tier läuft langsam und angespannt mit abgesenktem Schwanz.

😺 Die Pupillen sind geweitet.

😺 Der Kopf ist eingezogen.

😺 Das Tier leckt sich die Lippen.

😺 Es kommt zu Lautäußerungen wie Fauchen, Knurren oder Jaulen.

Hinweise auf drohende Angstaggression:

😺 Die Katze duckt sich, vor allem wenn sie mit dem Rücken zur Wand steht.

😺 Die Ohren zeigen nach hinten, die Pfoten befinden sich unter dem Körper, die Katze ist zusammengekauert, um kleiner zu wirken. Es kann auch eine Mischung aus Angriffs- und Verteidigungsgesten vorliegen (angelegte Ohren, Katzenbuckel, eingezogener Hals).

😺 Die Hinterpfoten zeigen nicht geradeaus und signalisieren damit Fluchtbereitschaft.

😺 Die Pupillen sind geweitet (das typische Anzeichen von Panik), die Augen verengt.

🐾 Die Schnurrhaare sind angelegt.

🐾 Die Ohren sind angelegt, stehen seitlich ab (wie die Trag-
flächen eines Flugzeugs) oder sind nach hinten gedreht.

🐾 Fauchen und Knurren.

🐾 Rücken- und Schwanzhaare sind aufgestellt (Piloerektion).

🐾 Das Tier meidet Blickkontakt.

🐾 Speichelfluss (das Tier leckt sich immer wieder die Lippen).

🐾 Vereinzelt plötzlicher Urin- oder Kotabsatz.

Ablenken

Es ist sehr wichtig, aggressives Imponiergehabe oder Anstarren zu unterbinden, da beides schnell zu Auseinandersetzungen führen kann und Sie Katzen niemals erlauben sollten, ihre
Differenzen auszutragen. Besonders wichtig und wirkungsvoll
ist es, sie während des Anstarrens zu unterbrechen. Ist die
Phase des Fauchens, der gnadenlosen Jagd und des Kampfs
bereits erreicht, kann eine Unterbrechung sehr schwierig oder
gar unmöglich sein. Mit der ersten Auseinandersetzung entstehen zudem negative Verknüpfungen, was den jeweiligen
Gegner angeht, die üblicherweise weitere Raufereien nach
sich ziehen. Wenn Sie also bei einer Ihrer Katzen zufällig eines
der beschriebenen Anzeichen bemerken, und sei es nur ein
durchdringender Blick, sollten Sie verstohlen für eine sanfte
Unterbrechung sorgen. (Das Anstarren ist für die Tiere zwar
eine Möglichkeit, gefahrlos Revieransprüche in Erfahrung zu
bringen, kann aber auch mit Vollgas zum Beschleichen, Jagen
und damit zu ernsteren Raufereien führen – vor allem, wenn
die derart beäugte Katze die Warnung ignoriert.) Werfen Sie
der Katze einen Tischtennisball, ein Spielzeug, ein zusammengeknülltes Blatt Papier, ein kleines Kissen oder einen anderen
kleinen oder leichten Gegenstand hin.

Falls Sie noch einen Schritt weiter gehen möchten und
einen »Akt höherer Gewalt« planen, sollte es wirklich etwas
Nettes sein. Verzichten Sie auf unangenehme, lästige, negative Reize, schießen Sie also nicht mit der Wasserpistole, rufen

Sie nicht und klatschen Sie nicht in die Hände. Befindet sich eine Katze in einem Zustand starker Erregung, sollten Sie alles unterlassen, was sie noch mehr reizen oder negative Assoziationen erzeugen könnte. Die Tiere sollen sich nach der Begegnung nicht noch an weitere unangenehme Dinge erinnern müssen, die in Gegenwart des jeweils anderen geschehen.

Auf eine Beuteattrappe umlenken

Diese Strategie lässt sich hervorragend anschließen, unmittelbar nachdem Sie das Anstarren oder das Imponiergehabe Ihrer Katzen unterbrochen haben. Sie kann auch für sich genommen als eine Art Ablenkung dienen. Angenommen, Sie spüren sofort beim Betreten eines Zimmers, dass die Tiere auf eine Katastrophe zusteuern. Sie können die Spannung spüren. Wenn die Katzen noch nicht kämpfen, greifen Sie zu einer Spielangel oder einem Federwedel. Hier kommt es auf das richtige Timing an. Sie müssen den Aggressor mit dem Spielzeug ab- und seine Energie umlenken, *bevor* er zum Angriff übergeht. Wenn Sie mit ihm spielen, nachdem er bereits angegriffen hat, belohnen Sie damit das unerwünschte Verhalten.

Sollten Sie über zwei Spielangeln und die entsprechende Koordination verfügen, die eine mit der rechten, die andere mit der linken Hand in weitem Abstand voneinander bewegen zu können, ist das eine gute Möglichkeit, spielerisch mit zwei Katzen im selben Raum zu arbeiten. Achten Sie darauf, dass sich die beiden Streithähne nicht zu nahe kommen. Das Letzte, was Sie in dieser Situation gebrauchen können, ist, dass die Katzen um die knappen Ressourcen einer einzigen Beuteattrappe und Ihrer Aufmerksamkeit konkurrieren. Wenn Sie nur ein Spielzeug haben oder die Katzen zu angespannt wirken, um in der Gegenwart der jeweils anderen zu spielen (oder wenn Sie wissen, dass sie das nicht mögen), bringen Sie sie in verschiedenen Zimmern unter und spielen Sie nacheinander mit ihnen, um ihre Stimmung zu heben.

Falls die Katzen über das Stadium der drohenden Aggression bereits hinaus sind und der Kampf schon begonnen hat, müssen Sie zu anderen Strategien greifen.

Sie hat angefangen!

Katzenbesitzer halten meist das Tier, das zuerst angegriffen hat, für den Aggressor. Aber manchmal hat die angegriffene Katze den Streit dadurch vom Zaun gebrochen, dass sie versucht hat, den Angreifer durch Anstarren einzuschüchtern.

Beenden Sie den Kampf

Oberste Priorität hat, dass Sie die Auseinandersetzung beenden und die Tiere voneinander trennen, um ihnen eine Atempause zu verschaffen. Hinweise dazu finden Sie im Absatz »Beenden Sie Raufereien und trennen Sie die Tiere« im Abschnitt »Umgerichtete Aggression« (siehe Seite 216).

Sorgen Sie für Distanz

Es hängt von den Katzen ab, wie lange sie voneinander getrennt bleiben sollten. Dies kann ein paar Minuten, ein paar Stunden oder gar Tage dauern. Wenn beide wieder sie selbst sind, wenn sie nicht mehr so gestresst, nicht mehr so reaktionsbereit sind, wenn sie wieder fressen und wieder spielen möchten, kann man sie auch wieder zusammen in ein Zimmer lassen.

Überwachen Sie die Begegnung oder
Warum ein »Happy End« so wichtig ist

Wenn Sie bemerkt haben, dass Ihre Katzen normalerweise zum Beispiel etwa zwanzig Minuten zusammen im Raum sein können, bevor sie anfangen zu fauchen, einander zu jagen und zu raufen, sollten Sie die Dauer der Begegnung zeitlich so bemessen, dass Sie die Tiere trennen, bevor sie sich aufregen. Wenn Sie damit warten, bis eine der Katzen gereizt ist, werden die Tiere den Vorfall einfach mit dem Hinweis abspeichern: *Wenn diese Katze in der Nähe ist, passiert etwas Schlimmes.* Das verschärft die Situation noch weiter.

Achten Sie anfangs auf reichlich Abstand zwischen den Tieren. Im Idealfall sollten sie sich auf gegenüberliegenden Kratzbäumen oder in entgegengesetzten Zimmerecken befinden. Solange die Tiere keine Angst zeigen, können Sie die Entfernung über mehrere Tage hinweg ganz allmählich verringern und den Kontakt verlängern. Lassen Sie die Katzen zum Beispiel an sieben aufeinanderfolgenden Tagen jeweils fünfzehn Minuten im gleichen Zimmer. Erhöhen Sie die Zeit danach ein paar Tage lang auf zwanzig Minuten, und immer so weiter. Der gesamte Prozess kann dreißig Tage in Anspruch nehmen, bei Bedarf aber auch länger dauern. Sorgen Sie nach Möglichkeit dafür, dass die Begegnungen positiv oder zumindest neutral enden. Belohnen Sie die Katzen mit Leckerbissen, wenn sie ruhig waren. Im Laufe der Zeit können Sie so die Toleranz der beiden Tiere füreinander erhöhen und die gemeinsam verbrachte Zeit verlängern. Füllen Sie ihre Katzenhirne mit Erinnerungen wie: *Moment mal! Wenn ich mit dieser Katze zusammen bin, passiert nichts Schlimmes.* Oder noch besser: *Als wir das letzte Mal zusammen waren, gab's ein Leckerli!*

Die Begegnungen der Katzen sollten unter Ihrer Aufsicht stattfinden, damit Sie mitbekommen, wenn sich Spannungen aufbauen oder Feindseligkeiten ausbrechen. Trennen Sie die Tiere bei Anzeichen für einen bevorstehenden Angriff sofort – vor allem wenn eins von ihnen starrt, die Ohren anlegt oder mit dem Schwanz peitscht. Bei Hinweisen auf einen Rückfall reduzieren Sie ein paar Tage lang die gemeinsam verbrachte Zeit.

Platztausch-Therapie

Falls »Täter« und »Opfer« klar auszumachen sind, könnte die Rangordnung der Tiere zu sehr in Schieflage geraten sein.

Sie können dazu beitragen, das Gleichgewicht wiederherzustellen, indem Sie den »Täter« in einem Zimmer einquartieren, das als Revier weniger begehrt ist – also in keinem der Lieblingsräume wie Schlaf- und Wohnzimmer oder dem Raum, in dem seine Lieblingssachen stehen. Wenn er ein echter Tyrann ist, sollten Sie ihn in einem Zimmer unterbringen, in dem er sich in Bodennähe aufhalten muss und weder auf einen Kratzbaum klettern noch auf Regale springen kann. Bringen Sie das »Opfer« währenddessen in einem beliebteren Teil des Reviers unter. Achten Sie darauf, dass es Zugang zu Orten von hohem Rang bekommt, zum Beispiel zu einem Zimmer mit einem Kratzbaum oder einem Fenster, aus dem es gern hinaussieht. Noch besser ist, Sie nehmen es auf den Schoß. Spielen Sie mehrmals täglich mit dem »Opfer«, um sein Selbstvertrauen zu stärken, und mit dem »Täter«, um ihm Gelegenheit zu geben, seine Aggression und eventuell aufgestaute Energien abzubauen. Mit dieser Revieraufteilung helfen Sie dem Angegriffenen, selbstbewusster zu werden, und verpassen dem Angreifer einen Dämpfer. Pheromonzerstäuber können beiden eine Hilfe sein. Katzen neigen wie Menschen dazu, den von ihren Lebensumständen vorgegebenen Status zu übernehmen. Der Angreifer könnte allmählich zu der Überzeugung gelangen, dass das Opfer wohl doch nicht so leicht einzuschüchtern ist – genau wie dieses selbst. Seine neue Überzeugung wird sich in einer veränderten Körperhaltung spiegeln.

Falls es keinen klaren »Täter« gibt, sollten Sie darauf achten, dass beide Reviere etwa gleich groß und gleich attraktiv sind, und mindestens jeden zweiten Tag einen Reviertausch vornehmen. Spielen Sie täglich mit beiden Katzen, aber getrennt voneinander.

Nur bei Angst vor Artgenossen

❧ *Ein zweites Kennenlernen:* Wenn Ihre Katze einen der Artgenossen im Haushalt tatsächlich fürchtet, müssen Sie die in Kapitel 4 vorgestellten Techniken für ein zweites Kennenlernen anwenden.

* *Medikamentöse Behandlung:* In Rücksprache mit Ihrem Tierarzt können Sie es auch mit einer medikamentösen Behandlung mit Psychopharmaka versuchen. Sind Täter und Opfer klar auszumachen, kann ein Tierarzt dem Opfer vorübergehend Medikamente verschreiben. Sie können die Angst lindern und der betroffenen Katze mehr Selbstvertrauen geben. Sie wird wahrscheinlich aufhören, sich zu verstecken, und sich allmählich mehr behaupten. Es könnte sogar sein, dass sie den Täter jagt! All dies kann eine soziale Dynamik, die in eine starke Schieflage geraten ist, dauerhaft korrigieren, auch wenn das Präparat später wieder abgesetzt wird. Eine medikamentöse Behandlung sollte allerdings Teil eines übergeordneten Verhaltensplans sein und nicht die alleinige Maßnahme bleiben.

Nur bei Angstaggression

* *Die Auslöser finden und beseitigen:* Durch Angst verursachte Aggressionen lassen sich am besten dadurch beenden, dass man die Auslöser beseitigt oder meidet, soweit dies möglich ist. Fürchtet sich eine Katze zum Beispiel vor Hunden, sollten Sie Hunde von ihr fernhalten. Ist einer im Haus, zu Besuch oder weil er zur Familie gehört, isolieren Sie die beiden voneinander, bis Sie einen Tierverhaltenstherapeuten konsultieren können, der Ihnen hilft, ein zweites Kennenlernen zu arrangieren. In den Abschnitten »Umgerichtete Aggression« und »Territoriale Aggression« können Sie nachlesen, wie Sie Schlüsselreize ausschalten. Es kann sehr aufwändig sein, ständig alle angstauslösenden Reize zu eliminieren. Daher *könnte* es langfristig die bessere Strategie sein, wenn Sie es den Katzen ermöglichen, positive Assoziationen aufzubauen.

* *Desensibilisieren und positive Assoziationen schaffen:* Hat Ihre Katze zum Beispiel etwas gegen Besucher, sollten Sie

regelmäßig einen oder mehrere Katzenliebhaber aus Ihrem Freundeskreis zu sich einladen. Bringen Sie das Tier in das Zimmer, in dem Sie sich mit Ihrem Gast aufhalten werden. Bitten Sie Ihren Besucher, das Haus oder die Wohnung langsam, lautlos und in Strümpfen zu betreten. Bitten Sie ihn auch, möglichst wenig Lärm und Aufhebens zu machen und jeden Blickkontakt mit der Katze zu vermeiden. Ihr Freund oder Ihre Freundin sollte sich am besten auf den Boden oder, falls das nicht möglich ist, auf ein Sofa oder in einen Sessel *setzen* (je niedriger, desto besser). Achten Sie darauf, dass der Abstand zwischen Ihrem Gast und Ihrer Katze so groß wie nötig ist, damit sie ruhig bleibt. Wenn sie sich später entspannt, kann sie die Initiative ergreifen und sich ihm nähern. Sprechen Sie leise mit ihr und geben Sie ihr Leckerbissen, sobald sie den Gast ansieht oder sich ihm nähert. Lassen Sie den Besucher danach mit vollen Händen Leckerbissen verteilen – mehr, als die Katze normalerweise von Ihnen bekommt. Falls sie sich nicht nähern will, kann er ihr vorsichtig ein Leckerli zuwerfen und mit einer Spielangel arbeiten, um ihre Stimmung und ihre emotionale Verfassung zu verbessern.

Im Laufe mehrerer Besuche können Sie Ihre Katze auch füttern, während der Gast ruhig im Zimmer sitzt. Frisst sie ohne Aufregung, darf er das nächste Mal etwas näher rücken. Vielleicht wagt auch sie sich ein Stück näher heran. Kommt sie so nah, dass der Einsatz einer Spielangel möglich ist, kann Ihr Besuch mit ihr spielen.

Achten Sie auf Anzeichen für Aggression und versuchen Sie, die Begegnungen zu beenden, solange es gut läuft. Für diese Methode brauchen Sie Zeit und Geduld. Aber Ihre Katze ist schlau. Sie wird die positive Verknüpfung herstellen, die Sie ihr einprägen möchten: *Die Leute, die da zu Besuch kommen, sind eigentlich ganz cool. Ich glaube, ich werde sie nicht beißen.*

❀ ❀   Radikale Desensibilisierung

❀ Beim sogenannten Flooding (Reizüberflutung) konfrontiert man ein Tier mit dem Auslöser seiner Angst in überwältigenden Dosen. Diese Technik ist bei allen Tieren riskant, und ich rate ❀ *dringendst* davon ab, sie bei Katzen zu versuchen.   ❀ ❀

Einfache und sichere Fluchtmöglichkeiten

Die Flucht kann Katzen ebenso Erleichterung bringen wie der Kampf. Um die Wahrscheinlichkeit zu erhöhen, dass Ihre Katze sich dafür entscheidet, sollten Sie ihr Kratzbäume zur Verfügung stellen und ihr Zugang zu anderen höher gelegenen Plätzen geben, damit sie dem Auslöser ihrer Angst entfliehen kann. Bieten Sie ihr auch Tunnel, leere Kartons sowie Möbelstücke zum Verstecken an. Wenn sie die Möglichkeit hat, sich an einen sicheren Ort zurückzuziehen, wird ihre allgemeine Ängstlichkeit vielleicht nachlassen, und sie entspannt sich ein wenig.

Stellen Sie sich folgende Situation vor: Ein Kleinkind kommt ins Zimmer und schwenkt eine gelbe Plastikschaufel. Ihre Katze erspäht in der Nähe ihren eineinhalb Meter hohen Kratzbaum, flitzt hinauf und sitzt nun dort oben – ruhig in dem Vertrauen darauf, dass sie dort oben sicher ist. Wenn sie dagegen auf dem Boden bleiben müsste, von einem Kind in die Ecke gedrängt würde und weder eine Fluchtmöglichkeit noch ein sicheres Versteck hätte, das sie mit einem Sprint oder einem Sprung mühelos erreichen kann, würde sie wohl ängstlicher, das heißt aggressiver reagieren. Leere Kartons auf dem Boden können ebenfalls als Puffer dienen. Auch sie erlauben es Katzen, anderen aus dem Weg zu gehen.

Machen Sie das erwünschte Verhalten attraktiv
Spielen Sie mit ihnen

Durch das Spiel mit Ihren Katzen verbessern Sie ihre Stimmung und ihre emotionale Befindlichkeit. Ist das Verhältnis zwischen ihnen bereits angespannt oder tobt bereits ein Konflikt, sollten Sie sofort mit ihnen spielen – bevor Sie die beiden wieder zusammenbringen, während sie zusammen sind und nachdem Sie sie voneinander getrennt haben. Auf diese Weise erzeugen Sie viele positive Assoziationen zu ihrem Wiedersehen. Achten Sie darauf, dass die Begegnungen positiv enden.

Bürsten macht glücklich

Erzeugen Sie einen Gruppengeruch wie in Kapitel 4 beschrieben. Wenn man Katzen hilft, einen gemeinsamen Geruch zu erhalten, kann man damit die Feindseligkeiten zwischen ihnen abbauen oder beseitigen und Verhaltensweisen fördern, die der sozialen Bindung dienen.

Belohnen Sie sie, wenn sie ruhig sind

Loben Sie Ihre Katzen und geben Sie ihnen Futter oder Leckerbissen, wenn sie ruhig und entspannt sind. In Anhang A können Sie nachlesen, wie Sie mit dem Clickertraining positive oder neutrale Verhaltensweisen fördern können, zum Beispiel wenn die Tiere ruhig sind, nicht raufen, nebeneinander schlafen und so weiter.

Verbessern Sie die Lebensbedingungen

Die wilden Ahnen Ihrer Katze mussten weder das Futter noch das »stille Örtchen« oder Aussichts- und Ruheplätze miteinander teilen. Es hätte ihnen nicht gefallen. Die Pfotenhiebe, das Fauchen und die Raufereien zwischen Ihren Katzen sind ein genetisches Überbleibsel ihrer Ahnen. Durch die Art und Weise, wie Sie die Tiere und ihre Ressourcen unter einem Dach zusammenpferchen, wird dieses Verhalten lediglich verstärkt. Wie ich bereits sagte, ist bekannt, dass wildlebende Katzen deutlich weniger raufen als Wohnungskatzen. Je mehr Tiere unter einem Dach versammelt sind, desto eher kommt es zu Reibereien.

Um Abhilfe bei territorialer Aggression zu schaffen, ist eine

Veränderung des Lebensumfelds *von entscheidender Bedeutung*. Es könnte sein, dass die territoriale Aggression in Ihrem Heim *ausschließlich* darauf zurückzuführen ist, dass Ihre Katzen um wichtige Ressourcen konkurrieren. Und, um es noch einmal zu sagen, diese Rivalität kann so subtil sein, dass Sie nichts davon mitbekommen.

Setzen Sie alle Empfehlungen aus Kapitel 5 vollständig um. Schaffen Sie ein dreidimensionales Revier, stellen Sie zusätzliche Kratzmöbel, Wasser- und Futternäpfe sowie Katzentoiletten auf, bieten Sie anregende Aktivitäten, Snackspielzeug und vieles mehr. Nutzen Sie Pheromonzerstäuber und erhalten Sie den Gruppengeruch der Katzen mit der in Kapitel 4 beschriebenen Technik.

Nur bei territorialer und innerartlicher Aggression: Schaffen Sie Pufferzonen

Möglicherweise werden Sie feststellen, dass es an bestimmten Stellen im Haus besonders häufig zu Raufereien und Einschüchterungsversuchen kommt. Oft sind dies der Flur, die Treppen und die Türen – also Orte, an denen sich die Tiere bei zufälligen Begegnungen sehr nahe kommen. Ist eine Katze ängstlich, weil sie sich in die Enge getrieben fühlt und keine angemessenen Fluchtmöglichkeiten hat, kann ihre Körpersprache Unsicherheit ausdrücken. Die andere Katze kann dies wiederum dazu nutzen, sie einzuschüchtern. Spannungen können auch entstehen, wenn beide Tiere auf dem Fensterbrett herumlungern und die Vögel im Garten beobachten wollen oder beide in die Küche laufen, weil sie hören, wie ihre Dosen geöffnet werden oder das Futter in der Tüte rappelt. Wenn Sie in diesen Situationen und an den entsprechenden Stellen Pufferzonen einrichten, können Sie dazu beitragen, den Frieden zu wahren.

Stellen Sie Abstandhalter in der Mitte des Flurs auf, damit die Katzen daran vorbeilaufen können. So können sie einen Bogen umeinander machen und Auseinandersetzungen vermeiden. Katzentunnel, leere Kartons oder gar Katzenspielzeug eignen sich als Puffer. Einer meiner Klienten kam selbst auf die Idee, seinen Flur mit einem Streifen aus blauem Malerkrepp zu teilen. Er berichtete von der verblüffenden Beobachtung, dass seine Katzen rechts und links davon blieben, wenn sie gemeinsam durch den Flur liefen. Wie bei allen effektiven Abstandhaltern ließen die Spannungen und Raufereien erheblich nach.

Wenn alle Stricke reißen

Falls dieser CAT-Plan das Problem der innerartlichen Aggression nicht löst, obwohl Sie wirklich viel Geduld aufgebracht haben, sollten Sie zu einer der folgenden Maßnahmen greifen oder sie alle ausprobieren: Machen Sie Ihre Katzen noch einmal neu miteinander bekannt (siehe Kapitel 4), erkundigen Sie sich beim Tierarzt nach medikamentösen Behandlungsmöglichkeiten und suchen Sie einen Katzenpsychologen auf.

Streichelaggression

Hier handelt es sich um eine weitverbreitete Form der Aggression. Sie sitzen auf dem Sofa, Ihre Katze schleicht sich an und möchte gestreichelt werden.

Miau. Miau.

»Ach, wie süß. Komm, lass dich streicheln.«

Schnurrrrr.

»Das gefällt dir, nicht wahr? Ist das schön? Ja, das hast du gern!«

Schnurrrrr.

»Ich sehe doch, wie gern du das magst!«

Stille.

»Au!«

Auf einmal prangen rötliche Bisswunden wie Nadelstiche auf Ihrer Hand, und auch Ihre Gefühle sind verletzt. Was ist bloß geschehen? Dieser überraschende Umschlag der Stimmung Ihrer Katze kann mehrere Ursachen haben:

* *Überreizung:* Katzen reagieren von Natur aus sehr empfindlich auf Zärtlichkeiten, und möglicherweise haben Sie das Tier überreizt. Die von den Berührungsrezeptoren gesendeten Signale können im Gehirn durcheinandergeraten, sodass sich das angenehme Gefühl in Schmerz verwandelt.

* *Unangenehme Berührungen:* Viele Katzen mögen es nicht, wenn man sie an den Flanken, an der unteren Körperhälfte oder in Schwanznähe streichelt, und dulden dies unter Umständen nur kurze Zeit. Bei genauerer Beobachtung werden Sie feststellen, dass es unter Katzen nicht üblich ist, sich am Körper zu berühren. Wenn sie sich gegenseitig putzen, beschränken sie sich dabei in erster Linie auf Kopf und Hals.

* *Falsche Sozialisierung:* Wurde Ihre Katze in den ersten Lebenswochen nicht gestreichelt oder hat sie schlechte Erfahrungen mit einer menschlichen Hand gemacht, weil sie zum Beispiel schon einmal mit einem Schlag bestraft wurde, ist Ihre Hand womöglich nicht oder nur kurz willkommen.

* *Gefühle der Verwirrung und des Gefangenseins:* Eine Katze, die auf Ihrem Schoß sitzt und sich streicheln lässt, begibt sich in eine sehr verletzliche Position. Unter Umständen entspannt sie sich tief, während Sie sie streicheln, und döst dabei an der Grenze zwischen Schlaf und dem wachen Gewahrsein ihrer Umgebung dahin. Rückt die Welt mit einem Mal wieder scharf in ihr Bewusstsein, fühlt sie sich vielleicht überfordert oder gefangen. An diesem Punkt kann die Kampf-oder-Flucht-Reaktion einsetzen, und sie beißt zu. Leider nicht spielerisch!

Bei manchen Katzen kann sich die Streichelaggression mit der sogenannten irritativen, der schmerz- oder gar der statusbedingten Aggression überschneiden.

Statusbedingte Aggression

Katzen sind kontrollsüchtig. Das ist Teil ihres Charmes.

REDENSART

Lass mich in Ruhe! Oder: *Ich entscheide, wann du mich anfassen darfst und wann es genug ist!* Die statusbedingte Aggression – wie Tierverhaltenstherapeuten sagen – richtet sich genau wie die Streichelaggression gegen den Menschen. Meist handelt es sich um eine bestimmte Person, die von der Katze aus irgendeinem Grund dazu erkoren wurde, von ihr kontrolliert zu werden. Es kann vorkommen, dass sie den Betreffenden beschleicht, ihn aggressiv anstarrt, ihm den Weg versperrt, ihn sogar anfaucht oder anknurrt. Wenn er versucht, sie zu streicheln oder auf den Arm zu nehmen, beißt sie womöglich sogar zu.

All dies geschieht zum Zweck der Kontrolle. Diese Form der Aggression kann grundlos wirken oder immer dann auftreten, wenn Ihre Katze gestreichelt wird oder in besonders territorialer Stimmung ist (sie wird alternativ auch als »Kontroll-«, »Konkurrenz-« oder »Durchsetzungsaggression« bezeichnet).

Der CAT-Plan gegen streichel- und statusbedingte Aggression
Beenden Sie das unerwünschte Verhalten

Verhindern

Wird Ihre Katze beim Streicheln aggressiv, sollten Sie versuchen, sie nur am Kopf zu berühren. Beobachten Sie, ob sich ihr Verhalten dadurch bessert. Wenn das Tier Ihnen zugewandt ist, sollten Sie darauf achten, es nicht mit Ihrem Blick zu fixieren.

> *»Hör auf mich anzuglotzen!«*[72]
> SERGEANT FOLEY (LOUIS GOSSETT JR.)
> *in »Ein Offizier und Gentleman«*

Wie Sergeant Foley können Katzen Blickkontakt nämlich als bedrohlich empfinden.

Vorwegnehmen

Achten Sie auf die folgenden Körpersignale und hören Sie sofort auf, die Katze zu streicheln, wenn Sie eines davon bemerken. Wenn Sie warten, bis sie zu beißen versucht, und die Hand erst dann wegziehen, können Sie sie damit sogar zum Beißen motivieren; denn Sie bringen ihr bei, dass Beißen zum Erfolg führt. Sie tun, was sie will: Sie ziehen sich zurück. Versuchen Sie, nicht zu stark zu reagieren. Wenn Sie die Hand *nicht* wegziehen, könnten Sie natürlich gebissen werden. Sorgen Sie deshalb von vornherein dafür, dass Sie Erfolg haben werden, und nehmen Sie die Hand sofort weg, wenn Sie die ersten Warnsignale sehen. Achten Sie auch dann auf die Körpersprache Ihrer Katze, wenn sie Ihnen gegenüber statusbedingte Aggression zeigt:

* Der Schwanz zuckt oder schlägt auf den Boden.
* Die Haut schlägt Wellen.
* Der Körper wirkt plötzlich steif oder angespannt, der Kopf ist möglicherweise eingezogen.
* Die Katze verändert ihre Haltung.
* Sie hört auf zu schnurren.
* Sie knurrt leise.
* Sie legt die Ohren an.
* Ihre Pupillen weiten sich.
* Die Schnurrhaare sind nach vorn gerichtet und breit gefächert.
* Die Katze packt die streichelnde Hand (oder den Fuß) vorsichtig.

🐾 Sie starrt Sie an (statusbedingt).

🐾 Sie nimmt Ihren Arm oder Ihr Bein ins Maul (statusbedingt).

Nur bei statusbedingter Aggression

Legen Sie dem aggressiven Tier ein Sicherheitshalsband mit einem Glöckchen um. So weiß das menschliche Opfer immer, wo die Katze sich befindet. Unterbrechen Sie unerwünschtes Verhalten mit einem Ablenkmanöver oder einem »Akt höherer Gewalt«. Falls Sie sich für die zweite Technik entscheiden und zum Beispiel mit einer Wasserpistole oder Luftstoß arbeiten möchten, müssen Sie genau in dem Augenblick reagieren, in dem Ihre Katze das unerwünschte Verhalten zeigt. Anderenfalls wird es nicht funktionieren. Denken Sie daran, dass Sie »*undercover* operieren« müssen, sonst wird Ihre Katze Ihr Handeln als Kampfansage betrachten, was die ganze Sache noch schlimmer machen wird.

Zeigt Ihre Katze Anzeichen von statusbedingter Aggression, indem sie knurrt, Sie anstarrt oder ein Körperteil ins Maul nimmt, sollten Sie eine Weile darauf verzichten, sie zu streicheln oder in den Arm zu nehmen. Sendet sie diese Signale, während sie auf Ihrem Schoß sitzt, stehen Sie auf und lassen sie sanft zu Boden rutschen. Greifen Sie nicht nach dem Tier, um es abzusetzen. Sie könnten gebissen werden. Statusbedingt aggressive Katzen werden versuchen, auch dadurch die Kontrolle über Sie zu erlangen, dass sie Ihren Weg blockieren. Deshalb sollte die Spritzpistole immer einsatzbereit sein, falls sie versucht, Sie im Vorübergehen zu beißen oder zu kratzen. Gehen Sie ihr im Flur nicht einfach aus dem Weg, geben Sie ihrem Kontrollverhalten nicht nach, sonst verstärken Sie es damit noch und bringen ihr bei, dass Sie leicht zu beherrschen sind. Stellen Sie die Freifütterung ein, um noch deutlicher zu signalisieren, dass Sie der Chef sind. Füttern Sie die Katze selbst, um ihr klarzumachen, woher ihre Mahlzeiten kommen, und stellen Sie ihr das Futter nur hin, wenn sie es nicht von Ihnen fordert.

Machen Sie das erwünschte Verhalten attraktiv

Sie können die Streichelaggression nicht nur voraussehen und verhindern, Sie können auch die Streicheltoleranz Ihrer Katze erhöhen. Achten Sie sorgfältig darauf, die Streicheleinheiten zu beenden, *bevor* Ihre Katze körperlich signalisiert, dass es ihr zu viel wird. Mit der Zeit wird sie lernen, darauf zu vertrauen, dass Sie ihre Grenzen kennen, und sich immer wohler fühlen, wenn Sie sie streicheln. Falls Sie also wissen, dass Sie Ihre Katze normalerweise etwa dreißig Sekunden lang streicheln können, bevor sie zubeißt oder die Ohren anlegt, hören Sie das nächste Mal schon nach zwanzig Sekunden auf – und geben Sie ihr einen kleinen Leckerbissen, wenn sie ruhig geblieben ist. Dies wird weiter dazu beitragen, dass sie das Streicheln mit etwas Angenehmem verbindet. Im Laufe der Zeit können Sie die Streicheleinheiten nach und nach verlängern, und allmählich wird Ihre Katze diese Momente – und die Leckerbissen – genießen, statt zu fürchten, dass Sie zu weit gehen könnten. Denken Sie daran, sie nur dort zu streicheln, wo sie auch gestreichelt werden will.

Nur bei statusbedingter Aggression

Die Person, die Zielscheibe der Aggressionen ist, könnte der Katze mit dem Clickertraining (siehe Anhang A) beibringen, gegen Belohnung kleine Kunststücke vorzuführen. Der Betreffende könnte Verhaltensweisen fördern, die Sie gern häufiger sähen – dass sie ihr Opfer zum Beispiel ohne die üblichen unverhohlenen Aggressionen vorbeigehen oder sich von ihm streicheln lässt –, und damit deutlich machen, wer die Kontrolle hat. Die Zielperson kann auch die Fütterung übernehmen, damit die Katze positive Assoziationen entwickelt und sich daran erinnert, wer ihr zu fressen gibt. Sie sollte außerdem mit ihr spielen und sie im Anschluss daran füttern. Mit anderen Worten, sie sollte eine Quelle für Nahrung und Unterhaltung sein.

Verbessern Sie die Lebensbedingungen

Beruhigen Sie Ihre Katze mit Pheromonen. Auch ganzheitliche Mittel können besänftigend wirken (siehe Kapitel 5). Nach Status strebenden Katzen sollten außerdem viele Spielsachen und andere Ablenkungsmöglichkeiten zur Verfügung stehen, damit sie Energie abbauen können.

Haben Sie Geduld und passen Sie Ihre Erwartungen immer wieder an. Ihre Katze kann Frustration spüren, was ihre Laune zu dämpfen und Fortschritte weiter hinauszuzögern vermag. Dieser Prozess dauert möglicherweise sehr lange, und manche Katzen werden vielleicht niemals lernen, es zu genießen, überhaupt oder für längere Zeit auf dem Schoß eines Menschen zu sitzen oder sich streicheln zu lassen.

In einem Haushalt mit mehreren Katzen sind verborgene Aggressionen oder unverhohlene Kämpfe zwischen den Tieren häufig die Ursache für Unsauberkeit und natürlich Harnmarkieren. Nun, da wir die Spannungen und Aggressionen zwischen Katzen besprochen haben, werden wir uns im Folgenden mit einem gelegentlichen Symptom innerartlicher Einschüchterungsversuche und Aggressionen beschäftigen – der Unsauberkeit.

ACHT

Eliminieren Sie das Negative: Locken Sie Ihre Katze mit kreativen Ideen aufs Katzenklo

Hier sind alle verrückt.[73]
LEWIS CARROLL: *Alice im Wunderland*

Wir halten nicht das Geringste davon, wenn unsere Katzen »kreativ« werden und ein Verhalten an den Tag legen, das die Pariser angesichts des ungenierten öffentlichen Wasserlassens als *urine sauvage* oder »Wildpinkeln« bezeichnen. (Freunde der Stadt des Lichts und der Liebe werden beruhigt sein zu hören, dass Paris inzwischen darauf reagiert hat und sich einer 88 Mann starken Truppe rühmen kann, der Brigade des Incivilités, einer Spezialeinheit gegen unangemessenes Verhalten in der Öffentlichkeit.) Ich kannte einmal eine Siamkatze, die in alle Löcher und Öffnungen urinierte, die sie nur finden konnte: in einen leeren Wäschekorb, das Spülbecken, die Herdmulde, den Korb mit dem Hundespielzeug, den Holzkorb neben dem Kamin – und schließlich sogar in die Handtasche ihres Frauchens. Ich kenne Katzenbesitzer, die unliebsame Aufmerksamkeiten in Schuhen und Kaffeebechern finden. Einmal hatte ich sogar den merkwürdigen Fall eines übelriechenden Toasters zu lösen.

Das instinktive Bedürfnis der Katze, in einem Substrat zu scharren (von dem wir Menschen hoffen, es möge sich dabei um die Einstreu der Katzentoilette handeln) und sich zu lösen, ist so stark, dass junge Tiere dies automatisch und ohne jedes Training tun. Es heißt, dieser Instinkt habe seinen Ursprung bei den wilden Ahnen der Katze, der Gattung Felis silvestris, die seit vielen tausend Jahren in den nordafrikanischen Halbwüsten leben. In dem sandigen Boden dort lassen sich Kot und Urin leicht verscharren. Nun gut, sagen Sie sich vielleicht, aber warum sollten *sie* sich diese Mühe machen? Vermutlich sowohl aus Gründen der Hygiene als auch deshalb, weil weniger Raubtiere auf sie aufmerksam wurden, wenn ihre Schlaf- und Ruheplätze nicht so stark nach ihnen rochen. Entgegen der weitverbreiteten Ansicht verscharren nicht alle Katzen ihren Kot. Ist ihr Revier – wie bei den freilebenden Katzen – so groß, dass ihre Ausscheidungsplätze weit genug von ihren Schlaf- und Ruheplätzen entfernt sind, machen sie sich nur selten die Mühe.

Manche Hauskatzen sollten Reinigungsfirmen gründen: Sie verscharren nicht nur den eigenen Kot, sondern auch alle fremden Hinterlassenschaften, die sie in der Katzentoilette finden. Es leuchtet ein, dass Hauskatzen ein solches Verhalten zeigen. Vermutlich hat der Mensch im Laufe der Zeit bevorzugt reinliche Tiere bei sich aufgenommen, da ihm hygienebewusstere Katzen in Haus und Hof lieber waren.

Eine unnötige Tragödie

Unsauberkeit ist ein ernstes, aber vermeidbares Problem. Experten schätzen, dass zwischen 40 und 75 Prozent aller verhaltensauffälligen Katzen Schwierigkeiten mit Unsauberkeit haben. Sie gibt am häufigsten Anlass zu Beschwerden bei Katzenbesitzern und ist der Hauptgrund dafür, dass Jahr für Jahr Millionen von Katzen ins Tierheim gebracht oder gar getötet werden. Es ist sehr wichtig, dass sich Katzenbesitzer bei diesem unerwünschten Verhalten Hilfe holen. Denn es ist nicht nur eines der lästigsten, sondern auch – glauben Sie's mir – eines der am leichtesten zu lösenden Probleme.

Die Faktoren, die zur Unsauberkeit beitragen, sind meist so offensichtlich, dass Sie mit Hilfe der Empfehlungen in diesem Kapitel selbst imstande sein sollten, die nötigen Veränderungen vorzunehmen, um die Angelegenheit im wahrsten Sinne des Wortes zu bereinigen. Im Laufe der Jahre habe ich unzähligen Katzen mit Unsauberkeitsproblemen geholfen. Zu Beginn meiner Arbeit als Tierverhaltenstherapeutin hatte ich das Gefühl, nur etwas ausrichten zu können, wenn ich die Katze, ihren Besitzer, die Anordnung der Katzentoiletten sowie die Stellen gesehen hatte, an denen unerwünscht Kot oder Urin hinterlassen wurde. Aber mit der Zeit verfeinerte ich die kriminaltechnische Befragung meiner Klienten und meine Techniken der Verhaltensmodifikation so weit, dass ich die Tiere fast immer auch ohne Ortstermin wieder dazu bringen konnte, die Katzentoilette zu benutzen. Inzwischen habe ich meinen Ansatz noch weiter verbessert, sodass in den meisten Fällen weder ein Hausbesuch noch die persönliche Beratung durch einen Verhaltensexperten nötig ist. In diesem Kapitel werde ich *Ihnen* zeigen, wie Sie die für die Zufriedenheit Ihrer Katze erforderlichen Veränderungen vornehmen können. Danach können wir uns einfach zurücklehnen und die Katzen tun lassen, was sie eben tun.

Kot außerhalb des Katzenklos

Fall Nr. 1: Und ihr Besitzer nannte sie »Yum Yum«

Sehen wir uns nun das Beispiel einer Katze an, die früher ohne die Gnade eines besonders liebevollen Halters wohl keine Chance gehabt hätte, im Haus zu bleiben.

Das Problem: Seit vier Jahren Kotabsatz außerhalb des Katzenklos, Tendenz anhaltend

Besitzer Stefan beschreibt das Problem mit seiner Katze Yum Yum, was auf Deutsch übrigens so viel wie »Lecker, lecker!« heißt, folgendermaßen (Auszug aus einem ausführlichen Fragebogen):

> Ich habe Yum Yum im Jahr 2004 zu mir geholt, als sie noch ein Kätzchen war. Ein Jahr später fing sie an, ihre Häufchen zuerst neben das Katzenklo, später dann auf den Wohnzimmerteppich zu setzen. Irgendwann hat sie sich angewöhnt, beim Herumlaufen in der Wohnung hier und da ein Kotklümpchen fallen zu lassen. Sie kotet auch auf den flauschigen Badezimmerteppich und dreht ihn anschließend um. Seltsamerweise setzt sie Urin nach wie vor problemlos im Katzenklo ab. Der Tierarzt sagt, ihr Problem habe keine medizinische Ursache.
>
> Ich habe es mit Pheromonspray versucht, für den Fall, dass es sich um eine stressbedingte Angelegenheit handelt, aber das hat nicht geholfen. Ich entferne mindestens dreimal wöchentlich die verschmutzte Streu aus ihrem Katzenklo.

Die Beratung

Als ich Yum Yum und Stefan in ihrer Wohnung in Seattle besuchte, sah ich sofort, dass Stefan seine Katze liebte und sich nach Kräften bemühte, eine gedeihliche Umgebung für sie zu schaffen. Die fünf Jahre alte grauweiße Perserkatze hatte alle Spielsachen, die Mensch und Tier sich nur vorstellen konnten.

In der ganzen Wohnung waren unterschiedlich hohe Kratzbäume verteilt, und es gab Fensterliegen, um ihr das Beobachten der Vögel so angenehm wie möglich zu machen. Der fürsorgliche Stefan hatte sogar dafür gesorgt, dass auf seinem Großbildfernseher ein speziell für Katzen produzierter Vogelfilm lief. Er selbst hatte offenbar eine Schwäche für Schuhe. Auf dem Boden der Wohnung sah es aus wie in einem Schuhgeschäft während des Ausverkaufs. Schuhschachteln säumten alle Wände und standen scheinbar zufällig in merkwürdigen Formationen wie die Steine von Stonehenge in der ganzen Wohnung herum. Wie ich später erfuhr, blockierte Stefan damit die Stellen, an denen Yum Yum Kot hinterlassen hatte. Er glaubte, so die Wahrscheinlichkeit verringern zu können, dass sie noch einmal an den gleichen Ort zurückkehrte – wie es Katzen zu tun pflegen.

Yum Yum war ein sehr freundliches Tier. Kaum hatte ich Stefans Diele betreten, rieb sie sich schnurrend an mir. Danach lief sie schnurstracks zu einem ihrer Kratzbäume, stupste mit der Pfote einen herabhängenden Bommel an und warf mir über die Schulter einen koketten Blick zu – so kam es mir jedenfalls vor –, als nähme sie an, der allzeit zuvorkommende Stefan habe mich als Spielkameradin für sie eingeladen.

»Ich gebe Yum Yum alles, was eine Katze sich nur wünschen kann«, fing er an. »Ich habe keine Kinder, ich habe nur sie. Diese Verpflichtung gilt ein Leben lang, deshalb könnte ich auch damit leben, wenn sie noch vierzehn Jahre in die Wohnung machen würde – oder länger.« Er schwieg. »Aber natürlich wäre es mir lieber, sie täte es nicht.« Er fügte hinzu: »Und was ist, wenn ich irgendwann einmal heiraten möchte? Wer wird schon mit mir und meiner stuhlinkontinenten Katze leben wollen?«

»Da ist was dran«, erwiderte ich. »Ich habe Klienten, deren Ehepartner sich daran stören, dass ihre Katzen überall hinmachen. Deswegen gelingt es mir, mehr Ehen zu retten als den meisten Eheberatern. Also gut, ich möchte Ihnen ein paar Fragen stellen«, fuhr ich fort. »Zuerst möchte ich grundsätzlich alle

möglichen medizinischen Ursachen ausschließen können. Waren Sie mit Yum Yum beim Tierarzt, um abklären zu lassen, ob es eine körperliche Erklärung für ihr Verhalten gibt?«
»Ja. Als sie knapp ein Jahr alt war, hatte sie manchmal einen sehr trockenen, harten Stuhl und litt tagelang unter Verstopfung. Der Tierarzt empfahl, zusätzlich zum Trocken- auch Nassfutter zu geben. Jetzt sieht ihr Kot normal aus, und sie hat jeden zweiten Tag Stuhlgang. Für den Notfall hat er auch einen Stuhlweichmacher verschrieben.«
»Hat er Ihnen noch etwas anderes empfohlen, um das Problem zu lösen?«
»Als die Ernährungsumstellung und der Stuhlweichmacher nicht halfen, hat er gesagt, das Kotproblem sei verhaltensbedingt. Er hat ihr eine Weile Antidepressiva gegeben, aber das hat auch nichts gebracht, und eigentlich bin ich dagegen, dass sie unnötig Medikamente bekommt.«
Ich wandte mich an die Katze: »Und was denkst du, Yum Yum?«
Sie zuckte mit den Schultern. *Naja, ist schon lange her, da war ich mal in der Kiste und habe mein Geschäft gemacht, und das hat richtig wehgetan. Anschließend wollte ich nicht mehr dorthin, wo's wehtut. Dann habe ich dort drüben auf den Teppich gemacht. Aber das hat auch wehgetan, genau wie auf dem Klo, also habe ich mir einfach immer neue Plätze gesucht, und irgendwann hat es endlich aufgehört wehzutun. Deswegen mache ich das große Geschäft nicht im Aua-Klo, aber das kleine mache ich immer dort, weil das nie wehtut, und ...*
»Ich denke, ich verstehe zumindest einen großen Teil des Problems«, erklärte ich Stefan. »Yum Yums Verhalten hatte eine klare Ursache. Möglicherweise sind sogar zwei oder drei Gründe zusammengekommen. Eins muss ich noch wissen: Macht sie manchmal auch direkt neben die Katzentoilette?«
Er dachte kurz nach. Ich stellte mir vor, wie er im Geiste alle Stellen durchging, an denen seine Katze jemals Kot hinterlassen hatte.

»Das hat sie früher oft gemacht, und es kommt sogar jetzt noch ein paarmal in der Woche vor.«

»Gut. Das könnte heißen, dass die Katzentoilette zu schmutzig war. Sie haben erwähnt, dass Sie das Katzenklo dreimal wöchentlich sauber machen, aber das reicht nicht. Außerdem sollten Sie mindestens zwei davon haben. Was die anderen Ursachen betrifft, lassen Sie es mich Ihnen erklären …«

Die Diagnose: Schmerz beim Koten, Gewöhnung und mehr

»Zunächst war der Schluss, dass Yum Yums Problem keine medizinische Ursache hat, verfrüht. Der trockene Stuhl machte den Kotabsatz in der Katzentoilette unangenehm, vielleicht sogar schmerzhaft; und wenn Sie tagelang keine Häufchen gefunden haben, lag das vermutlich daran, dass Yum Yum an Verstopfung litt. Das ist eine normale Folge von hartem Stuhl. Die Ausscheidung ist so schmerzhaft, dass die Tiere den Stuhl zurückhalten. Noch schlimmer ist, dass er immer härter werden kann, je länger sie warten! Und Verstopfungen können Probleme beim Kotabsatz verursachen.«

Stefan sah etwas skeptisch drein. »Auch dann, wenn sie gar nicht mehr verstopft ist?«

»Ja, auch dann. Der Schmerz, den sie beim Kotabsetzen in ihrer Katzentoilette empfand, könnte sie darauf konditioniert haben, diesen Ort mit Schmerzen in Verbindung zu bringen. Was wiederum dazu geführt haben könnte, dass sie sich angewöhnte, ihr Geschäft nicht mehr dort zu verrichten. Ihre Beschreibung, dass sie im Haus herumläuft und überall Kot absetzt, klingt für mich nach einer Katze, die vor dem Schmerz davonläuft – oder vor der Katzentoilette, weil sie denkt, sie hätte den Schmerz verursacht, den sie empfand, als sie dort ihr Geschäft zu verrichten versuchte.«

Yum Yums Verhalten hatte also eine gesundheitliche Ursache gehabt und war dann vermutlich zur Gewohnheit geworden. Dass es nur eine einzige schmutzige Katzentoilette gab, tat ein

Übriges. Inzwischen war das medizinische Problem zwar behoben, doch eine einmal eingeschliffene Gewohnheit besteht auch dann weiter, wenn der ursprüngliche Grund für ihre Entstehung nicht mehr gegeben ist. Dass Yum Yum nur jeden zweiten Tag Stuhlgang hatte, klang für mich, als hätte sie immer noch Probleme mit Verstopfung oder hartem, trockenem Stuhl. Tiere haben im Allgemeinen mindestens einmal täglich Stuhlgang. Freigänger setzen bis zu fünfmal Kot ab, der Durchschnitt liegt bei dreimal. Es wäre jedoch vorstellbar, dass die Ernährung mit den neueren, stärker konzentrierten Futtersorten die Häufigkeit auf weniger als einmal täglich reduzieren könnte.[74] Ich empfahl Stefan, noch einmal zum Tierarzt zu gehen, der meine Vermutung bestätigte und ihm zusätzliche Tipps für die Ernährung seiner Katze gab. Er erklärte ihm unter anderem, wie er den Feuchtigkeitsgehalt von Yum Yums Stuhl erhöhen und damit auch ihre Verstopfung lindern konnte.

Nachdem ich den von Stefan ausgefüllten und sehr detaillierten Fragebogen durchgesehen und ungefähr eine Stunde mit ihm gesprochen hatte, wusste ich, was ich wissen musste, um ihm den CAT-Plan zur Verhaltensänderung zu verordnen, den Sie weiter unten finden. Ich werde Ihnen die meisten anderen Fragen ersparen, die ich Stefan gestellt habe, um die möglichen Ursachen des Problems einzugrenzen. Eine davon werde ich jedoch im nächsten Abschnitt behandeln.

Gesundheitshinweis

Jede Abweichung von der normalen Stuhlbeschaffenheit – ob hart, weich oder Durchfall – kann die ursprüngliche Ursache für Kotabsatz außerhalb der Katzentoilette sein. Eine Katze mit Durchfall schafft es vielleicht nicht mehr rechtzeitig. Sie macht auf den Teppich, stellt fest, dass das offenbar auch in Ordnung ist, und schon ist eine neue Gewohnheit oder Vorliebe für diesen Ort und dieses Material entstanden.
Stark gefüllte oder verstopfte Analbeutel können Schmerzen

beim Kotabsetzen verursachen und dazu führen, dass Katzen den Stuhl zurückhalten. Ich sehe Katzen, die völlig verängstigt reagieren, wenn sie Kot absetzen müssen. Ihre Pupillen weiten sich infolge der Angstreaktion, manchmal peitscht ihr Schwanz aufgeregt hin und her. Es kann sogar vorkommen, dass sie ihr Katzenklo anknurren. Gelegentlich halten sie Kot auch dann zurück, wenn innerartliche Spannungen in territorialen Streitigkeiten um die Katzentoiletten zum Ausdruck kommen: Eine Katze, die in der Rangordnung weiter unten steht, bleibt der Toilette dann möglicherweise fern und hält den Kot zurück. Das Zurückhalten von Kot kann sowohl die Ursache als auch die Folge von Verstopfung und trockenem Stuhl sein. Trockene Stühle machen natürlich auch die Ausscheidung schmerzhaft. Sind die Analbeutel sehr voll oder verstopft, müssen sie vom Tierarzt entleert werden. Meiner Erfahrung nach werden ungefähr 70 Prozent aller Fälle von unerwünschtem Kotabsatz ursprünglich dadurch verursacht, dass Katzen einen harten oder trockenen Stuhl, Durchfall, Verstopfung oder Analbeutelprobleme hatten. Aber selbst wenn das medizinische oder anderweitige Problem behoben ist, kann das Verhalten – Kot an einem anderen Ort abzusetzen – zur Gewohnheit geworden sein, und es sind womöglich negative Assoziationen zum Kotabsetzen im Katzenklo entstanden, was eine Verhaltenstherapie erforderlich macht.

Waren Sie schon mal auf einem Kotball?

Die körperlichen Ursachen unerwünschten Kotabsatzes müssen nicht zwangsläufig medizinischer Natur sein. Bei Katzen mit mittellangem bis langem Fell wie Yum Yum kommt es auch häufig vor, dass Kot in dem langen, weichen Fell an der Rückseite der Beine sowie um und unter dem Schwanz hängen bleibt. Sind bei solchen Katzen die Abstände zwischen den Fellpflegeterminen zu groß oder gelingt es ihnen nicht, beim Koten die richtige Stellung zu finden, ist dies oft der Fall. Dann können Sie Zeuge eines wilden Katzenflamencos werden, bei dem das Tier wie von Sinnen durchs Haus stürzt, um sich des ungeliebten Tanzpartners zu entledigen. Dies war bei Yum Yum zwar nicht der Fall, kommt aber bei Langhaarkatzen wie Perserkatzen und verschiedenen heimischen Langhaarrassen recht häufig vor. Ich erinnere mich an eine Klientin, die mir erzählte, ihr rotweiß getigerter Perserkater rase durchs Haus wie ein orangefarbener Blitz mit einer Riesenzecke am Po. Ihr Mann hatte einen anderen Ausdruck für den Dreck, von dem er den kleinen Kerl befreite, während er sich im Spülbecken wand. Ein solcher »Kotball« kann für unsere peniblen Katzenfreunde (und ihre Besitzer) eine furchtbare Sache sein, und es kann vorkommen, dass die betroffenen Katzen ihrer Toilette die Schuld geben, wo – soweit sie das »beurteilen« können – die Probleme ihren Anfang nahmen. Negative Assoziationen können gelegentlich sogar dazu führen, dass das Tier das Katzenklo auch zum Urinieren meidet.

Ich empfehle, das Fell am Hinterteil der Katze sowie an der Rückseite der Beine so kurz zu halten, dass dieses Problem gar nicht erst entstehen kann. Ich empfehle auch, diese Aufgabe einem professionellen Tierfriseur, Ihrem Tierarzt oder einem Tierarzthelfer zu überlassen. Versuchen Sie es keinesfalls selbst, ohne sich zuerst zeigen zu lassen, wie man es richtig macht. Sie riskieren, Ihre Katze zu verletzen, die sich danach vielleicht nie mehr von Ihnen das Fell schneiden oder scheren lässt.

Ärgerliches Kotmarkieren oder Nur ein verirrtes Kotklümpchen?

Manchmal ist Kot nicht einfach nur Kot. Liegt er an den Durchgangswegen im Haus, auf einem Lieblingssofa oder an einer anderen exponierten Stelle, könnte es sich dabei um eine Form des

Markierens handeln, mit der Ihre Katze ihr Revier absteckt. Das sogenannte Kotmarkieren oder *middening* beginnt für gewöhnlich erst, nachdem das Tier die soziale Reife erreicht hat, und es verhält sich zum einfachen Kotabsatz wie das Harnmarkieren zum schlichten Urinieren. Der englische Begriff *middening* leitet sich von einem englischen Wort ab, das wiederum auf das altnordische Wort für »Misthaufen« zurückgeht.

Wenn Sie *middening* in eine Internetsuchmaschine eingeben, wird diese wahrscheinlich Ihre Rechtschreibung korrigieren wollen: »Meinten Sie *maddening* [ärgerlich]?« Es ist zum Verrücktwerden! Dass die Suchmaschine davon ausgeht, Sie hätten keine Ahnung von Orthografie, und Ihnen so oder so kaum Informationen über diese Form des Kotmarkierens liefern wird, offenbart, wie selten dieses Verhalten zumindest bei Hauskatzen ist. (Freigänger markieren in bis zur Hälfte aller Fälle mit Kot. Bei Wohnungskatzen kommt dies deutlich seltener vor.) Doch wenn es dazu kommt, kann es allerdings *sehr wohl* mit dem Wörtchen »ärgerlich« beschrieben werden!

Dominantere oder selbstbewusstere Katzen können mit Kot Revieransprüche verdeutlichen. Das Kotmarkieren ist nicht nur ein starkes optisches Signal − bereits von Weitem sichtbar −, dank des übelriechenden Analdrüsensekrets, das die Kotausscheidung erleichtert, ist es auch ein Geruchssignal. Katzen, die mit Kot markieren, wollen eine Botschaft übermitteln und hinterlassen ihre Haufen deshalb meist an exponierter Stelle, wo ihre Artgenossen (also die Konkurrenz) sie kaum übersehen können: im Flur oder an den Wegen, die von den Katzen im Haus häufig benutzt werden, an Türen, die nach draußen oder in die bevorzugten Räume führen, an erhöhten Stellen und unweit anderer wichtiger Plätze, die eine Katze ungern teilt. Es kann sein, dass die Tiere an den genannten Stellen auch Kot absetzen (statt zu markieren). In diesem Fall wählen sie aber oft weniger populäre Orte wie die Ecke des Esszimmers. Kotmarkierungen finden sich meist fernab des Kernreviers, also der Schlaf- und Futterplätze im Nestbereich. Eine dominante Katze, die Artgenossen abschrecken möchte, kann allerdings sogar vor Katzentoiletten oder Futternäpfen territoriale Kotmarkierungen hinterlassen.

Hat Ihre Katze versucht, den Kot zu verscharren, erkennen Sie das daran, dass er unter am Boden herumliegenden Kleidungsstücken oder Bettwäsche versteckt ist oder der Teppich dort, wo sie ihr Häufchen hinterlassen hat, Kratzspuren aufweist. Katzen verscharren ihren Kot nicht, wenn er Markierungszwecken dient. Sie wollen, dass man ihn sieht! Manche Tiere versuchen aber auch dann nicht, ihren Kot zu verscharren, wenn sie *keine* Botschaft damit übermitteln möchten. Sollten Sie also einen deutlich sichtbaren Kotklumpen an der Haustür finden, lässt sich unter Umständen nur schwer sagen, was Ihre Katze damit beabsichtigte.

Was Yum Yum anging, hatte ich Kotmarkieren trotz der öffentlichen Zurschaustellung ihrer Hinterlassenschaften ausgeschlossen. Sie war das einzige Tier im Haushalt, konnte von ihrem Apartment im vierten Stock keine Katzenkonkurrenz sehen und hatte bereits im Alter von einem Jahr – also *vor* Erlangen der sozialen Reife mit etwa zwei Jahren – angefangen, ihre Häufchen unmittelbar neben die Katzentoilette zu setzen. Der harte Stuhl ließ zudem darauf schließen, dass die Ausscheidung schmerzhaft war. Alle diese Faktoren machten es sehr unwahrscheinlich, dass es sich bei ihrem Verhalten um eine Form der Reviermarkierung handelte – genau wie der Umstand, dass sie versucht hatte, ihren Kot unter der Badematte zu verstecken.

Letztlich lässt sich meist kaum mit Gewissheit sagen, ob Ihre Katze mit Kot markiert oder sich lediglich erleichtert. Befolgen Sie den CAT-Plan gegen Unsauberkeit. Wenn der Erfolg ausbleibt, könnte Ihre Katze mit ihren Kothaufen markieren. In diesem Fall sollten Sie das nächste Kapitel lesen. Dort werden Sie zusätzliche Methoden finden, möglichen Stressfaktoren im Leben Ihrer Katze zu begegnen, unter anderem der Konkurrenz mit Artgenossen um wichtige Ressourcen.

Betrachten wir nun ein Szenario, das in den Annalen des unerwünschten Harnabsatzes häufig zu finden ist. Im Anschluss werde ich einen CAT-Plan präsentieren, der sowohl bei Problemen mit Kot- als auch mit Harnabsatz funktioniert.

Urin außerhalb des Katzenklos

Fall Nr. 2: Das Katzendomizil im Keller

Schauen wir uns nun an, welche menschlichen Irrtümer dazu führen können, dass Katzen an allen möglichen Stellen in der Wohnung urinieren.

Das Problem: Harnabsatz an verschiedenen Stellen im Haus

Katzenbesitzerin Franziska beschreibt das Problem wie folgt (Auszug aus einem ausführlichen Fragebogen):

Jelly Bean, Pasha, Nutella und Helmut (die Tiere sind zwei bis vier Jahre alt) kommen in 95 Prozent der Fälle wunderbar miteinander aus. Sie wurden gerade gründlich vom Tierarzt untersucht und haben keine gesundheitlichen Probleme.

Im Alter von zwei Jahren haben Jelly Bean und Pasha angefangen, sich außerhalb der Katzentoilette zu erleichtern. Auf Anraten meines Tierarztes habe ich versucht, zusätzliche Katzenklos aufzustellen und verschiedene Streusorten auszuprobieren, aber das änderte nichts an unserem Problem. Bitte helfen Sie uns! Wir sind kurz davor, Jelly Bean und Pasha ins Tierheim zu geben. Das wäre emotional verheerend für uns!

Die Beratung

Ich besuchte Franziska zu Hause. »Hallo, kommen Sie doch herein«, sprach sie zu mir und wies gleichzeitig eine ihrer Katzen an: »Du bleibst drin!« Mir war sofort klar, dass auch Franziska

mächtig Stresspheromone verströmte. Eine der Katzen begrüßte mich an der Tür mit großem Miau und funkelte mich aus strahlend grünen Augen an. »Das ist Jelly Bean«, sagte Franziska und seufzte tief. »Eine der Katzen, die überall hinpieseln.«
»Sie haben vier Katzen. Woher wissen Sie, von wem die Pfützen stammen?«, fragte ich, da ich sichergehen wollte, dass sie die wahren »Schuldigen« ermittelt hatte.
»Ich habe die Katzen im Schlafzimmer isoliert. Im Laufe der Zeit waren die Übeltäter leicht auszumachen. Außerdem ertappe ich Pasha und Jelly Bean oft auf frischer Tat ... Jelly Bean ist eine superliebe und süße Katze«, fuhr sie fort, »aber sie weiß, wenn sie ungezogen war. Wenn ich ins Zimmer komme und sie gerade irgendwo hingemacht hat, schleicht sie mit schuldbewusster Miene davon.«
Für Katzen ist Urinieren an sich nichts Schlimmes, aber wenn Sie sie dabei anschreien, lernen sie *unter Umständen*, dass es keine gute Idee ist, es *in Ihrer Gegenwart* zu tun. Katzen fehlen die kognitiven Voraussetzungen für echte Schamgefühle, ohne die man keine Schuldgefühle empfinden kann. (Das habe ich nicht aus dem Studium der Katzen, sondern bei der Beobachtung eines Exmannes gelernt.)
Ich bat Franziska, mir zu zeigen, wo sich die Katzen erleichtert hatten, und sie führte mich – immer noch aufgewühlt – durch das Erdgeschoss ihres zweistöckigen Hauses. Nirgends war auch nur die Spur von Katzenspielzeug, Futternäpfen oder Katzenbetten zu sehen. Der einzige Hinweis darauf, dass sie Katzen hatte, war die geschmeidige schwarze Jelly Bean selbst, die beim Gehen immer wieder zwischen meinen Beinen hindurchflitzte.
»Erstaunlich«, sagte Franziska, die sie beobachtete. »Den Trick habe ich schon lange nicht mehr gesehen. Früher hat sie das immer gemacht, wenn ich von der Arbeit nach Hause kam. Werde ich es jemals schaffen, ihre Sympathie zurückzugewinnen? Ich vermisse ...« Sie rang nach Luft und zeigte auf das Sofa.

»*Sehen Sie das?!*« Jelly Bean und ich erstarrten auf der Stelle, die Augen weit aufgerissen. »Da ist ein *neuer Urinfleck* auf der *Couch*!« Als Jelly Bean Franziskas empörten Aufschrei vernahm, ergriff sie sofort die Flucht und schoss die Treppe hinauf. Ich konnte es ihr nachfühlen. Am liebsten wäre ich mit ihr geflohen.

Aggression bei Katzeneltern: Schimpfen

Ich erlebe oft, dass Menschen gestehen, die Nasen ihrer Katzen in Urinpfützen gedrückt oder die Tiere geschlagen zu haben. Auf diese Weise erzeugen sie negative Assoziationen zu ihrer Person und möglicherweise auch zum Ort der Sanktionen. Das Problem löst man damit nicht. Eine Katze, die ihrem Besitzer aus dem Weg geht, wenn sie sich erleichtern muss, erledigt ihr Geschäft vielleicht im Verborgenen – was irgendwann doch entdeckt wird – oder hält den Urin zurück aus Furcht, noch mehr Geschrei oder weitere Schläge heraufzubeschwören. Das Zurückhalten des Urins schadet dem Harnapparat und kann ironischerweise ausgerechnet zu gesundheitlichen Problemen beitragen, die unerwünschten Harnabsatz verursachen.

»Ich bin mir sicher, dass Sie Jelly Beans Sympathie zurückgewinnen können«, sagte ich. »Katzen können sehr versöhnlich sein, wenn man menschliche Vorstellungen von Vergebung anlegen möchte. Sie dürfen Sie nur ab sofort nicht mehr anschreien. Sie haben Jelly Bean mit Ihrer Reaktion sehr erschreckt. Wie Sie wissen, bringt das nichts. Es sorgt lediglich dafür, dass sie Ihre Person mit negativen Gefühlen und Angst in Verbindung bringt, was das Band zwischen Mensch und Katze beschädigen kann.«

Franziska wirkte ehrlich betroffen, erholte sich aber schnell wieder. »Ich habe diese Stelle erst gestern geputzt, und jetzt hat schon wieder eine der Katzen hingepinkelt«, sagte sie. »Ich würde gern ein neues Sofa kaufen, aber ich habe Angst, dass sie auch das ruinieren.«

»Wir sollten zuerst das Verhalten in den Griff bekommen, bevor Sie sich ein neues Sofa anschaffen«, stimmte ich ihr zu.

Sie zeigte auf den Tisch in der Essecke, den sie akkurat mit ihrer Sammlung englischer Teetassen eingedeckt hatte. »Einmal hatte ich meine Schwiegermutter zum Tee eingeladen. Wir setzten uns hier in die Essecke, als ich den Urin in ihrer Tasse bemerkte! Jelly Bean hatte noch versucht, ihn unter einem Spitzendeckchen zu verstecken!«

Ich musste lachen, und auch Franziska stimmte ein.

»Was haben Sie gemacht?«

»Na ja, ich habe ihr die Tasse unter der Nase weggerissen und gesagt, ich hätte eine Fliege darin entdeckt!«

Anschließend machte Franziska eine Art Besichtigungstour mit mir, um mir zu zeigen, wo sich Jelly Bean und Pasha erleichterten. Sie hatten viele Stellen, konzentrierten sich aber offenbar auf den Teppich in den Ecken der Schlafzimmer. Das Bett und Dinge, die auf dem Boden lagen, wie Zeitschriften, Plastiktüten und Papier, bekamen seltener etwas ab. »Die Sachen sind immer zerzaust und zerkratzt, bis hin zu Krallenspuren auf dem Teppich neben der Pfütze.« Damit hatte sie die Verschleierungsversuche schon zum zweiten Mal erwähnt, was zusammen mit der Wahl der Orte und der eher unpersönlichen Natur der Zielobjekte ein guter Hinweis darauf war, dass die Katzen nicht *markierten*, sondern sich *erleichterten*.

Anschließend bat ich Franziska, mir die Katzentoiletten zu zeigen.

»Hier entlang!«, sagte sie. »Ich habe den Katzen ein *eigenes* Reich im Keller eingerichtet. Dort sind auch alle Katzentoiletten, Spielsachen, Futter- und Wassernäpfe untergebracht«, berichtete sie stolz.

Für mich war dies ein weiterer Hinweis. Ich ging die Treppe hinunter, um es mir anzusehen. Die Kellerfenster ließen kaum

Helligkeit herein. Franziska musste Licht machen, damit wir die fünf Katzentoiletten sehen konnten, die an einer Wand aufgereiht waren. Die Futter- und Wassernäpfe befanden sich etwa einen Meter entfernt davon. Im ganzen übrigen Untergeschoss waren Kratzbäume und Katzenbetten, Spielsachen, Spielmatten und sogar Katzentunnel verstreut. Auch die drei anderen Katzen Nutella, Pasha und Helmut waren da. Helmut saß auf einem Kratzbaum, der über den Katzentoiletten aufragte. Nutella lag auf einem Hocker, der unmittelbar am Durchgangsweg von der Kellertür zu den Katzentoiletten stand.

»Sie haben geschrieben, Ihre Katzen kämen in 95 Prozent der Fälle wunderbar miteinander aus«, sagte ich. »Was ist mit den restlichen fünf Prozent?«

»Sie fauchen oder knurren sich an, oder sie jagen sich und gehen dabei ein wenig zu weit, bis sich eines der Tiere aufregt. Das passiert recht häufig auf der Kellertreppe, aber bis vor einem halben Jahr war alles in Ordnung.«

Ich stellte noch ein paar Fragen, dann hatte ich genug gehört. Wenn Sie Kapitel 3 über das Territorialverhalten der Katzen gelesen haben und aus Kapitel 5 wissen, wie Sie für die richtigen Lebensumstände sorgen, werden Sie viele Probleme bereits ausgemacht haben.

Die Diagnose: Konkurrenz um Ressourcen, territoriale Konflikte, unattraktiver Toilettenstandort und vieles mehr

Franziskas Katzen litten wahrscheinlich unter einem der folgenden Probleme, die *jedes für sich* die Unsauberkeit verursacht haben könnten, oder gar dem ganzen Paket:

❧ Der gesamte Lebensraum der Katzen mit allen wichtigen Ressourcen (Katzentoiletten, Futter, Beuteattrappen und andere Spielsachen) beschränkte sich auf einen Raum, was zu Rivalitäten zwischen den Katzen führte.

❧ Die Katzen hatten kurz zuvor die soziale Reife erreicht – bei unserer Begegnung waren alle Tiere zwischen zwei und drei Jahre alt – und zeigten nun territoriales Verhalten.

❧ Es führten nur wenige Wege zu den wichtigen Ressourcen: Es gibt nur eine Kellertreppe und nur wenige mögliche Routen innerhalb des Raums. Sie wurden von Nutella und Helmut streng bewacht, die Jelly Bean und Pasha ganz offensichtlich an der Benutzung der Katzentoiletten im Keller hinderten.

❧ Die Katzenkisten standen sehr eng nebeneinander, sodass die Katzen die beiden Ausscheidungsvorgänge, Harn- und Kotabsatz, nicht voneinander trennen konnten, obwohl ihr Instinkt sie dazu drängt.

❧ Die Katzenkisten standen zu nah am Futter, das Katzen gern von dem Bereich trennen, an dem sie sich erleichtern.

❧ Die Katzentoiletten waren unzureichend beleuchtet.

❧ Die Katzentoiletten waren schmutzig, da sie nur einmal am Tag sauber gemacht wurden, obwohl die Tiere einige davon sicher häufiger benutzten als andere.

Sehen wir uns nun einige der wichtigsten möglichen Ursachen für das Fehlverhalten an.

Nur ein Klo? Aber ich will das kleine Geschäft hier und das große dort machen!

Sind alle Katzenklos an *einem* Ort nebeneinander aufgereiht, wirken sie auf die Katzen wie eine *einzige* Toilette. Die Tiere werden die Ressourcen als begrenzt empfinden und ein stärkeres Bedürfnis haben, sie zu verteidigen. *Jaul!* Diese zentralistische Anordnung der Kisten kann ferner dem Instinkt der Katzen widersprechen, Harn und Kot an verschiedenen Orten abzusetzen.

Klar, die eine Kiste ist für das große Geschäft in Ordnung. Aber wo erledige ich das kleine? Aha, auf diesem tibetischen Läufer klappt es ganz wunderbar!

Erhöhte Aggressivität als weitere Folge übermäßiger Rivalität um Ressourcen und eines schwierigen Timesharings

Ich wusste, dass die Katzen mit dem überfüllten Katzenkeller nicht glücklich waren. Dominante Tiere wie Helmut und Nutella können Katzen wie Pasha und Jelly Bean abschrecken, weil sie begrenzte Ressourcen ungern teilen. Ein eigens eingerichtetes Katzenzimmer kann territoriales Verhalten sogar verstärken. Da die Katzen gezwungen waren, alle Ressourcen an einem Ort miteinander zu teilen, kann dies auch zu dem Fauchen und den Pfotenhieben geführt haben, die Franziska offenbar nicht problematisch fand. Wenn sie in fünf Prozent der Fälle Spannungen feststellen konnte, gab es gewiss auch zu anderen Zeiten soziale Spannungen, die freilich so subtil sind, dass sie dem durchschnittlichen Katzenbesitzer nicht auffallen. Wenn eine Katze irgendwo sitzt, steckt oft mehr dahinter, als auf den ersten Blick erkennbar ist. Vermutlich haben Pasha und Jelly Bean versucht, die Angelegenheit auf ihre Weise zu regeln. Sie erweiterten ihre territorialen Ressourcen, das heißt, sie suchten sich oben im Haus ihre eigenen Katzentoiletten und machten überallhin, wo es im Moment sicher und anheimelnd schien (zum Beispiel auf das Sofa, was Franziska so sehr in Rage versetzte).

Einschüchterung

Ein Kater wie Helmut kann Artgenossen auflauern und sie nur durch Anstarren so sehr einschüchtern, dass sie sich von einer wichtigen Ressource fernhalten. In Franziskas Haushalt gab es nur einen Zugang zu allem, was ihren Katzen wichtig war: die Kellertreppe. Und wenn sie erst dort unten waren, gab es nur wenige Möglichkeiten, zu den Katzentoiletten selbst zu gelangen. Die Auswahl war sogar so gering, dass Helmut und Nutella die Wege erfolgreich bewachen konnten. Ein großer Fehler. Korridore, Treppen und schmale Gänge sind strategisch günstige Punkte, an denen dominante Katzen Ressourcen bewachen und Artgenossen schikanieren können. Derartige Probleme treten besonders gern auf, wenn Katzen die soziale Reife erlangen, da sie dann anfangen, ihre Umgebung durch die territoriale Brille zu betrachten.

Nach dir!

Wenn Katzen *wirklich* gut miteinander auskommen, wird die Benutzung der Wege oft dadurch geregelt, dass diejenige, die zuerst kommt, auch zuerst an der Reihe ist. Das hat nichts mit Dominanz zu tun! Es kann sogar passieren, dass die Tiere sehr lange warten, weil jedes dem anderen den Vortritt lassen will.

Katze 1: *Nach dir!*

Katze 2: *Nein, nach dir! Ich bestehe darauf!*

Katze 1: *Aber nein, du zuerst.*

Zehenamputation, eine häufige Ursache für das Verschmähen der Katzentoilette

Zum Glück hatten sowohl Yum Yum als auch Franziskas Katzen noch alle Zehen. Denn nach der »Krallenentfernung« oder Zehenamputation sind die Pfoten der Tiere hochempfindlich – bei einigen ein Leben lang. Da dürfte es kaum überraschen, dass ihnen der Schmerz viele Sorten Katzenstreu verleidet und sie sich im Haus auf die Suche nach weicheren, glatteren Oberflächen machen, um sich zu lösen, was zur Gewohnheit werden kann. Katzenpfoten können so empfindlich sein, dass jede Art von Einstreu Schmerzen verursacht. Es entsteht eine negative Einstellung zur Katzentoilette, die sogar dann bestehen bleibt, wenn der Schmerz nachlässt oder ganz verschwunden ist. Problematisch ist auch, dass Katzenhalter meist unmittelbar nach der operativen Entfernung der Zehen angewiesen werden, eine aus Papierpellets bestehende Katzenstreu oder Zeitungsschnipsel statt der üblichen Einstreu zu verwenden. So soll verhindert werden, dass Streu in die Wunde gelangt (dadurch könnten die Pfoten noch weiter geschädigt werden oder sich entzünden). Man könnte nun denken, damit ließe sich das Schmerzproblem verhindern. Aber Papierpellets weichen schnell auf, und das mögen Katzen gar nicht. Auch dies kann bei dem Tier zu einer Abneigung gegen die Toilette und zu der Angewohnheit führen, sich an immer neuen Orten und auf immer neuen Untergründen im ganzen Haus zu erleichtern. (In Kapitel 11 werde ich näher auf das Problem der Amputation bei Katzen eingehen.)

Gesundheitshinweis: Absetzen von Kot und Urin

55 Prozent der Katzen, die ihre Toilette verschmähen und ihren Urin anderswo absetzen, haben gesundheitliche Probleme.[75] Diese müssen in Angriff genommen werden, noch bevor oder während Sie Schritte unternehmen, um die daraus hervorgegangenen Verhaltensauffälligkeiten zu beseitigen. Mit der Grunduntersuchung lassen sich möglicherweise nicht alle medizinischen Ursachen finden. Es könnte daher sein, dass Ihr Tierarzt mehr als eine Urinanalyse oder aber eine Urinkultur sowie andere Untersuchungen empfiehlt, um komplexe medizinische Probleme aufzudecken, wie etwa:

Häufiges Urinieren[76]
* Harnsteine,
* interstitielle Zystitis (Entzündung der Blasenwand),
* Harnwegsinfekte oder
* Nierenprobleme.

Unsauberkeit
* Erkrankungen der unteren Harnwege (FLUTD: Feline Lower Urinary Tract Disease),
* Felines Immunschwächevirus (FIV),
* Felines urologisches Syndrom (FUS),
* Harnsteine,

- Virusinfektionen der Harnwege,
- Pilze im Urin,
- idiopathische beziehungsweise interstitielle Zystitis,
- Pfropfen, Steine oder Verengungen der Harnröhre,
- angeborene Erkrankungen der unteren Harnwege,
- Neoplasie (Tumor),
- chronisch entzündliche Darmerkrankungen,
- Entzündungen des Dickdarms,
- Giardien oder andere Darmparasiten,
- Bakteriurie (Bakterien im Urin),
- weicher oder stark übelriechender Stuhl (der durch Giardien, chronisch entzündliche Darmerkrankungen und viele andere Erkrankungen verursacht werden kann),
- Polypen oder andere Darmprobleme,
- Arthritis und Gelenkprobleme,
- okkulte Schmerzen im Bereich von Unterleib und Anus, andere Schmerzen beim Kotabsetzen,
- Polyurie (krankhaft erhöhte Urinausscheidung, zum Beispiel bei Nierenerkrankungen, Diabetes),
- Hyperthyreose (Vergrößerung der Schilddrüse, die eine übermäßige Produktion von Schilddrüsenhormonen nach sich zieht),
- Nieren- oder Blasensteine oder abnorme Größe der Nieren.

Die medizinischen Ursachen, die am häufigsten zu Problemen beim Harnabsatz führen, sind Harnkristalle, durch eine verborgene bakterielle Infektion verursachte Schmerzen sowie eine interstitielle Zystitis. Ich kenne viele Katzen mit Harnkristallen. Da sie (oft stressbedingt) kommen und gehen und mit nur einer Untersuchung nicht immer nachzuweisen sind, empfehle ich, den Urin mehrmals beim Tierarzt untersuchen zu lassen, um dieses Gesundheitsproblem ausschließen zu können. Ich kann Ihnen nicht sagen, wie oft die zweite Urinprobe einer Katze voller Kristalle ist, obwohl in der Woche zuvor keine Spur davon zu finden gewesen war.

Der CAT-Plan gegen Unsauberkeit

Dieser CAT-Plan kann bei Problemen mit Kot- oder Urinabsatz verwendet werden – oder beidem. Ich werde ihn anhand der Beispiele von Stefan und seiner kotenden Katze Yum Yum sowie Franziska und ihren urinierenden und streitlustigen Tieren erklären. In diesem Fall müssen Sie die drei Schritte des Plans gleichzeitig umsetzen. Lesen Sie deshalb die gesamte Anleitung, bevor Sie beginnen.

Beenden Sie das unerwünschte Verhalten

Da Verstopfung und harter Stuhl häufig die Ursache von Problemen beim Kotabsatz sind, sollten Sie den Stuhl Ihrer Katze untersuchen. Heben Sie einen frischen Kotbrocken mit einem Papiertaschentuch auf. Wenn er nicht daran kleben bleibt, könnte der Stuhl zu hart sein. Das gilt auch für Stühle, die eher die Form von kleinen Kügelchen oder Bröckchen als längeren Würstchen haben. Um die Stuhlbeschaffenheit zu verbessern, können Sie versuchen, den Flüssigkeitsgehalt der Nahrung Ihrer Katze zu erhöhen, indem Sie zusätzlich Wasser unter das Dosenfutter geben, das Sie ihr bereits anbieten, sodass es eine suppenartige Konsistenz bekommt.

Stellen Sie die Ernährung Ihrer Katze um

Falls Sie Ihrer Katze gegenwärtig nur Trockenfutter geben, sollten Sie in Erwägung ziehen, auch Nassfutter auf ihren Speiseplan zu setzen. Sprechen Sie Umstellungen der Ernährung Ihrer Katze immer mit Ihrem Tierarzt ab. Er kann auch weitere Möglichkeiten empfehlen, den Stuhl Ihrer Katze zu lockern oder ihr zu einem regelmäßigeren Kotabsatz zu verhelfen.

Mehr Wasser

Trinkbrunnen, die das Wasser filtern und speziell für Katzen entwickelt wurden, können ein Tier dazu verlocken, mehr zu trinken. Auch durch die räumliche Trennung von Wasser- und

Futternapf können Sie das Wasser verführerischer machen. Katzen trinken instinktiv lieber frisches Wasser, das nicht durch Bakterien von »toter Beute« verunreinigt ist. Kommerzielles Katzenfutter ist tote Beute. Ihr Selbsterhaltungstrieb ist einer der Gründe, weshalb Katzen lieber aus Ihrem Wasserglas oder der Spüle trinken als aus der Wasserschale neben ihrem Futternapf.

Säubern und sperren Sie die verschmutzten Stellen und stellen Sie neue Verknüpfungen her

Um zu verhindern, dass Ihre Katze sich immer wieder am selben Ort erleichtert, müssen Sie die verschmutzten Flächen *unattraktiv* für die Ausscheidung machen. Dazu müssen Sie die entsprechenden Stellen in einem mehrstufigen Prozess verändern.

Schritt 1: Säubern Sie den Ort des Geschehens. Nichts untergräbt den CAT-Plan gegen Unsauberkeit schneller als der anhaltende Geruch von Urin oder Stuhl an den Stellen, die dafür eigentlich nicht vorgesehen sind. Warum? Wenn Katzen Urin oder Kot riechen, entspricht das für sie der Botschaft: *Dies* ist ein Ort, an dem wir unser Geschäft machen. Je häufiger sie sich an der gleichen Stelle erleichtern, desto stärker wird die Gewohnheit, und desto größer ist die Wahrscheinlichkeit, dass sie sogar eine Vorliebe für den neuen Ort und das neue Substrat entwickeln.

Es spielt keine Rolle, wenn *Sie* nichts riechen können. Katzennasen nehmen Gerüche wahr, die Menschennasen entgehen. Sie sind weniger sensibel als Hundenasen, aber immer noch wesentlich empfindlicher als menschliche Riechorgane.[77] Deshalb sollten alle Stellen, an denen sich eine Katze schon einmal erleichtert hat, mit einem guten Putzmittel gereinigt werden – unabhängig davon, ob Sie dort etwas riechen können oder nicht. Je schneller Sie die Sache in Ordnung bringen, desto größer ist die Aussicht, dass Ihre Katze die Stelle nicht mit Ausscheidungsvorgängen in Verbindung bringt. Und desto kleiner ist die Chance, dass eine *andere* Katze die beschmutzte Stelle findet und beschließt, sich ebenfalls dort zu lösen.

Um Urin- oder Kotgeruch rückstandslos zu beseitigen, empfehle ich, die verschmutzten Stellen mit einem Enzymreiniger zu putzen oder einen Geruchsbinder zu verwenden. Um bestmögliche Ergebnisse zu erzielen, sollten Sie Ihre Zeit weder mit irgendeinem Reinigungsmittel aus der Zoohandlung noch einer selbstangerührten Mischung vergeuden. Ich stelle immer wieder fest, dass die rückstandslose Beseitigung von Gerüchen ein Fall für echte Chemie ist. Verwenden Sie auch keinesfalls Reinigungsmittel mit starkem Eigengeruch wie Bleiche oder Ammoniak. Die Katze könnte sich von dem neuen Geruch provoziert und gezwungen fühlen, erneut an die betreffenden Stellen zu pinkeln (ganz abgesehen davon, dass Ammoniak ein Urinabbauprodukt ist).

Falls die Möglichkeit besteht, dass Ihre Katze nicht einfach nur uriniert, sondern markiert, finden Sie in Kapitel 9 zusätzliche Anweisungen und die weitere Bestätigung dafür, dass Sie das richtige Problem angehen.

Urinieren oder markieren? – Die ganz große Vertuschungsaktion

Bloßen Harnabsatz können Sie sehr gut daran erkennen, dass versucht wurde, die Pfütze abzudecken. Falls Sie zufällig sehen, dass Ihre Katze vor oder nach dem Urinieren an der Stelle scharrt, oder entdecken, dass sie ihr Geschäft mit einem Wäschestück oder Papier abgedeckt hat oder der Teppich Kratzspuren aufweist, steht so gut wie sicher fest, dass sie schlicht und einfach die Katzentoilette verschmäht.

Selbst wenn Ihre Katze den Urin *nicht* abdeckt, sondern für jedermann sichtbar zurücklässt, muss das nicht heißen, dass sie markiert. Sie könnte einfach zu den Tieren gehören, die ihr Geschäft grundsätzlich nicht verscharren. Manche Katzen haben einfach keine guten Gewohnheiten, was das Abdecken ihrer Hinterlassenschaften angeht – nicht einmal in ihrer Katzentoilette. Aber selbst ein Tier, das diese Aufgabe normalerweise gewissenhaft erledigt, könnte das Gefühl haben, kein geeignetes Substrat zur Verfügung zu haben, und es deshalb gar nicht erst versuchen. Denkbar wäre auch, dass die Katze einen Schreck bekommen hat und davongelaufen ist, bevor sie ihr Geschäft ordnungsgemäß abdecken konnte. Trotz dieser Ausnahmen wird Ihnen der Hinweis, ob das Geschäft abgedeckt wurde, im Allgemeinen die Unterscheidung erleichtern, ob die Katze markiert oder nicht.

Dient eine Stelle immer wieder als Katzenklo, sollten Sie es mit einem effektiven Tiefenreinigungssystem versuchen, um auch unter dem Teppich sauber zu machen. (Bei diesen Produkten bringt man Enzymreiniger mit einer Art Spritze tief in den Teppich ein.) In Extremfällen müssen Sie den verschmutzten Teppich oder Läufer möglicherweise ersetzen oder auch den Boden darunter behandeln und versiegeln.

Schritt 2: Falls viele Flächen verschmutzt sind, sollten Sie Ihrer Katze vorübergehend den Zutritt zu einigen davon verwehren, bis Sie die Gelegenheit hatten, sie zu reinigen. Am besten ist es, wenn Sie *alle* verschmutzten Flächen bei Ihrer Katze mit Instinkten verknüpfen, die mit dem Urinabsatz unvereinbar sind (wie ich in Schritt 3 erklären werde). Doch das dauert seine Zeit – von dem Moment, in dem Sie den Enzymreiniger auftragen und warten, dass er getrocknet ist, bis zu dem Augenblick, in dem Sie den Prozess der Neuverknüpfung durchlaufen können. Falls viele Flächen verschmutzt wurden, werden Sie nicht alle gleichzeitig behandeln können. Bis Sie dazu kommen, empfiehlt es sich, einen Teil davon vorübergehend mit Absperrungen unzugänglich oder unattraktiv zu machen. Viele meiner Klienten haben etwas gegen solche Blockaden, sie sollen den Bereich aber nur vorübergehend vor der Katze schützen, bis eine Neuverknüpfung möglich ist. Sie können unter anderem die folgenden Gegenstände zur Absperrung und geringfügigen Abschreckung verwenden:

* eine Plastikplane,
* eine umgedrehte Teppichschutzmatte, bei der die unangenehme Seite mit den spitzen Noppen nach oben zeigt,
* Alufolie,
* Möbelstücke oder andere große Gegenstände,
* Kratzbäume oder Kratzbretter (größere Modelle helfen, bestimmte Flächen zu sperren).

Als Möbelschutz können Sie folgende Möglichkeiten in Betracht ziehen:

* eine große Plastikabdeckplane aus einem Geschäft für Malerbedarf (sie sollte so dick sein, dass eine Katze nicht so leicht darauf herumkauen kann),
* einen wasserdichten Matratzenschoner für das Bett und einen Duschvorhang aus Plastik zur Abdeckung von Laken, Decken, Kissen und anderem Bettzeug,
* ein Stück schwerer Vinylstoff (in Stoffgeschäften erhältlich).

Tipp: Badewanne und Spülbecken schützen

Achten Sie darauf, dass Badewanne oder Spülbecken dreißig Tage lang durchgehend mit ein paar Zentimetern Wasser gefüllt sind. Stellen Sie eine Saftpfanne oder eine Aufbewahrungsbox aus Plastik in die Duschkabine, legen Sie ein nasses Handtuch hinein oder füllen Sie sie mit drei bis fünf Zentimetern Wasser. *(Wenden Sie diese Methode nur an, wenn Sie keine kleinen Kinder haben!)* Falls es in der Nähe ein Plätzchen gibt, an dem eine Katzentoilette auch längerfristig nicht stören würde, stellen Sie dort eine Kiste auf, um Ihrer Katze eine Alternative anzubieten. Befüllen Sie die Katzentoiletten zudem mindestens dreißig Tage lang mit einer speziellen Trainingsstreu.

Bitte bedenken Sie, dass Absperrungen allein der Unsauber-keit vermutlich kein Ende bereiten werden. Oft sucht sich die Katze einfach ein anderes Plätzchen – vor allem wenn nichts getan wurde, um das Toilettenangebot attraktiver zu machen. Wenn Sie es einfach bei den Absperrungen beließen, ohne den Prozess der Neuverknüpfung abzuschließen, würden Sie damit sogar *verhindern*, dass die Katze die Stelle auch mit an-deren Aktivitäten und nicht nur mit Ausscheidungsvorgängen in Verbindung bringt. Die *vorübergehende* Absperrung ver-schafft Ihnen lediglich etwas Zeit, bis Sie die Stelle mit Aktivi-täten verknüpfen können, die mit dem unerwünschten Verhal-ten unvereinbar sind.

Vorsicht, moderner Aberglaube!

Ich empfehle nicht, Katzen mit Pfefferminze oder nach Deodorant riechender Seife von bestimmten Stellen fern-zuhalten. Die Pfefferminze kann Übelkeit verursachen, die Seife kann giftig oder gar tödlich sein. Von Elektromat-ten oder Kakteen (ja, diesen Hinweis findet man immer noch) rate ich ebenfalls ab, da ich beides für unmenschlich halte.

Schritt 3: Stellen Sie eine neue geistige Verknüpfung zu der beschmutzten Fläche her – veranstalten Sie eine Jagd. Wie oft schlafen Sie in der Küche? Oder essen Sie im Badezimmer? Sofern Sie kein ausgesprochen interessanter Mensch sind, dürfte Ihre Antwort »Nie« oder »Äußerst selten« lauten. Es würde sich einfach seltsam anfühlen, nicht wahr? Daher soll-ten Sie das Prinzip der »Triebentmischung« (womit hier die Trennung von bestimmten Orten und bestimmten Gewohn-heiten beziehungsweise Trieben gemeint ist) sowie die Vor-stellung verstehen, dass Katzen bestimmte Orte mit den Akti-vitäten verbinden, die dort stattfinden sollen.

Katzen erleichtern sich normalerweise nicht an einem Ort,

an dem sie damit unvereinbare Instinkte ausleben und zum Beispiel Beute jagen oder fressen. Das wäre nicht nur unhygienisch, der starke Urin- und Kotgeruch könnte auch Raubtiere oder Rivalen auf sie aufmerksam machen. Sogar eine Katze, die allein in einem Hochhaus in Manhattan lebt, wird ihre Ausscheidungen normalerweise instinktiv verscharren. Wenn Sie einer Katze helfen, eine widersprüchliche Verknüpfung zu einem Ort herzustellen, den sie früher beschmutzt hat, werden die anderen Instinkte die Gewohnheit verdrängen, sich zu erleichtern. Dadurch ist die Stelle für Ausscheidungsvorgänge nicht mehr attraktiv.

Die Methode, die beschmutzten Stellen mit unvereinbaren Trieben zu verknüpfen, dürfte eine meiner am wenigsten bekannten, aber erfolgreichsten Strategien sein. Katzen sind (sogar sehr schnell!) imstande, Verbindungen herzustellen. Sie erinnern sich daran, wofür ein Platz früher benutzt wurde. *Aus diesem Grund ist die Neuverknüpfung am wirkungsvollsten und liefert dauerhafte Ergebnisse.* Wenn Sie jedoch davon absehen, den Problemstellen einen neuen Zweck zuzuordnen, können sie sehr wohl problematisch bleiben.

Vorsicht, moderner Aberglaube!

Es könnte sein, dass man Ihnen rät, neue Katzentoiletten an Orten aufzustellen, an denen ein Malheur passiert ist. Diese Maßnahme empfehle ich nur, wenn es Sie nicht stört, dass sie bis in alle Ewigkeit dort stehen bleiben werden. Bedenken Sie bitte, dass wir die beschmutzte Fläche mit *anderen Trieben* verknüpfen wollen, die *mit der Ausscheidung unvereinbar* sind. Wenn Sie an der kritischen Stelle eine Katzentoilette platzieren, verstärken Sie die Assoziation Ihrer Katze: *Hier mache ich Pipi!*

Die ausnahmslos beste Möglichkeit der Neuverknüpfung besteht darin, zweimal täglich eine Jagd mit Beute und sogar

Festschmaus an den betroffenen Stellen zu veranstalten. Auf diese Weise stellen Sie den angeborenen Überlebensinstinkt Ihrer Katze in den Dienst Ihres Ziels – die Unsauberkeit in diesen Bereichen gänzlich zu unterbinden. Je früher Sie nach einem Vorfall damit beginnen können, desto besser. Ein Abstand von 24 bis 48 Stunden ist ideal (beginnen Sie immer erst, wenn die Fläche blitzsauber und wieder trocken ist).

Die vollständige Anleitung für eine Jagdsequenz mit Ihrer Katze finden Sie in Kapitel 5 (siehe Seite 160). Ich werde die einzelnen Schritte nun kurz zusammenfassen und dabei einige neue Empfehlungen geben, die speziell bei Unsauberkeitsproblemen gelten.

Sie haben an einem Tag nur eine begrenze Anzahl von Möglichkeiten, mit einer Katze zu spielen und sie mit Leckerbissen zu füttern. Wurden zu viele Flächen beschmutzt, um alle in einer Sitzung neu zu verknüpfen, sollten Sie sich zunächst die am stärksten betroffenen Stellen vornehmen. Sperren Sie die anderen Flächen vorübergehend (siehe Schritt 2) oder schließen Sie die Türen zu den jeweiligen Räumen und beginnen Sie so bald wie möglich mit ihrer Neuverknüpfung.

Kommen wir nun zur Jagd: Holen Sie zunächst eine Spielangel und ein paar Leckerbissen oder etwas Futter, von dem Sie wissen, dass Ihre Katze sich wahrscheinlich sofort daraufstürzen wird. Begeben Sie sich mit ihr an eine unlängst beschmutzte (und inzwischen gereinigte) Stelle. Spielen Sie nun die gesamte Jagdsequenz durch und bieten Sie ihr zum Schluss auch Futter an. Geben Sie ihr die Nahrung unbedingt dort, wo auch die Verschmutzung stattgefunden hat. Auf diese Weise helfen Sie ihr, die Fläche, auf der sie sich erleichtert hat, mit einem anderen Verhalten zu verknüpfen, das damit unvereinbar ist – dem Jagen und Fressen. Falls Ihre Katze nervös wirkt, weil sie an einem Ort spielen oder fressen soll, an dem sie sich schon einmal gelöst hat, zeigt das nur, wie gegensätzlich diese Verhaltensweisen sein können. (Ihre Ängstlichkeit kann auch daher rühren, dass sie an diesem Ort früher einmal bestraft wurde. In diesem Fall wird das regelmäßige Spielen auch entscheidend dazu beitragen, ihr Selbstbewusstsein wiederaufzubauen.) Damit sie an der betreffenden Stelle spielt oder frisst, müssen Sie die Jagdsequenz unter Umständen zunächst in unmittelbarer Nähe beginnen und sich dann allmählich mit der Katze und dem angebotenen Futter immer weiter daran annähern.

Es macht nichts, wenn Ihre Katze nach der Jagd keinen Hunger hat oder die angebotenen Leckerbissen verschmäht. Wenn sie nicht frisst, lassen Sie das Futter an der ehemals beschmutzten Stelle stehen, damit sie später darauf zurückkommen kann. Tut sie es nicht, verschieben Sie den Napf um einen knappen halben Meter. Reservieren Sie für jede kritische Stelle zweimal täglich fünf bis zehn Minuten für die Neuverknüpfung. Es ist zwar nicht optimal, wenn man die auf die einzelnen Stellen verwendete Zeit verkürzt, aber ein paar Minuten sind besser als gar nichts. Das an der betroffenen Stelle platzierte Futter wird ebenfalls dazu beitragen, die gewünschte Verknüpfung herzustellen.

Um einen Vorsprung bei der Neuverknüpfung der beschmutzten Stellen zu erzielen, mit denen Sie nicht sofort arbeiten, können Sie folgende einfache Methode ausprobieren: Geben Sie etwas Trockenfutter auf Pappteller und verteilen Sie diese auf oder in der Nähe der kritischen Flächen. Das Futter – oder die Erinnerung daran – wird auch ohne Jagdsequenz mit dem Ausscheidungstrieb konkurrieren und die Wahrscheinlichkeit verringern, dass sich die Katze noch einmal dort erleichtert.

Bis eine merkliche Besserung eintritt, können einige Wochen vergehen. Darum haben Sie Geduld. Falls Sie mehr als eine unsaubere Katze haben, spielen Sie nie mit mehr als einem Tier gleichzeitig, damit zwischen Ihren Katzen keine Rivalitäten um die Beuteattrappe entstehen. Viele Katzen haben beim Spielen ungern Artgenossen um sich.

An diesem Punkt werden Sie bereits große Fortschritte gemacht haben, um das unerwünschte Verhalten zu beenden. Wenn Sie dabei auch die weiteren Vorschläge befolgen, werden Sie die Katzentoilette zu einer zufriedenstellenden Alternative für Ihre Katze machen. Bitte beachten Sie, dass Sie alle Elemente des Plans gleichzeitig umsetzen und die Katze sowohl *von* den bislang beschmutzten Flächen fernhalten als auch *in* die Katzentoilette locken müssen. Verlassen Sie sich nicht ausschließlich darauf, das Toilettenangebot zu verbessern. Der wohl größte Fehler, den Katzenbesitzer bei ihren Bemühungen um die Beseitigung von Unsauberkeitsproblemen machen, liegt darin, dass sie lediglich zusätzliche Katzentoiletten aufstellen oder verschiedene Streusorten ausprobieren. Sie können ein Dutzend oder mehr Katzenklos im ganzen Haus verteilen, und das Tier könnte doch wie gewohnt auf den Esszimmerteppich machen. Warum? Wenn es diese Stelle nicht mit Verhaltensweisen verknüpft, die mit der Ausscheidung unvereinbar sind, kann es den Teppich aus Gründen der Gewohnheit oder der Vorliebe auch weiterhin für einen großartigen Platz halten, um sich zu lösen.

Das Katzenklo attraktiv machen

Machen Sie die gewünschte Alternative – das Katzenklo! – während des Umlernprozesses so attraktiv wie möglich und bringen Sie Ihrer Katze bei, sie wieder zu nutzen. Oder wie Don Corleones Katze in »Der Pate« sagen würde: Machen Sie ihr ein Angebot, das sie nicht ablehnen kann. Hier die kurze Zusammenfassung eines »adäquaten Toilettenangebots« sowie spezieller Maßnahmen bei Unsauberkeit. (Die ausführliche Beschreibung finden Sie in Kapitel 5.)

🐾 🐾 Igitt!

🐾 Wenn Ihre Katze ihr Geschäft vom Toilettenrand aus erledigt, wenn sie davor oder danach außerhalb der Toilette scharrt, wenn sie sich weigert, mit den Pfoten in die Kiste zu steigen, wenn sie kaum darin gräbt oder ihre Hinterlassenschaften nicht gründlich zudeckt, wenn sie unmittelbar daneben oder nicht allzu weit davon entfernt Urin oder Kot abzusetzen versucht oder wenn sie die Kiste schnell wieder verlässt, hat sie etwas gegen die Einstreu, oder sie ist ihr nicht sauber genug. Eine Katze kann die Toilette auch dann schnell wieder verlassen, ohne zu scharren oder ihr Geschäft zu vergraben, wenn sie sich von einem Artgenossen in der Nähe eingeschüchtert fühlt oder schon einmal angegriffen wurde, als sie sich in der Kiste oder in ihrer Nähe befand.

Stellen Sie genügend Katzentoiletten auf

Stellen Sie in der Umlernphase mindestens eine Katzentoilette mehr auf, als Katzen im Haushalt sind. Ich verlange von meinen Klienten manchmal sogar, die Anzahl der Klos vorübergehend zu verdoppeln, damit die Tiere die Kisten einfach nicht übersehen können. Nein, das war kein Schreibfehler. Ich sagte: *verdoppeln*. Franziska hat es gemacht. Diese Strategie kann eine große Hilfe sein.

Katzentoiletten an geeigneten Stellen

Wenn ich mit einem Verhaltensplan zur Behebung von Unsauberkeitsproblemen beginne, stelle ich die Katzentoiletten gern dort auf, wo sie die Katze nicht übersehen kann: nicht gerade an besonders stark frequentierten Stellen, aber auch nicht in entlegenen Winkeln der Wohnung oder des Hauses. Sie sollten so stehen, dass eine Katze sie ohne jeden Zweifel sofort bemerkt, wenn sie ins Zimmer kommt. Wenn Sie sagen: »*Hier* kann ich doch keine Katzentoilette hinstellen«, dürfte das zumindest zu Beginn der Umlernphase genau die richtige Stelle für eine der Kisten sein, um die absolut besten und schnellsten Ergebnisse zu erzielen. Ich bekomme täglich E-Mails von Klienten, die berichten, dass sich die am stärksten exponierte Katzentoilette auch zum bevorzugten Örtchen entwickelt hat. Bedenken Sie, dass Katzen bei ihrem Klo Wert auf gute Rundumsicht legen und sich nicht gern in Ecken begeben, in denen sie sich eingesperrt fühlen könnten.

Auch nachdem Ihre Katze zur Toilettenbenutzung zurückgekehrt ist und mindestens eine oder zwei Wochen vergangen sind, sollten Sie bei einer angemessenen Menge Katzenkisten (Anzahl der Katzen oder Stockwerke plus eins) im Haus bleiben. Sollten diese an Stellen stehen, an denen sie wirklich nicht auf Dauer bleiben sollen, können Sie versuchen, sie nach und nach an neue Standorte zu verschieben, auf die Sie sich mit Ihrer Katze »einigen« können. Hier müssen Sie etwas herumprobieren. Verschieben Sie eine Katzentoilette nicht mehr als zwei bis drei Zentimeter am Tag, damit das Tier die plötzlichen Veränderungen nicht mitbekommt. Katzen mögen keine abrupten Veränderungen.

Falls Ihre Katze die Toilette erneut verschmäht, ist sie mit der Raumgestaltung nicht einverstanden. Schieben Sie die Kiste dann wieder an die von ihr bevorzugte Stelle zurück. Wenn sich zu viel verändert, könnte ihr das auch den Eindruck vermitteln, dass *jeder* Platz in Ordnung ist. Es ist eine Verhandlung, ein Tanz, wenn man so will. Aber am Ende entscheidet Ihre Katze, wo die Toilette am besten steht.

Indem Sie die Anzahl der Katzentoiletten erhöhen, verbessern Sie nicht nur Angebot und Verfügbarkeit dieser Ressource, sondern bieten zusätzliche Zugangswege, die nicht mehr alle von einem starrenden Tyrannen wie Helmut kontrolliert werden können. Wenn eine ängstliche Katze zur Toilette läuft und es so dringend ist, dass sie schon alles zusammenkneift, aber ein Artgenosse, ein Hund oder ein Kind den Weg versperrt, sollte sie wissen, dass ihr noch andere Kisten zur Verfügung stehen und andere Wege dorthin führen. Wenn Sie der ängstlichen Katze mehr Auswahl geben, erweitern Sie ihre Möglichkeiten – und damit Ihre Chancen, dass sie sich dort erleichtern wird, wo Sie das möchten. (In Kapitel 5 finden Sie zusätzliche Informationen darüber, wie Sie die idealen Lebensbedingungen für Ihre Katze schaffen.)

Sauber machen:
Zweimal am Tag erspart große Plag

Mangelnde Sauberkeit ist einer der Hauptgründe, weshalb Katzen eine Abneigung gegen ihre Toilette entwickeln und sich angewöhnen, ihr Geschäft anderswo zu verrichten. Ihnen graut vor verschmutzter, übelriechender Streu. Sie berühren sie nur höchst ungern mit den Pfoten, selbst wenn der Schmutz ihr eigener ist. Noch unangenehmer aber ist es ihnen, wenn er von einem Artgenossen stammt. Sie steigen nicht gern in eine Katzentoilette und denken: *Hier stinkt es mir zu sehr nach dieser... wie hieß sie noch gleich?* Würden *Sie* gern eine schmutzige Toilette benutzen?

Entfernen Sie in der Umlernphase mindestens zweimal täglich die verschmutzte Einstreu, damit die Toiletten immer blitzsauber sind. (Denken Sie daran: Sie wollen Ihrer Katze ein Angebot machen, das sie nicht ablehnen kann.) Nachdem Sie die Kisten zwei Wochen lang zweimal täglich sauber gemacht haben, können Sie versuchen, auf einmal täglich zurückzugehen – wenn es unbedingt sein muss. Falls Sie feststellen, dass manche Toiletten besonders beliebt sind, sollten Sie diese unbedingt mehrmals täglich reinigen. Bedenken Sie, dass in einem »Mehrkatzenhaushalt« auch eine gewisse Konkurrenz um die Klos besteht. Katzen verlassen sich sehr stark auf ihren Geruchssinn. Findet ein weniger ranghohes Tier den Kot oder den Urin eines höherrangigen in der Toilette, zuckt es vielleicht mit den Schultern, macht kehrt und erleichtert sich anderswo.

Ich habe sechs Katzen, fünf davon sind nicht allzu wählerisch. Aber die sechste sucht sich sofort ein anderes Plätzchen, wenn ich nicht zweimal täglich sauber mache. Sie besteht auf einer reinen Katzentoilette!

Bei Haubentoiletten sollten Sie auf jeden Fall die Abdeckung abnehmen.

♣ ♣   Ist der Herr aus dem Haus …

♣ Wenn sie auf Reisen gehen, vergessen viele Katzenbesitzer, diejenigen, die in ihrer Abwesenheit die Tiere versorgen, darauf hinzuweisen, dass sie die Katzentoiletten mit der gleichen Regelmäßigkeit reinigen müssen wie sie ♣ selbst.   ♣ ♣

Der schnellste Weg zum Erfolg: Trainingsstreu

Es könnte sein, dass Ihre Katze die Toilette unter anderem deshalb verschmäht, weil sie die Einstreu nicht mag. Möglicherweise haben Sie keinen Grund zu dieser Annahme, doch wenn Sie größtmögliche Gewissheit wünschen, dass der Umlernprozess schnell zum Erfolg führen wird, möchte ich Ihnen auch in diesem Fall wärmstens empfehlen, eine spezielle *Trainingsstreu* zu verwenden oder die altbekannte Einstreu mit einem Lockstoff zu besprengen. Einige der Produkte auf dem Markt funktionieren, andere nicht.

Die Trainingsstreu, die fester Bestandteil fast all meiner Beratungen bei Unsauberkeitsproblemen ist und die ich am liebsten verwende, ist mittelfein, parfumfrei und bereits mit einem biologischen Lockstoff versehen. Das Granulat ist groß genug, dass es nicht so leicht an den Pfoten kleben bleibt, aber klein genug, um nicht unangenehm zu sein. Meiner Erfahrung nach wirkt es auf die meisten Katzen sehr anziehend. Sie statten der Toilette mehrmals täglich im wahrsten Sinne des Wortes einen Besuch ab, was für den Umlernprozess und die Bildung neuer Gewohnheiten sehr wichtig ist.

Füllen Sie alle neuen und mindestens eine der alten Katzentoiletten fünf bis acht Zentimeter hoch mit Trainingsstreu. Sie werden möglicherweise schon bald feststellen, dass Ihre Katze sie häufiger aufsucht und vor oder nach ihrem Geschäft mehr darin scharrt. Gräbt sie länger als vier Minuten in der Streu, ist das ein sicheres Zeichen dafür, dass sie sie mag. Viele Katzen mögen die Trainingsstreu so gern, dass sie gleich eine halbe Stunde in der Kiste sitzen bleiben. Findet die neue Streu bei Ihrer Katze Anklang, sollten Sie die *alten* Katzentoiletten ebenfalls damit befüllen.

Auch nach ein paar Tagen zieht Ihre Katze nichts zu den neuen Toiletten hin? Beurteilen Sie zunächst ehrlich, ob sie aus Sicht des Tieres optimal stehen – nicht aus Ihrer Sicht oder der Ihres Ehepartners. Wenn nicht, können Sie Folgendes ausprobieren: Versuchen Sie erstens, einige der Kisten zu verschieben. Stellen Sie zweitens eine leere Katzentoilette auf. Katzen, die ihren Urin gern auf Fliesen oder anderen glatten Oberflächen absetzen, bevorzugen möglicherweise eine leere, glatte Kiste. Verwenden Sie drittens ein Substrat, das Ihre Katze mit Sicherheit mögen wird, wie Welpenpads (die mit ihrer weichen, saugfähigen Struktur dem flauschigen Badezimmerteppich ähneln, der es ihr im Augenblick vielleicht so angetan hat). Sobald Ihre Katze diese Kisten aufsucht, können Sie Tag für Tag ein wenig mehr Streu einfüllen.

Ist das Unsauberkeitsproblem gelöst, werden Sie möglicherweise trotzdem bei der etwas kostspieligeren Trainingsstreu bleiben wollen. Falls Sie doch auf normale Streu umstellen, sollten Sie Schritt für Schritt und Kiste für Kiste vorgehen. Mischen Sie nach und nach immer mehr normale Streu unter, bis alle Katzentoiletten nur noch damit gefüllt sind. Ich empfehle auch, in einem Haushalt mit mehreren Katzen mehr als eine Streusorte vorrätig zu haben. Einige Katzen werden aller Wahrscheinlichkeit nach besondere Vorlieben haben.

Loben Sie Ihre Katze in der Umlernphase, wenn sie die Toilette benutzt, und belohnen Sie sie sogar dafür. Allerdings kennen Sie das Tier besser als jeder andere: Wenn es in der Kiste keine Aufmerksamkeit wünscht und lieber seine Ruhe hat, sollten Sie seinem Wunsch nachkommen.

Verbessern Sie die Lebensbedingungen

Katzenbesitzer richten die Umgebung ihrer Katzen oft so ein, wie es ihnen gefällt. Oder so, wie sie glauben, dass es ihren

Katzen gefällt. Die zweite Gruppe hat zwar die besseren Absichten, doch das führt nicht zwangsläufig auch zu besseren Ergebnissen (man denke nur an Franziskas Katzenkeller). In den meisten Fällen sind die Katzentoiletten und andere Elemente im Umfeld der Tiere so angeordnet, dass sie Unsauberkeit sogar *verursachen*. Interessanterweise können wir die Spannungen im Zusammenhang mit den Katzentoiletten dadurch verringern, dass wir die Spannungen bezüglich anderer Ressourcen reduzieren, *die im Grunde gar nichts damit zu tun haben*. Das heißt, wir müssen viele Spielsachen, Aussichts- und Ruheplätze, Kartons, Tunnel und Zeitvertreibe aller Art anbieten und streuen, statt sie an einem Ort zu konzentrieren.

Möglicherweise haben Sie bereits im Rahmen der ersten beiden Schritte dieses CAT-Plans so einiges im Umfeld Ihrer Katze verändert – je nachdem, wie ihr Revier aussah, als das Problem auftrat. Veränderungen des Territoriums dienen zu einem Drittel dazu, Abhilfe zu schaffen, und zu zwei Dritteln der Vorbeugung. Sie sind sehr wichtig, denn mein Ziel ist es nicht nur, vorhandene Verhaltensauffälligkeiten zu beseitigen und neue Probleme zu verhindern, sondern das Leben Ihrer Katze zu verbessern. Alle wichtigen Details dazu finden Sie in Kapitel 5, eine nützliche Checkliste in Anhang B.

Im nächsten Kapitel werde ich auf das Problem des Harnmarkierens eingehen, das eine etwas größere Herausforderung darstellt. Es wird häufig mit bloßem Urinabsatz verwechselt, hat aber völlig andere Ursachen.

NEUN

Verräterische feuchte Flecken: Harnmarkieren

»Das muß aber ein sehr hübscher Tanz sein«, sagte Alice zaghaft.[78]
LEWIS CARROLL: *Alice im Wunderland*

Als Sie morgens das Haus verlassen, werfen Sie einen letzten Blick auf Ihre wunderschönen rot-goldenen Gardinen. Sie sind einen Monat alt und waren ungemein kostspielig, aber sie sind jeden Cent wert. Sie machen den ganzen Raum lebendig – vor allem wenn sich der Wind darin fängt und sie in Bewegung versetzt, so wie jetzt. Als Sie sich wegdrehen, nehmen Sie aus dem Augenwinkel eine Bewegung wahr. Ihre Augen fokussieren, und Ihr Blick trifft auf den Boden wie der Stab eines Hochspringers.

Ach, der Liebe! Sie seufzen. Es ist Ihr Kätzchen. Der schneeweiße Maine-Coon-Kater mit den stachelbeergelben Augen, der große Ähnlichkeit mit Aslan aus den *Chroniken von Narnia* hat und Ihr Herz höher schlagen lässt, schreitet mit der Anmut eines Löwen in den Raum. Sie lieben es, ihn dabei zu beobachten. Im Augenblick reckt er den Schwanz senkrecht in die Luft wie ein König, der selbst die Banner der königlichen Prozession trägt. Gibt es etwas Majestätischeres als eine Katze? Seine spitz zulaufende Nase ähnelt einer der Pyramiden von Gizeh. Mit den Spitzen seiner Ohren könnte er einen Dobermann durchbohren. Einfach prachtvoll.

Ergriffen beschließen Sie, ihm noch einen letzten Gruß zuzurufen, ehe Sie gehen. Aber noch bevor Sie dazu kommen, sehen Sie, wie er vor dem Vorhang haltmacht. Sein Schwanz zittert und bebt – er *vibriert* geradezu.»Faszinierend«, denken Sie wie eine stolze Mutter.»Katzen und ihre Eigenheiten!« Dann hebt er die Hinterpfoten und setzt sie wieder ab, auf und ab, marschiert wie ein kleines Persönchen auf der Stelle.»Welch seltsame Schrullen er heute hat! Vielleicht ist es ja ein Abschiedstanz.« Offenbar vermisst der arme kleine Kerl Sie jetzt schon. Wie er da mit zitterndem Schwanz auf der Stelle trippelt, bringt er Ihr Herz fast zum Bersten. Sie wollen ihn gerade anrufen, als Ihr Blick an einem feinen Nebel hängen bleibt und Ihnen klar wird, dass Sasha keine Ausdünstungen gegenseitiger Liebe verströmt, sondern parallel zum Boden Urin versprüht, der sein Ziel – Ihre prachtvollen 800-Euro-Gardinen! – ohne Zweifel zerstören wird. Der Wind, der noch vor einer Minute mit Ihren Vorhängen gespielt hat, trägt nun einen der übelsten, beißendsten Gerüche im ganzen Tierreich zu Ihnen herüber.

Quiz

Ihre geliebte Katze hat soeben:
a) vergessen, wo die Katzentoilette ist;
b) den Verstand verloren;
c) auf typische Weise seine Erregung zum Ausdruck gebracht, und da man nicht das Geringste dagegen tun kann, müssen Sie lernen, es zu akzeptieren;
d) mit Harn markiert;

e) uriniert, um Ihnen zu zeigen, dass Sie etwas getan oder unterlassen haben, was er Ihnen übelnimmt.

(Tipp: Die Antwort ist keinesfalls c oder e, zwei gängige Irrtümer.)

Wenn ich zum ersten Mal mit einem Katzenbesitzer spreche,
kommt es gelegentlich vor, dass er die Unterhaltung über seine
Tiere mit einem tiefen Seufzer beginnt und ich, ohne irgendetwas über ihre Verhaltensauffälligkeiten zu wissen, einwerfe:
»Sie haben offenbar ein Problem mit Harnmarkieren.« Anschließend muss ich die Vorstellung zurechtrücken, ich sei ein
Katzenmedium. Ich kann nicht hellsehen, aber die Gefühle von
Frustration und Hoffnungslosigkeit, die aus diesem Seufzer
sprechen, verraten mir alles, was ich wissen muss.

Harnmarkieren ist häufig der Grund dafür, dass Katzen ins
Tierheim gegeben oder ausgesetzt werden. Meine Aufgabe ist
es, diesem Verhalten ein Ende zu setzen und den Lauf der Geschichte zu verändern. Wie eine Regisseurin bestehe ich auf
meinem eigenen Happy End, bei dem Katze und Besitzer zusam-
menbleiben, glücklich und zufrieden bis an ihr Lebensende.
Und ich bekomme es immer, da sich das Harnmarkieren überraschend leicht abstellen lässt. Zunächst müssen wir das Markierverhalten der Katze verstehen. Das Harnmarkieren ist lediglich
die ärgerlichste Variante davon.

Markieren zu Kommunikationszwecken

Das Markierverhalten der Katze hat komplexe emotionale und
territoriale Hintergründe. Sie ist wie gesagt ein territoriales Tier
und hat klugerweise viele Möglichkeiten entwickelt, Artgenossen mitzuteilen, was sie als die Grenzen ihres Reviers erachtet,
sowie Informationen über sich selbst zu übermitteln. Ein Tier,

das allein jagt, kann es sich nicht leisten, durch Raufereien mit Artgenossen außer Gefecht gesetzt zu werden. Um unnötige Auseinandersetzungen zu vermeiden, hat die Katze deshalb ein ausgeklügeltes Kommunikationssystem mit verschiedenen Markierungsmöglichkeiten entwickelt. Die meiste Zeit über nutzt sie eine von mehreren Formen des Markierens, die für Katzenhalter völlig unproblematisch sind.

Markieren mit Gesicht und Körper

Eine Katze, die das Gesicht oder andere Körperteile an senkrechten Flächen wie Stühlen und Stuhlbeinen, Pfosten und Bäumen reibt, überträgt die Sekrete verschiedener Drüsen in ihrem Gesicht und an ihrem Körper und damit ihren Geruch und ihre Pheromone auf diese Gegenstände, um ihre Umgebung damit vertrauter und angenehmer zu machen. Das Markieren mit Gesicht und Körper ist harmlos, aber wichtig für die Katze und sollte deshalb nicht unterbunden werden.

Freundlich gesinnte Katzen tauschen gelegentlich die Sekrete der Drüsen im Gesicht und am Körper aus, um die Entwicklung eines Gruppengeruchs sowie ein Gefühl der Identifikation mit den anderen Mitgliedern des Haushalts zu fördern. Diese Gewohnheit trägt außerdem dazu bei, den Mythos von der Katze als Einzelgänger zu entzaubern. Katzen verfügen über viele ausgeklügelte Möglichkeiten, miteinander zu kommunizieren und sogar enge und dauerhafte Bindungen einzugehen.

Die freundlichen Formen des Markierens oder Die niedlichen Gesten

Markierende Katzen hinterlassen immer einen Geruch, und manche Markierungsgesten sind leicht auszumachen, wenn man erst weiß, worauf man achten muss. Weiß man es nicht, erkennt man manche Formen des Markierens vielleicht gar nicht als das, was sie sind: Markierungen mit dem Gesicht, zu denen das Kinn-, Kopf-, Wangen- sowie Lippenreiben gehören, aber auch das Bereiben mit anderen Körperteilen. Diese Gesten sind einfach niedlich anzusehen. Wenn Ihre Katze etwas besonders Entzückendes tut, handelt es sich dabei häufig um eine Form des Duftmarkierens, oder sie lädt Sie ein, die Distanz zwischen Ihnen zu verringern. Denken Sie, Ihre Katze würde Sie liebevoll streicheln, wenn sie das Gesicht oder die Flanken an Ihren Beinen reibt? Wie eine von Hemingways Figuren sagte: »Ganz schön, sich das auszumalen, nicht wahr.«[79] Am wahrscheinlichsten aber ist, dass sie ihren Duft sowie freundliche Pheromone hinterlässt und Ihre Körpergerüche mischt. All diese wichtigen Zutaten tragen zur Bildung des sozialen Klebstoffs bei.

Ich glaube allerdings, dass eine Katze sich gelegentlich auch stellvertretend an Ihrem Bein reibt, wenn sie Ihren Kopf nicht erreichen kann. In diesem Fall will sie damit vielleicht tatsächlich eine gewisse Zuneigung zum Ausdruck bringen.

Reibt eine Katze den Kopf an Ihrem Kopf oder Gesicht, geht es dabei schon eher darum, eine Verbindung aufzubauen und Nähe zu schaffen – was sie an ihre Kindheit mit Mama erinnert. Ich glaube, dass es sich bei dieser Geste durchaus um ein Zeichen echter Zuneigung handeln könnte. Mein Kater Jasper Moo Foo ist ein Meister im »Köpfchengeben«. Er senkt den Kopf und schiebt seine Stirn mit großer Ausdauer immer wieder gegen die meine. Anschließend schmiegt er sich an meinen Hals, mein Kinn oder meine Wange, als gäbe es kein Morgen. Wenn man bedenkt, dass er bereits die »Arme« um meinen Hals gelegt hat, ist das einfach herzerwärmend. Jüngste Studien zeigen, dass die Pheromone von Menschen und Katzen ähnlich aufgebaut sind. Dies könnte einer der Gründe dafür sein, dass Mensch und Katze manchmal so sehr aneinander hängen.

Was ist mit dem Herumrollen auf dem Teppich? Auch das ist niedlich anzusehen, ist aber oft eine Form des Duftmarkierens. Und wenn die Katze ihr Kinn an etwas reibt, als wolle sie sich kratzen? Erraten! Darüber hinaus reiben sich Katzen aneinander, um sich zu begrüßen, um einen gemeinsamen Geruch zu erzeugen, der ihren Platz in der Gruppe festigt, oder um gewissermaßen das olfaktorische Gütesiegel eines höherrangigen Tieres mit sich zu tragen, an dem sie sich vor kurzem gerieben haben. Ein gemeinsamer Geruch hilft Katzen, sich mit den anderen Tieren der Gruppe verbunden zu fühlen. Dies schenkt ihnen mehr Sicherheit, sie kommen besser miteinander aus und haben folglich nicht mehr so stark das Bedürfnis, mit Urin zu markieren.

Freundliches und ängstliches oder aggressives Markieren

Eine Katze, die das Gesicht an einem Gegenstand reibt, überträgt dabei freundliche Pheromone, die ihr das gute Gefühl geben, sich in einer vertrauten Umgebung zu befinden. Andere Formen des Markierens können weniger positive Gefühle zum Ausdruck bringen. Sowohl das Harn- als auch das Kotmarkieren sind sehr emotionale Verhaltensweisen, die entweder von Aggression oder von Angst (oder beidem) getrieben sind. Sie unterscheiden sich sehr von den ruhigen Formen des Gesichtsmarkierens, die der sozialen Bindung dienen. Das Kratzmarkieren ist, falls es nicht der Bewegung oder der Krallenpflege dient, eine Form des Reviermarkierens, die der Katze zu mehr Selbstvertrauen verhilft. Das Krallenwetzen kann auch dazu beitragen, aufgestaute Gefühle oder Spannungen abzubauen.

Das Harnmarkieren und andere weniger freundliche Formen des Markierens

Das Harnmarkieren erfordert bedeutend weniger Energieaufwand als ein Kampf, was für das Überleben aller Tiere ein entscheidender Faktor ist. Eine Katze, die regelmäßig mehr Energie verbraucht, als sie aufnimmt, kann nicht überleben. Die meisten sterilisierten Tiere stellen fest, dass, wenn sie ihr Revier mit Kratzmarkierungen abgrenzen (siehe Kapitel 11), ihnen dies ausreichend Selbstvertrauen schenkt, um sich nicht auf nachdrücklicheres Markierverhalten wie Harnmarkieren – das destruktiv, übelriechend oder beides sein kann – oder Kotmarkieren (siehe Kapitel 8) verlegen zu müssen. Manchmal ist übertriebenes Harn- oder Kratzmarkieren der einzige Hinweis darauf, dass Ihre Katze versucht, sich in ihrer Umgebung wohler zu fühlen.

Das Harnmarkieren ist für Katzen nicht nur eine Möglichkeit, ihr Revier abzustecken, es dient auch der Kommunikation und der Informationssammlung. In einem Mehrkatzenhaushalt markieren daher meist mehrere Katzen, obwohl es die einen ganz offen, die anderen eher heimlich tun. Ein selbstsicheres oder höherrangiges Tier markiert vielleicht vor den Augen eines Artgenossen, um sein bereits ausgeprägtes Selbstbewusstsein noch weiter zu stärken, um eine klare territoriale Botschaft zu senden oder beides. Wie passend, dass die Natur dem Harnmarkieren eine solche Theatralik verliehen hat! Weniger selbstbewusste Katzen tun es möglicherweise heimlich, wenn kein Artgenosse zusieht. Nach einer belastenden Begegnung mit einem Angreifer kann das Harnmarkieren vielleicht als Ventil dienen, wenn die beiden Tiere wieder getrennte Wege gehen. Da andere Katzen dieses Markierverhalten als aggressiv empfinden können, müssen weniger selbstbewusste oder hochrangige Tiere heimlich sprühen, wenn kein Artgenosse in der Nähe ist, um keinen Angriff zu provozieren.

Wenn Katzen außerhalb des Katzenklos urinieren, kann das mehrere Gründe haben:

* Bei der »*normalen*« *Urinausscheidung,* wie in Kapitel 8 beschrieben, handelt es sich nicht um ein Markierverhalten.
* Beim *Harnspritzen*, das Sie bei Maine-Coon-Kater Sasha gesehen haben, werden für gewöhnlich senkrechte Flächen markiert. Manche Katzen bringen allerdings etwas Abwechslung

in die Angelegenheit, indem sie sozusagen im Stehen auf waagerechte Flächen spritzen.

✤ Beim *Harnmarkieren im Sitzen* ist die Katze nicht selbstbewusst genug, um vertikal zu markieren. Dann kann sie es auf horizontalen Flächen wie dem Teppich tun. Wenn sie auf diese Weise einen Gegenstand markiert, der ihrem Besitzer gehört, könnte es sich um assoziatives Harnmarkieren handeln (siehe im Folgenden den Abschnitt »Assoziatives Markieren«).

Ihr Ziel ist es natürlich, dass Ihre Katze sich auf die normale Urinausscheidung beschränkt und dabei die Katzentoilette benutzt. Ich werde mich gleich der Frage zuwenden, wie Sie dafür sorgen können, dass Ihre Tiere nur auf normale Weise Urin absetzen und dazu grundsätzlich die Katzentoilette aufsuchen. Davor sehen wir uns jedoch die anderen Möglichkeiten des Urinabsetzens – das Harnspritzen und das Harnmarkieren – an, um ein besseres Verständnis dafür zu bekommen, warum Ihre Katzen sich möglicherweise dazu genötigt sehen.

Vertikales oder horizontales Harnspritzen

Je höher die Harnmarkierung einer Katze an einer Wand oder einer vertikalen Fläche ist, umso deutlicher ist auch die Drohung oder Provokation, die sie damit vermitteln möchte. Das horizontale kann wie das vertikale Harnmarkieren aus territorialen oder emotionalen Gründen geschehen, ist aber im Allgemeinen eher das Werk einer Katze von untergeordnetem Rang oder eines weniger selbstbewussten Tiers.

Harnspritzen: Keine allzu guten Schwingungen

Zu Beginn dieses Kapitels konnten Sie Sasha bei der häufigsten Form des Harnspritzens beobachten, bei der eine stehende Katze auf eine vertikale Fläche spritzt. Der (seltsam vibrierende)

Schwanz ist in die Höhe gereckt. Die Pfoten treten wie bei einem bestimmten Marsch auf der Stelle oder kneten die Unterlage (vielleicht, um sie mit ihrem Geruch zu markieren). Der Gesichtsausdruck ist entweder konzentriert oder euphorisch. Und dann ist da natürlich noch der Urin, der mit starkem Druck unmittelbar auf eine vertikale Fläche gespritzt wird: auf Wände, Fenster, Vorhänge, Türen, Sofas, Schränke, Stereolautsprecher, Fernseh- oder Laptopbildschirme, Ihr Bein, einen Wäschehaufen, die Außenwand der Katzentoilette oder die dahinterliegende Wand, Zäune und Büsche – suchen Sie es sich aus! Dabei kann es sich um kleine oder große Urinmengen handeln.

Was also haben diese Vibrationen zu bedeuten? Sie können den vibrierenden Schwanz als eine Art Blitzableiter verstehen. Im Haus werden Sie den Schwanz einer Katze am häufigsten dann vibrieren sehen, wenn sie überreizt, aufgewühlt oder unsicher ist und diese Spannung einfach loswerden muss. Ich beobachte dieses Verhalten meist dann, wenn eine Katze aus irgendeinem Grund beschlossen hat, still an Ort und Stelle zu verharren. Mein Kater Jasper springt gern auf seinen Kratzbaum oder einen anderen erhöhten Punkt und wartet dann ungeduldig darauf, dass ich ihn streichle. Er platzt beinahe vor Aufregung, aber er weiß, dass es am besten für ihn ist, wenn er still dort wartet, wo ich ihn normalerweise streichle. Während der quälenden Wartezeit zittert sein aufgerichteter Schwanz wie Espenlaub. Wenn ein Hund mit dem Schwanz wedelt oder so aufgeregt ist, dass er am liebsten aus der Haut fahren würde, und deshalb am ganzen Körper zuckt, könnte das in die gleiche Kategorie fallen. Während die Katze stillhält, muss sich die intensive aufgestaute emotionale Energie *irgendwo* entladen. An sich ist ein vibrierender Schwanz also nichts Beunruhigendes. Er zeugt immer davon, dass eine starke Erregung abgebaut werden muss, die *sowohl* positive *als auch* negative Ursachen haben kann. Nur wenn der vibrierende Schwanz Auftakt zum Harnmarkieren ist, verlieren die Schwingungen ihre positive Bedeutung (jedenfalls aus unserer Sicht).

Das Harnspritzen zermürbt Katzenbesitzer vor allem wegen der Schäden, die es an teuren Gegenständen wie Sofas, Fernseh- oder Laptopbildschirmen und natürlich Seidenvorhängen anrichten kann. Berichten zufolge soll eine Katze sogar einen Brand verursacht haben, als sie eine Steckdose markierte.

Es mag überraschen, aber manche Katzen markieren gern in der Nähe ihres Kernreviers – also dort, wo sich ihre Futter-, Schlaf- oder Ruheressourcen befinden. Andere markieren eher die Reviergrenzen oder das Streifgebiet: Wände, Türen und Fenster. Allgemein gilt: Markiert Ihre Katze unweit ihres Kerngebiets, an den Verbindungswegen und Grenzen innerhalb des Reviers, etwa im Flur oder an den Zugängen zu dem Bereich, in dem Sie die Tiere füttern, befindet sie sich im Konflikt mit anderen Artgenossen (oder gar einem Hund oder Kind), die ebenfalls im Haus wohnen und die gleichen Plätze nutzen. Markiert sie entlang der inneren Grenzen des Hauses (auf oder unter Fenstern, fensternahen Möbelstücken oder Außenwänden und -türen), ist die Revierkennzeichnung eine Botschaft an die fremden Katzen rund ums Haus oder sogar ein Präventivschlag gegen mögliche Eindringlinge. (Gleichzeitig sorgt sie damit dafür, dass sie sich erheblich besser fühlt. Harnmarkieren verringert Gefühle von Stress und Sorge.) Einige Katzen haben mit Artgenossen sowohl im Haus *als auch* rund ums Haus Streit.

Was ist das für ein Gesichtsausdruck?

Wollen Sie wissen, an welchen Stellen Katzen in Ihrem Haus Urinmarken hinterlassen? Dann beobachten Sie, wo die Tiere das Maul leicht öffnen, weit aufreißen oder manchmal sogar Grimassen schneiden. Dies ist ein Hinweis darauf, dass sie das an dieser Stelle hinterlassene Duftsignal nicht nur geruchlich, sondern auch geschmacklich wahrnehmen können. Für Plaudereien auf Cocktailpartys hilft es Ihnen vielleicht zu wissen, dass dies als »Flehmen« bezeichnet wird und das sogenannte *vomeronasale* oder *Jacobson-Organ* daran beteiligt ist. Es befindet sich am Gaumen unweit der oberen Schneidezähne. Damit können Katzen sowohl den Geruch als auch den Geschmack einer Sache gleichzeitig aufnehmen (auch Pferde, Rinder und Schafe flehmen).

Harnspritzen oder -markieren auf horizontalen Flächen

Wenn Sie Urin auf einer horizontalen Fläche finden, zum Beispiel auf dem Boden oder dem Bett, schließen Sie daraus vielleicht, Ihre Katze habe sich lediglich außerhalb der Toilette erleichtert, aber nicht markiert. Langsam! Wenn Sie eine Pfütze auf dem Boden finden, wäre zunächst denkbar, dass der Urin ursprünglich an die Wand gespritzt wurde, heruntergelaufen ist und sich gesammelt hat. Ihre Katze könnte sich aber auch einer Methode bedient haben, um horizontale Flächen mit Harn zu bespritzen. Sie könnte sich auf ein Bett oder einen Tisch gestellt und dann die dahinterliegende Fläche mit Harn besprüht haben. Dieses Verhalten hat die gleichen Ursachen, es findet in der gleichen Körperhaltung und mit der gleichen Theatralik statt wie die üblichere Form des Harnspritzens, hat lediglich ein horizontales Ziel. Diese Variante des Harnspritzens erkennt man daran, dass statt der Pfütze, die andere Beweggründe verrät, ein langes, dünnes Rinnsal zurückbleibt. Es kann auch vorkommen, dass sich Ihre Katze auf den Boden hockt und den Harn genau wie in der Katzentoilette absetzt – aber in der Absicht zu markieren. Das sogenannte Harnmarkieren im Sitzen kann alle ebenen Flächen wie Tisch, Teppich, Arbeitsplatte oder Bett treffen.

Das Harnmarkieren im Sitzen ist besonders schwer von normaler Unsauberkeit zu unterscheiden. Konnten Sie den Vorgang allerdings (wie in Kapitel 8 erklärt) beobachten und haben Sie gesehen, dass die Katze die Stelle davor, nicht aber den Urin danach beschnuppert hat, besteht die Möglichkeit, dass es sich um Markierverhalten handelt. Eine Katze, die lediglich Urin absetzt, macht es oft umgekehrt: Sie hat kein Interesse daran, die Stelle vorher zu beschnuppern, inspiziert aber oft im Nachhinein ihr Werk, um zu prüfen, ob alles ausreichend abgedeckt ist. Werden Katzen auf frischer Tat ertappt und zurechtgewiesen, lernen sie daraus häufig, sofort davonzulaufen. Dies kann Ihnen die Unterscheidung erschweren, ob die Katze mit Harn markiert oder sich nur erleichtert. Stellen Sie im Zweifelsfall sicher, dass das Toilettenangebot den Empfehlungen in den Kapiteln 5 und 8 entspricht, und lassen Sie Ihre Katze vom Tierarzt gründlich auf mögliche medizinische Ursachen untersuchen. Bei einem gesunden Tier könnte es sich um Harnmarkieren im Sitzen handeln. Das Markieren horizontaler Flächen ist weniger bedrohlich oder provokativ für andere Katzen als das ungebremste Harnmarkieren vertikaler Flächen. Daher können sowohl die weniger selbstbewussten als auch die selbstsicheren Tiere damit Anspruch auf bestimmte Plätze erheben. Falls Ihre Katzen auf diese Art markieren, werden Sie sich mit der Frage auseinandersetzen müssen, wie gut sie miteinander auskommen (siehe Kapitel 7).

Seriensprayer und Graffitikünstler

Manche Katzen haben beim Harnspritzen sogar eine eigene Signatur. Ich kannte einmal einen Kater namens Atticus, der wie ein Graffitikünstler oder Tagger sein Zeichen setzte: Seine Markierung war stets ein perfektes umgekehrtes Dreieck auf seiner Lieblingsleinwand – der knopfgehefteten Samtcouch seiner Besitzerin. Es sollte Studien darüber geben oder zumindest eine Galerie mit den Werken eröffnet werden ...

Atticus' Besitzerin erzählte mir: »Er ist sehr stolz auf sein Werk, und wenn es zu verblassen beginnt, ›bessert‹ er sogar nach.«

Das stimmt: Lässt der Geruch der Markierung nach, kann dies die Katze dazu veranlassen, sie noch einmal »aufzufrischen«, damit nur ja keine Missverständnisse aufkommen, wessen

Revier dies eigentlich ist – und wann sie es zum letzten Mal patrouilliert hat. Gelegentlich markieren Katzen auch dann noch längere Zeit aus Gewohnheit weiter, wenn der ursprüngliche Auslöser für das Harnmarkieren verschwunden ist.

Assoziatives Markieren

Es kann gelegentlich vorkommen, dass Ihre Katze in die Hocke geht und Urin auf Gegenständen absetzt, die Ihnen gehören. Wenn sie ihren Geruch mit dem ihres Besitzers mischt, kann dies ihr Selbstbewusstsein steigern. Ein solches Verhalten wird als »assoziatives – also verbindendes – Harnmarkieren« bezeichnet. Die Katze wird dazu Ihr Bett oder andere Objekte auswählen, die nach Ihnen riechen oder symbolisch für Sie stehen. Zuweilen tut sie es sogar direkt vor Ihren Augen. Sie bringt damit aber weder Verachtung noch Abneigung gegen Sie zum Ausdruck. Es könnte allerdings sein, dass sie die Beziehung zu Ihnen nicht gerade als optimal empfindet.

Was ist die häufigste Ursache für assoziatives Markieren? Wenn Sie ungewöhnlich lang abwesend sind. Der Ort? Ihr Bett: Es riecht nach Ihnen, symbolisiert Sicherheit und Ihre Person. Oft sind auch Veränderungen im Tagesablauf der Grund. Seltener liegt es daran, dass eine Katze von ihrem Besitzer zurechtgewiesen oder bestraft wurde und sie daraufhin sein Bett und seine Kleider assoziativ markiert. Sie stellt damit ihr Selbstvertrauen wieder her und lindert ihre Besorgnis – mit Boshaftigkeit hat dies nichts zu tun. Kurz gesagt, weist assoziatives Urinmarkieren mit großer Wahrscheinlichkeit darauf hin, dass irgendetwas in der Umgebung (und das schließt Ihre Person ein) Ihrer Katze Sorgen bereitet oder gesundheitliche Probleme eine Belastung für sie sind. Meiner Ansicht nach hat das assoziative Markieren sogar noch emotionalere Ursachen als die anderen Formen des Markierverhaltens.

Harnmarkieren als Informationsaustausch

Sobald Sie wissen, dass Ihre Katze markiert, werden Sie am ehesten herausfinden, wie Sie dem unerwünschten Verhalten ein Ende setzen können, wenn Sie die Ursache dafür verstehen. Das Harnmarkieren hat völlig andere Beweggründe als der normale Urinabsatz. Markierende Tiere können ihr Revier abstecken, Informationen über die Artgenossen sammeln, die sich ebenfalls auf ihrem Territorium tummeln, sexuelle Verfügbarkeit signalisieren, Selbstbewusstsein aufbauen oder Emotionen abbauen. Bei Hauskatzen lassen sich die Gründe für das Harnmarkieren in die folgenden Kategorien unterteilen:

* Die Tiere hatten konfliktbeladene Begegnungen mit fremden Artgenossen außer Haus (49 Prozent) oder Auseinandersetzungen mit den Katzen im Haus (28 Prozent).
* Sie wurden am Freigang gehindert, ohne ein anderes Ventil für ihre Energie, ihre Gefühle und ihre Bedürfnisse angeboten zu bekommen (26 Prozent).
* Sie mussten umziehen (9 Prozent).
* Sie fanden neue und möglicherweise beunruhigende Gegenstände im Haushalt vor (6 Prozent).
* Sie haben ein schlechtes Verhältnis zu ihren Besitzern (6 Prozent).[80]

Wir haben E-Mail, Katzen geben »Pi-Mail«. Welche Nachrichten überbringen diese kleinen Postboten mit dem seltsamen Benehmen? Was wollen sie damit sagen? Wenn eine Katze mit Harn markiert, können Sie sich das so vorstellen, als ob sie ihre persönliche Visitenkarte mit allen relevanten Informationen (Alter, Geschlecht, Gesundheitszustand) hinterlassen würde, aus der sogar hervorgeht, *wann* sie zum letzten Mal vor Ort war und wie durchsetzungsstark sie ist. Im Freien oder in einem Mehrkatzenhaushalt hat das Nachrichtennetz verschiedener Katzen unter Umständen weniger Ähnlichkeit mit dem E-Mail-

Verkehr als vielmehr mit einem Chatraum oder »sozialen Medien« wie »Mysprays« oder »Spraysbook«.

Markierung und Konfliktvermeidung im gemeinsamen Revier

Das Harnmarkieren gehört zu den auffälligsten Folgen der verstärkten Territorialität, die Katzen an den Tag legen, wenn sie die soziale Reife erlangen. Bei wilden oder freilebenden Tieren ist dieses Verhalten völlig normal – ungefähr so selbstverständlich wie das Atmen. Einer Studie zufolge markieren potente Kater in der Paarungszeit im Freien über zwanzigmal in der Stunde, eine andere Untersuchung kam auf über sechzigmal. Außerhalb der Paarungszeit markieren Kater ungefähr dreizehnmal, Katzen vier- bis sechsmal in der Stunde.[81] Wie Landwirte, die Löcher für die Pfosten eines Zauns graben, setzen manche Kater etwa alle fünf Meter entlang ihres Weges eine Urinmarke. Da sich die anderen Katzen mehr Zeit für die Untersuchung neuer Urinmarken nehmen, legen markierende Tiere besonders großen Wert auf diese »würzige Frische«.

So manch einer glaubt, markierende Katzen wollten Artgenossen aus ihrem Revier vertreiben, und obwohl das Harnmarkieren eine klare Ansage an andere Tiere ist, dass sie sich auf fremdem Territorium befinden, ist nur selten festzustellen, dass Urinmarken tatsächlich abschreckend wirken.[82] Die markierende Katze teilt mit, wann sie zum letzten Mal hier war, damit die anderen in ihrem Kalender nachschlagen und ihre Termine entsprechend verlegen können. Das Harnmarkieren hilft Katzen, sich ein Jagdrevier oder überlappende Territorien zu teilen, ohne Begegnungen und Auseinandersetzungen zu riskieren. Eine solche Mehrbenutzerregelung ähnelt der Entspannung im Kalten Krieg: Die Katzen versuchen, den Ausbruch des totalen Atomkriegs zu verhindern. Manchmal teilt eine Katze das Revier auch so lange, bis ihr Selbstbewusstsein groß genug ist, es vollständig zu übernehmen.

> ## (Bitte schnuppern Sie hier!)
> ## Herr Glückspfötchen
>
> *Ich war hier: nach Sonnenuntergang.*
> *Grund der Anwesenheit: habe fünf Stellen in meinem*
> *Streifgebiet mit Urin markiert.*
> *Durchsetzungsvermögen: stark.*
> *Gesundheitszustand: hervorragend (nur die Zahnreinigung ist*
> *mal wieder fällig).*
> *Nachricht: Nach Sonnenuntergang sollten Sie sich hier besser*
> *nicht blicken lassen.*

Visitenkarte (Muster)

Erkundigungen einziehen

Katzen markieren auch, um Informationen über die anderen Artgenossen in der Gegend zu *sammeln*. Hier handelt es sich im wahrsten Sinne des Wortes um eine »Pi-Mail«: Sie wollen gleichsam sehen, ob andere Katzen antworten. Eine »Response« würde der markierenden Katze verraten, ob sich ein Artgenosse in der Nähe befindet oder gar das Jagdrevier mit ihr teilt. Warum sie das wissen will? Damit sie sich schützen kann – indem sie erneut markiert, dem anderen das Revier überlässt oder ihm aus dem Weg geht. Bei Harnmarkierungen aller Art geht es meist um Revierfragen. Sie helfen Katzen herauszufinden, wie sie überlappende Territorien zeitversetzt nutzen können, ohne einen Kampf riskieren zu müssen.

Ich bin immer dienstags hier – und du?

Der sexualpolitische Aspekt des Harnmarkierens: potente Kater, rollige Katzen

Nur bei nichtsterilisierten Tieren ist die sexuelle Eigenwerbung eine häufige Motivation für das Harnmarkieren. Diese Form der

Übermittlung fortpflanzungsrelevanter Informationen ist am ehesten bei potenten Katern und rolligen Katzen anzutreffen, begleitet von einem unverkennbaren durchdringenden Geheul, das bei kastrierten Tieren nicht zu hören ist. Fortpflanzungsfähige Kater markieren besonders häufig in der Nähe rolliger Katzen und umgekehrt. Die Harnmarkierung informiert ohne Zweifel über den Fortpflanzungsstatus, da männliche Tiere den Duftsignalen rolliger Weibchen mehr Zeit widmen als den Markierungen nicht paarungsbereiter Katzen. In den meisten Fällen rate ich den Besitzern von Tieren, die noch nicht kastriert wurden, zu diesem Schritt. Dies hat unter anderem den Vorteil, dass das Urinmarkieren erheblich nachlässt oder sogar ganz aufhört. Die Kastration reduziert in etwa 90 Prozent der Fälle das Markierverhalten.[83]

Dies bedeutet allerdings nicht, dass ein kastriertes Tier ganz aufs Harnmarkieren verzichten wird. Ganz im Gegenteil! Durch die Kastration lassen sich zwar das Harnmarkieren und alle anderen sexuell motivierten Markierverhaltensweisen weitgehend beseitigen. Tatsache aber ist, dass die vielen tausend Katzen, mit denen ich wegen Harnmarkieren arbeite, meist längst kastriert sind, wenn dieses Problem auftritt. Die sexuelle Motivation für das Markieren mag nicht mehr vorhanden sein, aber das territorial motivierte Bedürfnis, Ressourcen zu sichern, sich sicherer zu fühlen und Angst abzubauen, kann Ihre Katze nach wie vor zum Harnspritzen veranlassen. Dieses Verhalten kann sowohl bei männlichen als auch bei weiblichen, bei zeugungsfähigen wie zeugungsunfähigen Tieren auftreten. Trotzdem ist die Annahme, nur Kater würden markieren, so weit verbreitet, dass Katzenhalter, die zum Beispiel ein männliches und ein weibliches Tier besitzen, oft den *Kater* ins Tierheim geben – um anschließend festzustellen, dass die Übeltäterin noch im Haus ist. Es stimmt zwar, dass Harnmarkieren bei Katern häufiger auftritt als bei Katzen. Trotzdem sollten Sie *keins der beiden Tiere* weggeben. Ich kann Ihnen helfen, dieses Problem zu beseitigen, und in den meisten Fällen gelingt es mir sogar recht mühelos!

Harnmarkieren und Konflikte

Gelegentlich kann der Stress einer Auseinandersetzung zu Harnmarkieren führen. Umgekehrt kann auch das Harnmarkieren Spannungen zwischen den Tieren verursachen, die dann in Raufereien ausarten. (Weitere Informationen zur innerartlichen Aggression finden Sie in Kapitel 7.)

Ich bin besorgt

Manche Katzen markieren, wenn sie frustriert oder aufgeregt sind, sich Konkurrenz oder Herausforderungen stellen müssen. Sogar Trennungsangst kann die Ursache sein. Katzen markieren, um sich sicherer zu fühlen, indem sie sich mit – nun ja – sich selbst umgeben. Je ängstlicher Ihre Katze, desto größer ist ihr Bedürfnis nach vertrauten Gerüchen wie dem eigenen in ihrer Umgebung.

> Ich fühle mich bedroht. Nach dem, was gerade passiert ist, fühle ich mich gar nicht wohl. Aber das hier wird dafür sorgen, dass ich mich besser fühle. Ahhh!

Warum markiert nun *Ihre* Katze? Das ist nicht immer leicht zu sagen. Die Belastungsfähigkeit eines Tiers ergibt sich sowohl aus genetischen als auch aus sozialen, aus Entwicklungs- und aus Umweltfaktoren. Anlage: Waren die Eltern einer Katze eher nervös als selbstbewusst (besonders wichtig ist hier das vom Vater vererbte Temperament), wird sie mit größerer Wahrscheinlichkeit negativ auf Stress reagieren. Umwelt: War die Katze in der sensiblen Phase zwischen zwei und sieben Wochen nicht genügend unterschiedlichen Reizen ausgesetzt, kann sie nervös und ängstlich reagieren, wenn sie mit einer auch nur im Mindesten ungewöhnlichen Situation konfrontiert wird. Natürlich spielt auch die häusliche Umgebung eine Rolle: Wer gehört noch zum Haushalt (Menschen und Tiere)? Welche Ressourcen stehen der Katze zur Verfügung? Wie groß ist die Konkurrenz um diese Ressourcen – und so weiter?

Für gewöhnlich sind wir für unsere Katzen eine Quelle der Zufriedenheit und der Geborgenheit, so wie auch sie Zufriedenheit und Frieden für uns bedeuten können. Wir füttern sie, geben ihnen die nötige Aufmerksamkeit und verhelfen ihnen zu dem Gefühl, ihr Leben sei gut und ihr Überleben gesichert. Es kann allerdings eine Herausforderung sein, einer ängstlichen Katze alle Wünsche von den Augen abzulesen. Stellen Sie sich vor, eines dieser Angsthäschen miaut hartnäckig, weil es gestreichelt werden will. Was, wenn ihr Besitzer alle Hände voll zu tun hat oder beschäftigt ist und nicht abgelenkt werden möchte? Gehen Sie auf Abstand! Das Bedürfnis des Tiers, sich von seiner Angst zu befreien, könnte so stark sein, dass es sich mit dem Hinterteil einer Wand nähert, um sie mit Harn zu markieren. Dieser Vorgang kann tagelange Gefühle der Zufriedenheit auslösen, weshalb Sie vielleicht verblüfft feststellen, dass nur etwa jeden dritten Tag Harnmarkierungen auftauchen. Ich höre oft von Klienten, die markierende Katze sei das »liebste« Tier der Gruppe (die Anführungszeichen warnen vor der anthropomorphische Falle). Aber »lieb« kann in Wirklichkeit bedürftig, ängstlich und furchtsam heißen, wie bei der Katze, die scheinbar ständige Aufmerksamkeit braucht und Ihnen von Zimmer zu Zimmer folgt. Es leuchtet ein, dass die bedürftigsten oder besorgtesten Tiere auch den größten Drang verspüren, sich durch Harnmarkieren Erleichterung zu verschaffen und Selbstvertrauen zu gewinnen.

»Meine Katze markiert aus Gehässigkeit oder um sich an mir zu rächen.« Man hört oft, wie Menschen das Harnmarkieren ihrer Katzen auf diese Weise erklären. Aber Katzen markieren niemals, um sich an Ihnen zu rächen. Derartige Gedankengänge sind ihnen schlicht unmöglich. Gehen Sie nie davon aus, die Tiere wären aufsässig oder respektlos. Es könnte dazu führen, dass Sie sie anschreien, schlagen oder ihre Nase in die Urinpfütze drücken. Ein derartiges Fehlverhalten Ihrerseits wird nichts am

Verhalten Ihrer Katze ändern, sondern ihre Angst noch verstärken. Außerdem werden Sie deutlich an Beliebtheit einbüßen. Da wäre noch etwas: Wenn Sie Ihre Katze verunsichern, kann das gelegentlich dazu führen, dass sie *noch mehr* markiert.

Ein Fallbeispiel: Babytat, die Katze, die nach Hause wollte

Babytat, ein vier Jahre alter rot getigerter Kater, verspritzte seinen Harn im ganzen Haus. Vor unserem Beratungsgespräch hatte der Tierarzt ihn gründlich untersucht, geröntgt, Urin und Blut analysiert. Susan und Jeff waren Babytats Besitzer. Sie hatten mir den Kater in einer E-Mail vorgestellt und seine Probleme anschließend in dem Fragebogen, den ich ihnen zugesandt hatte, weiter ausgeführt.

Das Problem: Harnmarkieren im ganzen Haus

Susan und Jeff beschrieben die Probleme mit ihrem Kater Babytat so (Auszug):

Babytat kam mit zwölf Wochen zu uns. Er war allerliebst, bis er zwei Jahre alt wurde und anfing, seinen Urin im ganzen Haus zu verspritzen.

Er hat unter anderem den Apothekerschrank aus massivem Mahagoni markiert, der meinem Mann Jeff gehört. Die Messinggriffe haben jetzt eine oxidierte Patina.

Seit einem Jahr markiert er jeden zweiten Tag die Rückseite des Sofas am Wohnzimmerfenster, alle maßgefertigten Gardinen im ganzen Haus, die Haustür, die Wand neben der Glasschiebetür sowie den ledernen Bürosessel in Jeffs Arbeitszimmer. Als er seinen Harn auch noch in den Flügel spritzte, den mir mein Mann zum Hochzeitstag geschenkt hatte, waren wir mit unserer Geduld am Ende!

Die Kinder und ich lieben Babytat, und wir wollen ihn nicht ins Tierheim geben. (Aber wer will schon eine unsaubere Katze?)

Wir sind zu dem Kompromiss gelangt, dass Babytat draußen bleiben muss. Es bringt uns fast um zu sehen, wie er an der Tür kratzt und um Einlass bettelt, während wir uns im Haus amüsieren. Aber er markiert, sobald er zur Tür hereinkommt. Babytat will wieder nach Hause. (Und ich möchte mich wirklich nicht von meinem Mann trennen müssen!) Die Situation ist völlig verfahren. Bitte helfen Sie uns!

Die Beratung

Als ich mit dem Wagen zum Ortstermin bei Susan und Jeff eintraf, sah ich einen rot getigerten Kater wie eine Statue am unteren Ende der langen, geschwungenen Kiesauffahrt sitzen. Beim Blick in den Rückspiegel bemerkte ich, dass er mutig hinter dem Wagen herlief und dabei den getigerten Schwanz in die Luft reckte, als hätte er schon viele Besucher zur Haustür gebracht.

Noch bevor ich die Wagentür öffnete, um auszusteigen, konnte ich seine lauten Schreie hören: *Miau, miau, miaaaauuu!* Die langgezogenen Laute verrieten, dass er entweder große Angst hatte oder große Erwartungen hegte. Ich stieg aus und kniete mich hin, um ihn zur Begrüßung kurz unter dem Kinn zu kraulen. Auf dem Weg zur Haustür war er mir schon wieder mehrere Schritte voraus. Er miaute und drehte sich immer wieder zu mir um, um sich zu vergewissern, dass ich ihm auch tatsächlich folgte. Vermutlich war er klug genug zu wissen, dass er mit mir im Augenblick die besten Chancen hatte, ins Haus zu kommen.

Die Geräusche im Haus verrieten Babytat und mir genau, wann die Tür sich öffnen würde. Der Kater ähnelte einem Kurzstreckenläufer vor dem Start.

»Guten Tag! Ich bin Susan«, sagte die Frau, die die Tür einen winzigen Spalt geöffnet hatte. Gekonnt blockierte sie die Öffnung mit dem Bein, damit Babytat nicht ins Haus flitzen konnte. »Wir sind so froh, dass Sie da sind! Wie ich sehe, kennen Sie Babytat bereits.«

Als ich im Haus war, gesellte sich auch Jeff zu uns und schüttelte mir energisch die Hand:»Ich habe gesagt: ›Er oder ich.‹« Da meldete sich von oben eine Stimme, die wohl einem weiblichen Teenager gehörte:»*Du*, Papa! *Du* musst gehen!« Sie lachten ein wenig, beruhigten sich aber schnell wieder. Draußen scharrte Babytat verzweifelt am Fenster.

Ich erinnerte mich daran, dass Susan in ihrer E-Mail geschrieben hatte, die markierten Stellen befänden sich zum Teil in der Nähe von Türen und Fenstern.

»Läuft er manchmal von einem Fenster zum anderen?«, fragte ich.

»Ja!«, antwortete Jeff.

»Ab und zu faucht er dabei auch die ganze Zeit«, ergänzte Susan.»Hier kommen gelegentlich Streuner vorbei.«

Ich bat Susan, mir auch die anderen Stellen zu zeigen, die Babytat markierte, darunter Jeffs Bürostuhl und den Flügel. Beide standen am Fenster. Nachdem ich den Fragebogen durchgesehen und ausführlich mit Jeff und Susan gesprochen hatte, kam ich zu dem Schluss, dass Babytat aus dem Grund markierte, der auch der häufigste war.

Die Diagnose: Reviermarkieren

Babytat war offensichtlich beunruhigt, dass die Außengrenzen seines Reviers verletzt werden könnten. Er markierte sie, da ihm die fremden Katzen rund ums Haus Sorgen bereiteten.

Kurz gesagt, hatten die Urinmarken im Haus mindestens eine Ursache: Sie waren eine territoriale oder emotionale Reaktion darauf, dass Babytat rund ums Haus fremde Katzen sehen konnte. Möglicherweise gab es aber auch noch andere Gründe dafür. Susans E-Mail zufolge hatte er im Alter von ungefähr zwei Jahren mit dem Harnmarkieren begonnen, also nachdem er die soziale Reife erreicht hatte. Bitte bedenken Sie, dass vermutlich schon immer fremde Katzen durch den Garten gestrichen sind, aber als Babytat jünger gewesen war, hatte er sich nicht daran gestört.

Der CAT-Plan gegen Harn- und Kotmarkieren

Manche Tierärzte, Tierpsychologen und sogar »zertifizierte Tierverhaltenstherapeuten« stellen in Diskussionen um das Harnspritzen bei Katzen ihre Sicht der Dinge dar, schließen dann aber mit den Worten: »Ungeachtet der Ursache sind Medikamente der Schlüssel zur Behandlung des Harnspritzens.« In diesem Punkt bin ich anderer Ansicht als viele Experten.

Wenn es uns gelingt, die Ursache des Harnspritzens bei Ihrer Katze zu finden und zu beseitigen, wird mein CAT-Plan das Verhalten unterbinden, ohne dass Sie dem Tier Medikamente geben müssen. Der Plan ist für alle Katzen geeignet – auch die Ihre. Doch bevor Sie mit seiner Umsetzung beginnen, müssen Sie den »Schuldigen« finden. Bitte bedenken Sie, in einem Mehrkatzenhaushalt steigt mit der Anzahl der Katzen auch die Wahrscheinlichkeit, dass nicht nur ein Tier markiert (selbst wenn Sie nur eins dabei ertappt haben).

Beenden Sie das unerwünschte Verhalten

Schritt 1: Säubern Sie den Ort des Geschehens

Säubern Sie die beschmutzten Flächen mit dem in Kapitel 8 erwähnten Spezialenzymreiniger und auf die beschriebene Art und Weise. Beseitigen Sie den Uringeruch so schnell wie möglich, um zu verhindern, dass markierende Katzen eine Verbindung zwischen der beschmutzten Stelle und ihrem Markierungsinstinkt herstellen. Säubern Sie die betreffenden Flächen sofort, wenn Sie eine neue Urinmarke finden.

Schritt 2: Beseitigen Sie die Auslöser

Der wichtigste Teil des CAT-Plans gegen Harnspritzen ist, dass Sie die Auslöser für den Stress beseitigen, der die Stimmung und die emotionale Befindlichkeit einer Katze beeinflusst und sie zum Markieren veranlasst. Wir können den ganzen übrigen CAT-Plan durcharbeiten, aber wenn wir den Auslöser nicht beseitigen, wird die Katze weiter markieren.

Die häufigste Ursache für Harnmarken im Haus ist, dass Katzen draußen Artgenossen sehen, hören oder riechen können und ihre Sicherheit oder ihr Revier bedroht sehen. Ihre Katze könnte das fremde Tier vom Haus aus bemerkt haben. Sie könnte es bei einem Ausflug im Garten gesehen haben oder – was noch schlimmer wäre – der fremden Katze im Haus begegnet sein, falls Sie sie hereingelassen haben oder sie durch die Katzenklappe hereingeschlüpft ist. *Die Barbaren standen vor den Toren, und sie hat einen davon hereingelassen!* Selbst wenn Sie eine weitere Katze adoptieren und ins Haus holen, kann dies für das heimische Tier weniger bedrohlich sein als ein Artgenosse, den sie draußen beobachten kann.

Katzenbesitzer sagen immer zu mir: »Aber ich sehe keine fremden Katzen im Garten oder in der Umgebung.« Abgesehen davon, dass Menschen einfach nicht so genau hinsehen (und hinhören) wie Katzen, kommen fremde Freigänger meist zwischen drei und fünf Uhr morgens heraus, wenn Nagetiere, aber keine Menschen unterwegs sind und das Licht gerade ausreicht, um gut jagen zu können. Falls Ihre Katze wach ist und in ihrem Revier herumschleicht, wird sie sie bemerken.

Des Weiteren können verschiedene Konflikte ursächlich mit dem Markierverhalten zusammenhängen. Hier einige Gründe:

* ❀ Die markierende Katze verträgt sich nicht mit einem Artgenossen im Haus, möchte wichtige Ressourcen verteidigen, wird von einem Artgenossen schikaniert, oder die Veränderungen in der Hierarchie Ihres Mehrkatzenhaushalts machen sie nervös. Zum Harnmarkieren kommt es häufig auch, wenn ein Tier einem anderen Mitbewohner zum Opfer fällt, der draußen einen Artgenossen gesehen und seine Aggression auf den künftigen Harnmarkierer umgeleitet hat.

* Die Katzen müssen sich Futter- und Wasserressourcen teilen, die sich alle am selben Ort befinden.
* Sie haben eine Klappe eingebaut, damit Ihre Katze ins Freie und wieder zurückkommen kann. Nun fühlt sie sich nicht mehr so sicher, weil auch andere Tiere leichter in ihr Revier eindringen können.
* Sie schimpfen mit Ihrer Katze oder bestrafen sie – oder ein anderes Haustier.
* Ihr Tagesablauf hat sich geändert. Sie sind kürzer, länger oder zu anderen Tageszeiten zu Hause als zuvor.
* Ihr Fütterungsplan verhindert, dass Ihre Katze genügend Nahrung bekommt, oder Sie haben die Fütterungszeiten geändert.
* Ihre Katze darf nicht mehr bei Ihnen schlafen.
* Ihre Katze bekommt nicht mehr so viel Aufmerksamkeit wie gewohnt.
* Sie wechseln die Katzenfuttermarke oder -sorte oder verwenden eine andere Katzenstreu.
* Sie oder eine andere Person haben einen fremden Gegenstand oder Geruch ins Haus gebracht. Dabei kann es sich um alles Mögliche handeln: ein neues Sofa, einen Besucher, dessen Kleidung nach Hund oder Katze riecht, einen Einkaufstrolley, dessen Räder auf dem Heimweg einen beunruhigenden Geruch aufgeschnappt haben, oder sogar die Sohlen Ihrer Schuhe, an denen der Geruch der Freigänger haftet, die über Ihr Grundstück laufen (in letzterem Fall sollten Sie die Schuhe vorsichtshalber ausziehen, bevor Sie das Haus betreten).
* Sie lassen etwas an Ihrem Haus oder Ihrer Wohnung machen. Renovierungsarbeiten bringen fremde Personen, Lärm und Staub mit sich und stellen die Welt einer Katze im wahrsten Sinne des Wortes auf den Kopf. Eine Renovierung ist ein großer Stressfaktor.
* Sie sind umgezogen.
* Der Haushalt hat sich um einen Menschen oder ein Tier

(ein Baby, einen Ehepartner, einen Hund oder eine Katze) erweitert, oder es bestehen Spannungen zu einem menschlichen oder tierischen Mitbewohner.

❀ Medizinische Probleme bereiten Ihrer Katze körperlichen Stress, der für gewöhnlich emotionalen Stress nach sich zieht, was negative Auswirkungen auf das Zusammenleben Ihrer Katzen haben und – sind Sie bereit? – dadurch wiederum zu Markierverhalten führen kann.

Nach der Lektüre dieser keineswegs erschöpfenden Liste werden Sie sich vermutlich fragen, wann eine Katze *nicht* markiert. Vielleicht sind Sie angesichts der vielen möglichen Ursachen sogar dankbar, dass Ihre Katzen nicht spritzen. Doch wenn eine Katze markiert, gibt es viele Möglichkeiten, dem ein Ende zu bereiten. Beginnen wir mit der wichtigsten Ursache – fremde Freigänger – und wie Sie diesen speziellen Auslöser beseitigen können.

Das Problem fremder Freigänger rund ums Haus wird stark unterschätzt. Es kann enorme Auswirkungen auf das Leben unserer Katzen haben. Die besten Ergebnisse erzielen Sie, wenn Sie grundsätzlich so vorgehen, als tummelten sich draußen fremde Katzen, selbst wenn Sie noch nie eine davon zu Gesicht bekommen haben, und demnach die folgenden Strategien anwenden.

Verhängen Sie die Fenster

In den nächsten dreißig Tagen müssen Sie alle Fenster verhängen, die den Blick auf Flächen freigeben, auf denen fremde Freigänger herumstreifen, damit Ihre Katze die Tiere nicht mehr sehen kann.

Ich kann mir vorstellen, wie Sie das Buch hinlegen und Ihren Mitbewohner fragen: »Hat sie gerade gesagt, wir sollen die *Fenster* verhängen?«

»Aber nein, meine Liebe«, erwidert er. »Ich bin mir sicher, sie meinte, wir sollen nicht am Fenster *rumhängen*.«

Nein. Ich wiederhole: Verhängen Sie die Fenster.

Gleichzeitig werden Sie sich bemühen, die fremden Katzen aus Ihrem Garten zu vertreiben, wie ich etwas weiter unten erklären werde. Nachdem Sie die fremden Tiere erfolgreich abgeschreckt haben, können Sie die Aussicht wieder frei machen, was sicher nur selten vor Ablauf der dreißig Tage der Fall sein sollte.

Sie müssen nicht das ganze Fenster, sondern nur die Stellen abhängen, an denen Ihre Katze die Eindringlinge sehen kann. Wie viel Sie abhängen müssen, hängt von der Aussichtsposition Ihrer Katze ab. Versperren Sie ihr nach Möglichkeit auch den Zugang zu den Fensterbrettern, indem Sie dort zum Beispiel Pflanzen aufstellen (vorausgesetzt, Ihre Katze knabbert nicht daran und Sie achten für den Fall der Fälle darauf, dass die Gewächse nicht giftig sind). Gibt es in Fensternähe Stühle oder andere Aussichtsplätze, rücken Sie auch diese ein Stück ab, sofern das geht.

Es gibt verschiedene Möglichkeiten, die Aussicht zu blockieren. Die einfachste und kostengünstigste Variante ist Wachspapier und Malerkrepp. Das Papier sollte so weit nach oben reichen, dass Ihre Katze die fremden Tiere auch dann nicht sehen kann, wenn sie irgendwo hinaufklettert oder sich auf dem Fensterbrett auf die Hinterbeine stellt. Wenn es etwas dekorativer sein soll, können Sie wiederablösbare blickdichte Sichtschutzfolie aus einem Geschäft für Heimwerkerbedarf aufkleben. Wenn Sie lediglich die Vorhänge zuziehen, wird der Erfolg wohl *ausbleiben*. Katzen lernen schnell, dass sie hinter die Gardinen kriechen und dann die schöne Aussicht auf die Welt draußen genießen können.

Halten Sie fremde Katzen fern

Ich empfehle Katzenschreckgeräte, um fremde Katzen von Ihrem Grundstück fernzuhalten. Für kleinere, begrenzte Flächen oder zum Schutz einer Glasschiebetür oder eines Fensters eignen sich Modelle, die mit einem Bewegungsmelder ausgestattet sind und Tag und Nacht Luftstöße aus einer Sprühdose abgeben. Bei einem anderen Produkt handelt es sich um einen Wassersprenger, der ebenfalls auf Bewegung reagiert. Ein Hersteller behauptet, sein Gerät würde Eindringlinge auf einer Fläche von bis zu 110 Quadratmetern erreichen. Zu guter Letzt gibt es Katzenschreckgeräte, bei denen über einen Bewegungsmelder ein Ultraschallgeräusch ausgelöst wird. Herstellerangaben zufolge lassen sich damit Flächen von bis zu 20 Quadratmetern schützen. Diese Geräte geben Ultraschallimpulse von sich, die wie bei den meisten Modellen zur Rattenabwehr von Katzen-, nicht aber von Menschenohren wahrgenommen werden können. Der Alarm erschreckt die Tiere und lehrt sie, sich von Ihrem Grundstück fernzuhalten. Bitte schalten Sie diese Geräte aus, wenn Ihre Katze nach draußen geht, damit sie den Bewegungsmelder nicht selbst auslöst. Funktionieren diese Abwehrmaßnahmen? Ja, sie funktionieren – so unwahrscheinlich das auch klingen mag. Katzen sind auf der Suche nach Gärten, in denen sie ohne große Probleme herumstreunen können, und die Auswahl ist groß. Beim leisesten Hauch von Unannehmlichkeiten werden sie sich von Ihrem Grundstück verziehen und zu den Nachbarn aufmachen. Sie müssen lediglich die Anleitungen befolgen, die der Gerätehersteller für Ihren speziellen Grundstücksgrundriss gibt.

Falls fremde Freigänger ein Problem sind, ist es darüber hinaus sinnvoll, alle Vogelhäuschen aus dem Garten zu entfernen und auch kein Futter mehr hinauszustellen, um diese Tiere nicht mehr anzulocken. Wenn Sie möchten, können Sie die Vögel und sogar die Katzen auch weiterhin füttern. Sie müssen es nur dort tun, wo Ihre Katze die fremden Artgenossen nicht sehen kann.

Werden fremde Katzen abgeschreckt, kann das eine positive Kettenreaktion auslösen und auch andere Verhaltensauffälligkeiten in Ihrem Mehrkatzenhaushalt beseitigen. Es kann zum Beispiel das Problem der umgerichteten Aggression lindern, was wiederum Harnspritzen oder Unsauberkeit reduzieren kann.

Arrangieren Sie ein zweites Kennenlernen für Ihre Katzen

Möglicherweise sind nicht fremde Freigänger der Grund dafür, dass Ihre Katze gestresst ist und mit Harn markiert, sondern Konflikte mit einem Artgenossen im Haushalt. Erweitern Sie in diesem Fall nicht nur Ressourcen und Standorte (wie Sie die Lebensbedingungen verändern können, lesen Sie weiter unten), sondern gehen Sie auch die Empfehlungen für den Umgang mit innerartlicher Aggression in den Kapiteln 3 und 7 noch einmal durch. Falls keine dieser Maßnahmen Abhilfe schafft, werden Sie möglicherweise dafür sorgen müssen, dass sich Ihre Katzen noch einmal in aller Freundschaft kennenlernen (wie Sie beim zweiten Kennenlernen vorgehen müssen, lesen Sie in Kapitel 4).

Sind weder fremde Freigänger noch Konflikte mit einem Mitbewohner das Problem, ist unschwer zu erkennen, was Sie gegen viele der anderen Auslöser auf der Liste tun können. Schenken Sie der Katze mehr Aufmerksamkeit, wenn sie sich danach sehnt. Hören Sie auf, das Tier anzuschreien oder es bestrafen zu wollen. Verwenden Sie immer das gleiche Futter oder die gleiche Streu oder nehmen Sie Veränderungen nur ganz allmählich vor. Füttern Sie häufiger oder an Stellen, an denen sich die Katze nicht von Artgenossen oder anderen Tieren bedrängt fühlt.

Falls das Harnmarkieren bei Ihrer Katze die Reaktion auf ein neues Haushaltsmitglied zu sein scheint, sorgen Sie dafür, dass sich der Betreffende mit dem Tier anfreundet, indem er es füttert, bürstet und mit ihm spielt (siehe »Desensibilisieren und positive Assoziationen schaffen«, Seite 237). Falls es sich bei dem Neuzugang um einen Säugling handelt, dem dies unmöglich ist und der erst recht nicht imstande ist, einem Urinstrahl auszuweichen, sollten Sie lediglich darauf achten, dass die Anwesenheit des Kindes stets mit positiven Erfahrungen für Ihre Katze wie zusätzlichen Leckerbissen, Spiel- und Streicheleinheiten verbunden ist.

Markiert Ihre Katze neue Gegenstände im Haus wie Möbelstücke oder Läufer, sollten Sie diese einige Tage lang mit Laken oder Handtüchern abdecken, an denen Ihr Geruch haftet. Sie können sie auch mit synthetischen Pheromonen einsprühen oder dem Geruch Ihrer Katze versehen (siehe Kapitel 4). Bewahren Sie alle Gegenstände, die fremd riechen und von Ihrer Katze markiert werden könnten (einschließlich aller Gegenstände, die Ihre Gäste ins Haus bringen), außerhalb ihrer Reichweite auf, solange Sie den CAT-Plan gegen Harn- und Kotmarkieren befolgen. Neuanschaffungen oder die Habseligkeiten Ihres frisch angetrauten Partners gehören in einen Schrank oder hinter verschlossene Türen. Sie können sie aber auch unter bekannte Gegenstände aus Ihrem Besitz mischen, deren Geruch Ihrer Katze vertraut ist. Eine weitere Möglichkeit wäre, sie ein- bis zweimal die Woche mit synthetischen Pheromonen zu benetzen.

Richten Sie Ihrer Katze beim Umzug in ein neues Heim einen mit allem Nötigen ausgestatteten geschützten Bereich ein (siehe Kapitel 4) und machen Sie sie langsam mit dem Rest des Hauses bekannt. Spielen Sie während dieser Erkundungstouren mit ihr und belohnen Sie sie mit Leckerbissen.

Schritt 3: Sukzessive wieder eingewöhnen
Wenn Ihre Katze wegen Harnmarkierens draußen bleiben musste, wie das bei Babytat der Fall war, lassen Sie das Tier nun wieder ins Haus. Ich riet Susan und Jeff, die Sache langsam anzugehen. Sie sollten Babytat zunächst nur Zutritt zu einem Zimmer gewähren und ihm anschließend immer größere Teile des Hauses zugänglich machen. Außerdem mussten sie seine Angst ab- und sein Selbstvertrauen aufbauen, indem sie vor, während und nach dem Betreten der einzelnen Zimmer mit ihm spielten.

Schritt 4: Unterbrechen Sie die Katze, bevor sie beginnt

🐾 🐾   Vorsicht, moderner Aberglaube!

🐾 Die traditionelle Empfehlung, wie man mit einer spritzenden Katze umzugehen habe, lautet: Unterbrechen Sie den Vorgang mit unangenehmen Konsequenzen, indem Sie zum Beispiel schreien, in die Hände klatschen oder mit den Füßen stampfen. Das mag im Augenblick Wirkung zeigen, kann aber die unterschwellige Angst der Katze *erhöhen* und dazu führen, dass sie *anderswo* markiert. Es wäre auch denkbar, dass einige Tiere die Aufmerksamkeit als Belohnung empfinden – oder einfach lernen, nur dann zu markie- 🐾 ren, wenn Sie nicht in der Nähe sind.   🐾 🐾

Wenn Sie Ihre Katze an einem Ort entdecken, an dem sie normalerweise markiert, vor allem wenn sie die Stelle aufmerksam beschnuppert oder irgendeinen Teil des Tanzes vollführt, der zu erkennen gibt, dass sie gleich markieren wird, lautet der beste Rat, sie ruhig abzuschrecken oder abzulenken, bevor sie mit dem Harnspritzen beginnt. Falls irgend möglich, sollten Sie handeln, *bevor* es losgeht. Holen Sie ein Spielzeug hervor. Locken Sie Ihre Katze mit interaktiven Spielsachen von der kritischen Stelle weg und spielen Sie kurz mit ihr. Falls Sie kein interaktives, sondern nur konventionelles Spielzeug zur Hand haben, werfen Sie es ihr zu, aber zielen Sie nicht auf sie. Mit dieser Strategie verhindern Sie nicht nur das bevorstehende Verhalten, sondern verbessern auch die Stimmung und die emotionale Befindlichkeit Ihrer Katze.

Sollte sie trotzdem markieren, entfernen Sie sie ruhig vom Schauplatz des Geschehens und beseitigen Sie den Schlamassel. Versuchen Sie nicht, das Tier abzulenken oder zu unterbrechen, schreien Sie nicht und bestrafen Sie es nicht.

Schritt 5: Verhindern Sie, dass sie die Stelle erneut markiert
Machen Sie die markierte Stelle unzugänglich oder ander-

weitig unattraktiv. Dazu können Sie die im letzten Kapitel erwähnten Absperrungen verwenden oder die verunreinigten Stellen mit Alufolie schützen. Wenn der Harn auf die Folie trifft, spritzt es, und es entsteht ein Geräusch. Beides könnte Ihre Katze abschrecken. Auch die Pariser Architekten bedienen sich dieses Konzepts. Sie haben »Anti-Pipi«-Wände entwickelt, deren gezackte Oberflächen dafür sorgen, dass der Urin auf die unerschrockenen »Wildpinkler« unter den Menschen zurückspritzt.

Machen Sie neue Verhaltensweisen attraktiv

Während Sie den ersten und den dritten Schritt des CAT-Plans umsetzen, werden Sie Ihrer Katze auch helfen, neue und positive Assoziationen zu den Orten herzustellen, an denen sie früher Stress oder Besorgnis empfunden hat. Sie werden dazu beitragen, ihre Angst zu lindern, indem Sie sie dazu bringen, das Harnmarkieren durch akzeptable Formen des Markierens zu ersetzen.

Ermutigen Sie das Gesichtsmarkieren

Nachdem Sie mit dem entsprechenden Reinigungsmittel den Urin entfernt haben, müssen Sie Ihrer Katze helfen, die bislang markierten Flächen künftig als Stellen zu betrachten, die sie mit dem Gesicht markiert, statt dort weiterhin den damit unvereinbaren Trieb des Harnmarkierens auszuleben. Dies lässt sich mit einer von zwei Methoden erreichen. Sie können erstens die mit Urin markierten Stellen zunächst dreißig Tage lang zwei- bis dreimal täglich, dann weitere dreißig Tage einmal täglich mit Katzenpheromonen einsprühen (siehe Kapitel 4). Im Rahmen einer Studie wurden bislang mit Urin markierte Stellen mit Katzenpheromonen eingesprüht. Dadurch ging das Harnmarkieren in 74 bis 91 Prozent, das Kotmarkieren in 33 bis 52 Prozent der Haushalte zurück.[84]

Sie können zweitens mit einer Socke sanft über das Gesicht Ihrer Katze streichen (eine ausführliche Anleitung finden Sie in

Kapitel 4), um ihre Pheromone zu sammeln. Reiben Sie anschließend die markierte (und inzwischen natürlich gereinigte) Stelle mit dem Strumpf ab. Wiederholen Sie diesen Vorgang mindestens dreißig Tage lang zweimal täglich. Es kann zwei Wochen dauern, bis die Verwendung der Pheromone Wirkung zeigt. Stellen Sie Ihre Bemühungen also nicht zu früh ein.

Selbstverständlich sind die Erfolgsaussichten beider Maßnahmen größer, wenn sie im Rahmen des übrigen CAT-Plans angewendet werden. Und bedenken Sie stets: Sofern Sie den Auslöser für den Stress nicht beseitigen, der dem Harnmarkieren zugrunde liegt, und Ihr Reinigungsmittel den Uringeruch nicht vollständig entfernt, werden Sie mit Pheromonprodukten nicht viel Glück haben.

Unterstützen Sie das Kratzmarkieren

Das Kratzmarkieren – bei dem sich Ihre Katze spezieller Kratzmöbel, nicht Ihres Mobiliars bedient! – stellt eine weitere Form der Reviermarkierung sowie eine Möglichkeit dar, aufgestauten Stress abzubauen. Vor allem wenn Angst eine wichtige Ursache für das Harnmarkieren ist (und sogar dann, wenn Sie sich in diesem Punkt nicht sicher sind), empfehle ich Ihnen wärmstens, das Kratzmarkieren an Kratzmöbeln als alternatives Ventil für das Verlangen anzubieten, mit Harn zu markieren. Denn wenn eine Katze ihr Revier bereits *kratzmarkiert* hat, muss sie es nicht noch einmal mit Urin kennzeichnen, nicht wahr? Kratzmarkierungen sind nicht nur optisch erkennbar, die Drüsen in den Pfoten der Katze hinterlassen auch ein Duftsignal. Sogar Tiere, denen die Krallen entfernt wurden, lassen sich dazu ermuntern, mit den Pfoten zu markieren.

Und das geht so: Schaffen Sie an den bislang mit Urin markierten Stellen neue Kratzgelegenheiten. Die Kratzmöbel sollten mindestens einen Meter von allen mit Pheromonen besprühten Flächen oder Pheromonzerstäubern entfernt sein. Sie können zunächst kostengünstige Kratzmöbel aus Wellpappe verwenden, müssen aber möglicherweise testen, was Ihre Katze am liebsten mag (lesen Sie in Kapitel 11, wie Sie das Kratzmarkieren an den von Ihnen bevorzugten Stellen fördern können).

Ermutigen Sie das Markieren mit dem Körper

Katzen können ihr Revier auch durch Reiben und Rollen mit dem Körper duftmarkieren. Um dieses Verhalten als Alternative zum Harnmarkieren zu ermutigen, bestreuen Sie die markierte und inzwischen gereinigte Stelle auf einer Fläche, die etwa zwei- bis dreimal so groß ist wie Ihre Katze, locker mit getrockneter Katzenminze oder verwenden Sie ein Katzenminzespray. Jedes Mal wenn sich das Tier in der Katzenminze wälzt, verbessert sich seine Stimmung und seine emotionale Verfassung! Wenden Sie diese Strategie maximal zwei- bis dreimal wöchentlich an, damit die Wirkung der Katzenminze nicht nachlässt. Sie können auch Bürsten an vorstehenden Zimmerecken montieren und die Katze damit ermuntern, sich mit dem Körper daran zu reiben oder sie gar mit dem Gesicht zu markieren.

Beschäftigen Sie Ihre Katze mit einer Jagdsequenz

Wenn Sie Ihre Katze dazu bringen, dreißig Tage lang täglich an einer zuvor markierten Stelle zu spielen und eine ganze Jagdsequenz abzuschließen, erreichen Sie damit zweierlei. Sie helfen ihr erstens, an einem Ort Selbstbewusstsein aufzubauen, an dem sie früher Stress empfunden hat. Eine Katze, die sich erfolgreich wie eine Katze verhalten hat – die ihre Beute beschlichen, gejagt, getötet und gefressen und dabei überschüssige Energie abgebaut hat –, ist selbstbewusster und weniger angespannt. Sie helfen ihr zweitens, den Ort mit Jagd- und Fressverhalten statt mit dem Harnmarkieren in Verbindung zu bringen. Sehen Sie die Anleitung für eine vollständige Jagdsequenz in Kapitel 5 noch einmal an (siehe Seite 160).

Platzieren Sie das Futter strategisch

Es ist ein Trick der alten Schule, Futter auf oder in unmittelbarer Nähe der ehemals beschmutzten Flächen zu platzieren. Er kann funktionieren, wenn sie ungefähr dreißig Tage durchhalten *und* alle angstauslösenden Reize beseitigen. Wenn Sie die Auslöser der Angst ignorieren, wird Ihre Katze weiterhin mit Harn markieren – sie wird es lediglich an anderen Stellen tun.

Warum diese Methode funktioniert? Aus Gründen der Hygiene und weil Katzen weder Raubtiere noch Rivalen zu wichtigen Ressourcen wie ihrem Futter führen möchten, unterlassen sie das Harnmarkieren üblicherweise an Plätzen, an denen sie fressen. Da diese beiden Triebe so völlig unvereinbar sind, werden Sie vielleicht ein wenig experimentieren und das Futter zunächst einmal *in der Nähe* der bislang markierten Stelle platzieren müssen – um sicher sein zu können, dass Ihre Katze auch weiterhin frisst, statt den Ort zu meiden, den sie mit dem Harnmarkieren in Verbindung bringt. Danach können Sie das Futter im Laufe mehrerer Tage nach und nach an die exakte Position rücken. Es könnte sein, dass Ihre Katze die Bereiche, in denen seit neuestem ihr Futter steht, trotzdem weiter markiert. Haben Sie Geduld. Wenn man eine alte Gewohnheit durch eine neue ersetzt, ist das ein Prozess und kann eine Weile dauern.

Verbessern Sie die Lebensbedingungen

Während wir das unerwünschte Verhalten beenden und das erwünschte attraktiv machen, müssen wir gleichzeitig die Lebensumstände der Katze verbessern, indem wir Stressfaktoren ausschalten.

Schaffen Sie eine beruhigende Umgebung

Damit Ihre Katze ruhiger und selbstbewusster wird, sollten Sie im ganzen Haus Pheromonzerstäuber verteilen und die mit Harn markierten Stellen mit Pheromonspray besprühen. Tragen Sie das Spray auch einmal täglich in den von Ihrer

Katze frequentierten Bereichen im ganzen Haus in einer Höhe von etwa 20 Zentimetern, also in Katzennasenhöhe auf (Anregungen finden Sie in Abbildung 2). Dies können unter anderem hervorstehende Ecken, Türrahmen, Möbelkanten und Stuhlbeine sein. Katzen markieren diese und ähnliche Stellen, um Angst abzubauen und ihr Selbstbewusstsein zu steigern. Reiben Sie auch täglich über ihre Wangen und ihren Kopf. Das kann sehr beruhigend wirken und das Harnmarkieren reduzieren.

Abbildung 2

Im dritten Teil des CAT-Plans werden Sie außerdem die Jagdsequenz und andere Formen des Spiels nutzen, um dem Tier zu helfen, dass es ein normales Repertoire an Jagd- und Beuteverhalten zum Ausdruck bringt, und auf diese Weise seine Stimmung zu verbessern. Bedenken Sie, dass Sport auch Ihre Laune hebt und die Wahrscheinlichkeit verringert, dass Sie Aggressionen gegen Ihre Mitmenschen richten.

Erweitern Sie außerdem die Ressourcen Ihrer Katze und verbessern Sie ihre Verteilung. Sind sie im Überfluss vorhanden, hat sie weniger Grund zur Besorgnis. In vielen Mehrkatzenhaushalten ist die Konkurrenz um begrenzte Ressourcen die Hauptursache für die Verschlechterung der Beziehungen, die dann zu Markierverhalten führt. In Kapitel 5 finden Sie ausführlichere Informationen zur Verbesserung der Lebensbedingungen sowie alle Einzelheiten darüber, wie Sie die Katzentoiletten sauber halten und die Rivalitäten um diese wichtige Ressource verringern können. Wenn in einem Mehrkatzenhaushalt alle Katzentoiletten an einem Ort stehen, könnte dies der einzige Grund dafür sein, dass Ihre Katzen mit Harn markieren!

Wie es mit Babytat weiterging

Innerhalb von zwei Wochen hatte Babytat das Harnmarkieren gänzlich eingestellt und war nun, da er wieder ins Haus durfte, auch sehr viel glücklicher. Susan berichtete, er sei viel verspielter und verschmuster, würde sich mit den Flanken an Jeff reiben und sogar »Köpfchen geben« – der größte Zuneigungsbeweis einer Katze. Susan sagte, der Ausdruck auf Jeffs Gesicht sei unbezahlbar. Babytat liebte es auch, zu seinen Kratzmöbeln zu laufen, die Krallen daran zu wetzen und dann auf seinen neuen Kratzbaum zu sausen. Susan sah, wie viel angestaute Energie er abzubauen hatte und dass er mehr, nun ja, wie eine Katze wirkte. Er rollte sich auch häufig auf dem Sofa zusammen und schlief. Das hatte er vorher nie getan, weil er ständig damit beschäftigt gewesen war, alle Ecken im Haus zu beschnuppern, als hätte er nur die Aufgabe, das Revier zu patrouillieren und zu sichern. Wenn er nun aus dem Fenster sah und dabei zufällig eine Katze entdeckte, hatte er eine neue Möglichkeit, seine Angst abzubauen, indem er die Krallen an seinem Kratzbaum und den Kratzmöbeln wetzte, die jetzt an den Stellen standen, die er früher mit Harn markiert hatte. Am wichtigsten aber war, dass Babytat wieder ins Haus und wieder Teil der Familie sein durfte.

ZEHN

Jaul! – Übermäßiges Miauen

»Gehen sie denn niemals schlafen?«[85]
MOGLI, in RUDYARD KIPLING: *Das Dschungelbuch*

Viele Klienten kommen zu mir und sagen, sie hätten wegen des Miauens ihrer Katzen zu nächtlicher Stunde seit Jahren nicht mehr richtig durchgeschlafen. Andere standen kurz vor der Zwangsräumung, weil ihre Katzen ohne Unterlass oder am frühen Morgen miauten. Manche sind einfach nur verblüfft, dass es ihrer Katze regelmäßig gelingt, den auf 6.30 Uhr gestellten Wecker zu schlagen und um 6.28 Uhr zu miauen. Im Laufe der Jahre habe ich eine besondere Vorliebe für die Beratung bei Problemen mit übertriebenem Miauen entwickelt, da ich damit das Leben von Halter und Katze so tiefgreifend verbessern kann. Wenn meine Klienten endlich etwas Ruhe bekommen, sagen sie, ich hätte ihnen zehn Jahre ihres Lebens geschenkt, ihnen dabei geholfen, ihre Wohnung zu behalten (sowie ihren Arbeitsplatz, da sie nun nicht mehr unter so starkem Schlafmangel litten, dass sie zu nichts zu gebrauchen seien), und sogar ihre Ehe gerettet.

Mögliche Ursachen

Die Beschwerde, die ich im Hinblick auf Lautäußerungen (oder Vokalisieren) bei Katzen am häufigsten höre, betrifft den morgendlichen Weckruf. Die beliebteste Zeit dafür sind die frühen Morgenstunden zwischen drei und fünf Uhr. Selbst wenn Sie den Kopf unter einem Kissen vergraben haben, klingt dieses Miau wie ein Flugzeug beim Start. Die Katze wird unerbittlich versuchen, den Gockelhahn zu spielen, bis Sie Anzeichen dafür erkennen lassen, dass Sie nun bereit sind, zu erwachen und sich ihr zu widmen oder sie zu füttern. Warum ist das so? Möglicherweise ist ihre innere Uhr darauf programmiert, in der Morgendämmerung zu jagen. (Aber wie ich erklären werde, lässt sie sich auch auf den Abend umstellen.) Vielleicht wurde sie von einem Tumult in der Nähe geweckt. Katzen haben ein hervorragendes Gehör: Sie können die schrillen Laute von Ratten und (laut einer Studie mit Ratten, die gekitzelt wurden) sogar ihr Kichern hören – von fremden Katzen, die irgendwo draußen eine territoriale Auseinandersetzung haben, sowie Mäusen oder Eichhörnchen auf Ihrem Dachboden oder hinter Ihren Wänden ganz zu schweigen. Dies ist eine Auswahl möglicher Gründe, weshalb Ihre Katze übertrieben häufig oder zur Unzeit miaut (oder jault – eine noch lautere und nachdrücklichere Lautäußerung).

Die ursprüngliche Ursache könnte auch ein gesundheitliches Problem sein. Ich sehe viele Katzen mit Diabetes, die hungrig und unzufrieden sind, obwohl sie ständig fressen: *Ich fresse, aber es bringt nichts!* Falls Ihre Katze schon etwas betagter ist und nicht nur häufiger miaut, sondern sich auch ihr Schlafwach-Rhythmus verkehrt hat, könnte sie unter kognitiver Dysfunktion oder mentalem Altersabbau leiden. (Das ist eine hochtrabende Art und Weise zu sagen, sie könnte senil sein.) In Anbetracht der vielen medizinischen Probleme, die zu übertriebenen Lautäußerungen beitragen können, sollten Sie Ihre Katze unbedingt von Kopf bis Fuß untersuchen lassen – einschließlich einer Blut- und Urinanalyse sowie aller anderen medizinischen Untersuchungen, die Ihr Tierarzt darüber hinaus vielleicht noch empfiehlt.

Gesundheitshinweis
Zu den gesundheitlichen Problemen, die übermäßiges Miauen bei Katzen verursachen können, gehören Diabetes, Schilddrüsenprobleme, Arthritis, ein übervoller oder verstopfter Analbeutel, Zahnschmerzen sowie Schmerzen aller Art.

Abgesehen von gesundheitlichen Problemen können auch die folgenden Situationen zu übertriebenen Lautäußerungen führen, die ich ungefähr in absteigender Reihenfolge ihrer Wahrscheinlichkeit sortiert habe:

* Die innere Jagduhr ist auf den Morgen, nicht auf den Abend eingestellt.
* Die Katze empfindet Trennungsangst.
* Sie haben die Katze gelehrt, dass sie ihren Willen bekommt, wenn sie miaut (dieser Punkt kann auch bei vielen anderen Problemen auf dieser Liste hineinspielen).
* Sie muss aufgestaute Energie oder Gefühle abbauen (weil sie in einer langweiligen oder belastenden Umgebung lebt).
* Sie hat eine Veränderung des Lebensumfelds erfahren (zum Beispiel wegen Umzug).
* Es hat eine Veränderung Ihres Tagesablaufs oder des Tagesablaufs der Katze stattgefunden.

❦ Sie beklagt den Verlust eines Familienmitglieds.

❦ Die Katze hat Hunger.

❦ Das Miauen selbst ist für das Tier zur Belohnung geworden, und das fühlt sich einfach gut für sie an!

❦ Die Katze neigt von Natur aus zu häufigeren Lautäußerungen als andere Tiere.

❦ Ein gesprächiger Halter kann eine »gesprächigere« Katze haben.

❦ Das Tier hat früher im Freien gelebt und soll nun im Haus bleiben.

❦ Die Katze ist rollig – in diesem Fall ist das Jaulen zwar vorübergehend, wird aber in regelmäßigen Abständen wiederkehren, solange sie nicht kastriert ist.

Interessanterweise handelt es sich beim Miauen um eine Form der Kommunikation, die hauptsächlich an uns Menschen gerichtet ist. Erwachsene Katzen kommunizieren nur selten über Lautäußerungen miteinander, und wenn, so teilen sie damit für gewöhnlich Angst oder aggressive Absichten mit. Katzen verständigen sich in erster Linie über Duftmarkierungen und Körpersprache. Doch da der Mensch die gesprächigste aller Arten ist, reagieren wir am ehesten auf Lautäußerungen. Katzen, die bei uns leben, wissen deshalb, dass sie sich durch das Miauen am besten mitteilen und uns dazu bringen können, ihren Bedürfnissen und Wünschen Beachtung zu schenken. In der Tat zeigte eine neue Studie, dass viele Hauskatzen eine Art schnurrendes (oder gurgelndes) Miauen entwickeln, das speziell auf den Menschen abzuzielen scheint, der diesem Laut offenbar kaum widerstehen kann. Wes Brot ich ess, des Lied ich sing! Katzen sprechen nicht nur mit uns, sie hören uns auch zu. Sie können die Bedeutung bestimmter Wörter erlernen – vor allem wenn sie mit Dingen verknüpft sind, die sie mögen, wie Futter, Leckerbissen oder verschiedenen Aktivitäten, die ihnen Freude bereiten. Selbstverständlich kann unser Tonfall eine ebenso große Rolle spielen wie unsere Worte, um zu übermitteln, was wir damit meinen.

Finden Sie nach Möglichkeit heraus, warum Ihre Katze miaut, um dort ansetzen zu können, falls irgendetwas in ihrem Umfeld eine Belastung für sie ist oder gesundheitliche Probleme vorliegen. Aber auch wenn Sie nicht genau wissen, warum sie miaut, werden die Elemente des folgenden CAT-Plans übermäßige Lautäußerungen abstellen oder deutlich verringern. Je eher Sie mit der Umsetzung beginnen, desto besser. Schließlich wollen Sie verhindern, dass Ihre Katze dieses Verhalten über längere Zeit einstudiert und damit eine Gewohnheit etabliert, die nicht mehr so leicht zu beseitigen ist.

Der CAT-Plan gegen übermäßiges Miauen

Beenden Sie das unerwünschte Verhalten

Eine medikamentöse Behandlung ist im Allgemeinen nicht erforderlich. Ziehen Sie die Verabreichung von Medikamenten nur dann in Betracht, wenn Sie die nachfolgenden Anleitungen in vollem Umfang befolgt haben und die Katze weiterhin miaut oder jault.

Bei Tag oder Nacht: Zeigen Sie keine Reaktion!

Die meisten Katzenbesitzer verursachen oder verschlimmern übertriebene Lautäußerungen bei ihren Katzen, indem sie darauf reagieren und ihnen meist irgendeine Form von Aufmerksamkeit schenken. Reagieren Sie nie auf das Miauen Ihrer Katze, ganz gleich, was geschieht. Verkneifen Sie sich ein »Nein«. Drehen Sie sich auch nicht im Bett um, wenn sie nachts miaut. *Nichts.* Träumen Sie nicht einmal von ihr. Nehmen Sie sie niemals auf den Arm – auch nicht, um sie in ein anderes Zimmer zu bringen. Wenn Sie das Tier hochnehmen, ist das auch dann eine Belohnung, wenn sie es anschließend verbannen. Falls Ihre Katze um fünf Uhr morgens miaut und Sie daraufhin aufstehen, haben Sie ihr soeben beigebracht, um fünf Uhr morgens zu miauen. Das gilt auch für den Fall, dass Sie sie füttern, wenn sie miaut. Am schlimmsten aber ist, die Katze eine halbe Stunde lang miauen zu lassen und *dann doch* zu reagieren. Wenn Sie nach einer halben Stunde einknicken, haben Sie dem Tier erfolgreich beigebracht, bis zu dreißig Minuten lang zu miauen. Sehen Sie? Katzen lassen sich *sehr wohl* erziehen.

Manchmal erziehen sie sogar uns!

Lautäußerungen bei Tag:
Zeigen Sie die kalte Schulter

Falls Ihre Katze miaut, während Sie sich im Zimmer aufhalten, gehen Sie einfach. Als sie noch ein Kätzchen war, war dies auch die Reaktion ihrer Mutter, wenn sie etwas Unerwünschtes tat, und sie kann sich noch gut daran erinnern. (Sollte sie Ihnen nachlaufen, wechseln Sie erneut das Zimmer und schließen Sie die Tür hinter sich.) Gehen Sie erst wieder zu ihr, wenn Sie mindestens drei Sekunden lang still war. Mit der Zeit wird sie verstehen, dass Miauen sie umgehend Ihrer Gegenwart sowie der Möglichkeit beraubt, Ihre Aufmerksamkeit zu bekommen – und dass sie wieder in den Genuss Ihrer Anwesenheit kommt, wenn sie ruhig ist.

Ich muss Sie warnen, dass der Entzug Ihrer Aufmerksamkeit vorübergehend zu verstärktem Vokalisieren bei Ihrer Katze führen kann. Ist dies der Fall, können Sie sicher sein, dass Sie das Miauen verstärken. Sie wird sich nun benehmen, als liebten Sie sie nicht mehr, und alles versuchen, um Ihnen die übliche Reaktion zu entlocken. Sie kann sogar auf raffinierte Ideen verfallen und zum Beispiel die Nachttischlampe umstoßen oder Bücher von den Regalen schubsen. Halten Sie sich an meinen Plan. Sie wird damit aufhören.

Ablenkung

Miaut Ihre Katze regelmäßig zu bestimmten Zeiten oder an bestimmten Orten, die Ihnen inzwischen bekannt sind, können Sie das Verhalten antizipieren und das Tier mit Spielzeug oder anderen Beschäftigungsangeboten ablenken, *bevor* es damit beginnt. Locken Sie die Katze so von der Stelle weg, an der sie normalerweise miaut, aber achten Sie darauf, niemals Spielsachen anzubieten, *nachdem* sie angefangen hat, denn dann wird das Spielen zur Belohnung für das Miauen. Batterie- oder handbetriebenes Spielzeug kann der Katze helfen, aufgestaute Spannungen oder Emotionen abzubauen, die möglicherweise zu übermäßigem Miauen führen. Sie können ihr auch eine Kiste mit Spielsachen und Katzenminze oder Snackspielzeug anbieten, um sie geistig zu fordern.

Strategisch füttern

Falls möglich, sollte Futter stets frei zur Verfügung stehen, um das Futterbetteln bei Ihrer Katze zu verringern. Wenn Sie das Tier nach Plan füttern:

* Stellen Sie ihr bei Lautäußerungen am Tag das Futter hin, *bevor* sie zu miauen beginnt. Warten Sie nicht, bis sie es fordert (und immer mehr davon verlangt), sonst wird sie klugerweise den Zusammenhang herstellen, dass Sie durch Miauen zu beeinflussen sind. Falls möglich, sollten Sie in Erwägung ziehen, sie auf einen programmierbaren Futterautomaten umzustellen. Diese Geräte sind ein Segen für viele meiner Klienten, deren Katzen einst wie die Hähne krähten.

* Achten Sie bei Lautäußerungen in der Nacht oder am frühen Morgen darauf, Ihrer Katze vor dem Schlafengehen noch einmal Gelegenheit zum Fressen zu geben – am besten unmittelbar nach dem Spielen.

Prüfen Sie den Fütterungsplan Ihrer Katze. Bekommt sie den ganzen Tag über oft genug und ausreichend zu fressen? Miauen kann eine normale Reaktion auf Hunger sein. Wenn Sie nicht frei füttern und das Tier auch nicht jederzeit Zugang zu seinem Futter hat (siehe Kapitel 5), sollten Sie ihm mehrmals täglich etwas geben. Verwenden Sie einen jener programmierbaren Automaten zur Futterausgabe.

Ein hübscher Schlafplatz

Vergewissern Sie sich, dass Sie etwas gegen das Problem von Nagetieren oder fremden Katzen in Ihrem Garten tun. Mit Abschreckungsmaßnahmen (siehe Kapitel 9) lässt sich am besten verhindern, dass fremde Tiere auf Ihrem Grundstück vorbeischauen.

Stubenarrest bei nächtlichen Lautäußerungen?

Sollten Sie Ihrer Katze bei Lautäußerungen in der Nacht oder vor dem Morgengrauen Stubenarrest erteilen? Kurz gesagt, nein! Viele Menschen versuchen, das Problem dadurch zu lösen, dass sie die Katze in ein Zimmer (oder, um mögliche Verwüstungen auszuschließen, in ein Freilaufgehege oder eine Transportbox) sperren, um nichts von ihr zu hören. Wenn die Entfernung nicht ausreicht, maskieren sie besonders hartnäckiges Miauen mit Musik oder Rauschen. Aber diese Lösungsversuche verhindern lediglich, dass Sie die Lautäußerungen Ihrer Katze *hören*. Mit Ausnahme von Umständen, die so selten vorkommen, dass sie nicht der Rede wert sind, werden Sie damit weder das Verhalten unterbinden noch etwas gegen die Probleme unternehmen, die Ihre Katze belasten.

Wenn Sie nachts die Heizung herunterdrehen, sollten Sie darauf achten, dass Ihre Katze über einen warmen Schlafplatz oder ein beheizbares Katzenbett verfügt. Dies kann für ältere Tiere von entscheidender Bedeutung sein.

Machen Sie das neue Verhalten attraktiv
Betonen Sie das Positive

Falls Ihre Katze es genießt, wenn Sie sie bürsten, mit ihr sprechen oder spielen, oder wenn sie Leckerbissen liebt, lassen Sie ihr all dies zuteilwerden – aber nur, wenn sie *nicht* miaut. Katzen lernen aus Erfahrung und wiederholen ein Verhalten, mit dem sie positive Resultate erzielen. Um zusätzliche Sicherheit zu gewinnen, können Sie versuchen, Wohlverhalten mit dem Clickertraining zu belohnen, wie es in Anhang A beschrieben wird.

Korrigieren Sie die innere Uhr

Miaut Ihre Katze nur in der Nacht oder am frühen Morgen, müssen Sie zusätzlich zu den bereits genannten Punkten *möglicherweise* auch die innere Uhr des Tiers vom Morgen auf den Abend stellen. Spielen Sie zwei bis vier Wochen lang jeden Abend eine halbe Stunde vor dem Schlafengehen in zehn bis dreißig Minuten eine volle Jagdsequenz mit Ihrer Katze durch (siehe Seite 160). Geben Sie ihr danach etwas zu fressen. Das können ein paar Leckerbissen oder das normale Futter sein. Fällt eine der Fütterungen auf den Nachmittag oder den frühen Abend, sparen Sie einen Teil des Futters auf, um es ihr nach dem Spielen und unmittelbar vor dem Schlafengehen zu geben. Meist werden Sie bei dieser Methode nach ungefähr zwei Wochen stete Erfolge sehen. Einige meiner Klienten wussten schon nach wenigen Tagen Positives zu berichten. Bei manchen Katzen werden Sie die Jagdsequenz möglicherweise in unregelmäßigen Abständen immer wieder durchspielen müssen, damit das gute Benehmen anhält.

Verbessern Sie die Lebensbedingungen

Die meisten Katzen verschlafen einen großen Teil des Tages. Wenn Sie tagsüber beruflich lange außer Haus sind, haben Sie möglicherweise keine Vorstellung davon, wie lange Ihre Katze tatsächlich ruht. Es wäre denkbar, dass sie ausschließlich oder größtenteils deshalb miaut, weil sie sich zu Tode lang-weilt. Sie miaut, um aufgestaute *Katzigkeit* abzubauen. Die Lösung sieht so aus, ihr tagsüber anregende Beschäftigungs-möglichkeiten zu bieten, die sie wach halten und dafür sor-gen, dass sie bei Einbruch der Nacht vor Müdigkeit tiefe Augenringe hat. Ich empfehle mehr Spiele aller Art. Werfen Sie Bälle, wecken Sie das Tier tagsüber immer wieder auf oder schaffen Sie sich eine weitere Katze an, die sie auf Trab hält. Klienten berichteten, dass sich nach der Einführung täglicher Trainingseinheiten die Rollen verkehrten. Nun mussten sie ihre Katzen morgens aufwecken, die tief und fest schlummer-ten wie Teenager. (In Kapitel 5 finden Sie die vollständige Er-klärung, wie Sie die Umgebung Ihrer Katze anregender ge-stalten können.)

Ich empfehle besonders Spielsachen, die im täglichen Wechsel eingesetzt werden, Klettergerüste, Fensterliegen, Futter- oder Snackspielzeug und Katzentunnel. Meine Tiere haben eine Vorliebe für batteriebetriebenes Spielzeug. Kat-zen können sich mit jedem der genannten Gegenstände gut eine Stunde beschäftigen. Wenn sie tagsüber länger spielen und sich geistig mehr anstrengen, kann das bedeuten, dass sie nachts und in den frühen Morgenstunden mehr schlafen.

Prüfen Sie anschließend das Umfeld Ihrer Katze auf Stress-faktoren. Sind alle wichtigen Ressourcen mühelos zugänglich? Blockiert ein Artgenosse den Zugang zu einer Katzentoilette oder einem Futterplatz? Erhöhen Sie die Anzahl wichtiger Ressourcen und verbessern Sie ihre Verteilung im ganzen Haus. Dies kann für den Abbau der Angst entscheidend sein, die möglicherweise hinter den übermäßigen Lautäußerungen steckt. Auch Pheromonprodukte in Form von Sprays und Zer-stäubern können helfen, angstbedingtes Miauen zu lindern (siehe Kapitel 5).

ELF

Zerstörungswut und andere unerwünschte Verhaltensweisen

Nun bringt der Weih die dunkle Nacht,
Und Mang, die Fledermaus, erwacht,
Der Stall birgt alles Herdentier,
Denn bis zum Morgen herrschen wir!
Die Stunde stolzer Kraft hebt an
Für Prankenhieb und scharfen Zahn.
Jagdheil! Und kühn gehetzt, gerafft:
Das Dschungelrecht ist jetzt in Kraft.[86]
RUDYARD KIPLING: *Das Dschungelbuch,*
»Nachtgesang in der [sic] Dschungel«

Es liegt in der Natur der Tiere mit ihrem bedauerlichen Desinteresse für Preisschilder, gelegentlich etwas kaputt zu machen. Mit ihren Krallen verarbeiten Katzen Seidenvorhänge zu Fransengardinen, Läufer zu Teppichfetzen, und Sofas sehen hinterher aus wie die Möbel bei dem tristesten Hinterhofverkauf, bei dem Sie je waren. Sie machen auch andere Sachen, die uns stören: Sie springen auf die Computertastatur, stehlen Speisen vom Esstisch, während Sie die Gäste zur Mahlzeit rufen, oder schlecken an der Butter, die in der Küche stehen geblieben ist. Und das, obwohl Sie ihnen mehrmals in aller Ruhe sehr genau erklärt haben, dass ein solches Verhalten deutlich mehr Nachteile als Vorteile bringt. Zum Glück können Sie all dies unterbinden – auf humane Art und Weise.

Einhaken und schreddern: Warum Katzen kratzen

Haben Sie sich schon einmal gefragt, warum Ihre Katze zu Ihrem Sofa läuft und daran kratzt, wenn Sie das Zimmer betreten oder von der Arbeit nach Hause kommen? Beim Krallenwetzen geht es zum Teil darum, die alten Krallenhüllen zu entfernen. Es ist zur Krallenpflege nötig. Aber Katzen kratzen auch, um ihr Revier zu markieren, sich sportliche Betätigung zu verschaffen und aufgestaute Gefühle abzubauen. Sie sind Meister im Stressabbau. Sie kennen viele Möglichkeiten, emotionale Energie loszuwerden, auch ohne Mitglied in einem Yogastudio zu sein.

Das Kratzen dient der Reviermarkierung mit Sicht- und Geruchssignalen, wobei Letztere aus Drüsen in den Pfotenballen stammen. In einem Haushalt mit nur einer Katze geben diese Markierungen dem Tier ein Gefühl von Vertrautheit und Sicherheit. In Mehrkatzenhaushalten ist Kratzmarkieren häufiger, was nicht weiter überrascht. Selbst Katzen, denen die Zehen amputiert wurden, hinterlassen mit den Pfotenballen ihren Duft an bestimmten Stellen im Haus. Die Markierungen warnen Artgenossen und helfen allen Beteiligten, körperliche Auseinandersetzungen zu vermeiden. Vor kurzem zeigte eine Studie, dass Katzen nicht an den Kratzmarkierungen ihrer Artgenossen schnuppern und es deshalb möglich wäre, dass die Sichtmarkierungen genügen – genau wie das demonstrative Verhalten eines dominanten Tieres, das vor den Augen einer rangniederen Katze die Krallen wetzt. Das Kratzen erlaubt es den Tieren auch, ihre Muskeln zu stärken und zu dehnen. Katzen sind Zehengänger, das heißt, sie setzen beim Laufen nicht mit den Sohlen ihrer Füße oder Pfoten, sondern nur mit den Zehen auf dem Boden auf. Ihre Bänder, Nerven, Sehnen, Muskeln, Bein- und Pfotengelenke sind darauf ausgelegt, das Gewicht beim Laufen auf den Zehen zu verteilen, die ihren ganzen Körper tragen. Katzen benutzen ihre Krallen, um das Gleichgewicht zu halten. Sie brauchen sie beim Klettern, das ihnen ein so wichtiges Gefühl von Sicherheit gibt, und um die Muskeln in Rücken, Schultern, Beinen und Pfoten zu dehnen. Dazu bohren sie die Krallen in eine Oberfläche und ziehen den Körper dann in einer Art isometrischen Übung nach hinten. Das Kratzen dürfte die *einzige* Möglichkeit sein, die Muskeln in Rücken und Schultern zu trainieren.

Das Krallenwetzen ist ein natürliches Verhalten und sollte Katzen erlaubt sein. Es gibt allerdings keinen Grund, das unerwünschte Zerkratzen von Gegenständen wie etwa des Sofas als unvermeidlich hinzunehmen, wie es die meisten Katzenbesitzer tun. In einer Studie mit 122 Katzen, die von ihren Haltern als nicht verhaltensauffällig eingestuft wurden, zerkratzten 60 Prozent das Mobiliar.[87] Falls Sie zu diesen Menschen gehören, kann ich Ihnen zeigen, wie Sie Ihre Katze dazu bringen können, nur noch dort die Krallen zu wetzen, wo es erwünscht ist. Es gibt humane und wirksame Lösungen. Aber zunächst eine Bemerkung über die unmenschliche Praxis und den orwellianischen sprachlichen Winkelzug der sogenannten »Krallenentfernung«.

Krallenentfernung:
eine unnötige Verstümmelung

Bevor wir zu den richtigen Lösungsansätzen bei unerwünsch-tem Kratzverhalten kommen, möchte ich über eine missbräuch-liche Methode der »Abhilfe« aufklären, für die sich viel zu vie-le Katzenbesitzer und ihre Tierärzte entscheiden (wie gesagt ist das Amputieren der Zehen samt Krallen in Deutschland, Öster-reich und der Schweiz sowie vielen anderen Ländern allerdings illegal)[88]. Sogar hinter dem dafür verwendeten Begriff »Kral-lenentfernung« verbirgt sich das Bemühen, mit einem steril klingenden Wort die schlichte Grausamkeit dieser Maßnahme zu verschleiern. Dieses Verfahren ist weder eine Maniküre noch »eine raffinierte Form des Krallenstutzens«[89]. Bei der Katze ist die Kralle (anders als der menschliche Fingernagel) Teil des letz-ten Knochengliedes der Zehen. Beim »Krallenentfernen« wird somit das gesamte erste Zehenglied entfernt, was einer Ampu-tation des ersten Gliedes all Ihrer Zehen und Finger gleich-käme. Dies erfüllt sowohl beim Menschen als auch bei der Katze den Sachverhalt der Verstümmelung. Aber hier endet der Ver-gleich, da der Schaden, der einer Katze damit zugefügt wird, ungleich größer ist. Katzen laufen auf ihren Zehen. Das ist bei uns nicht der Fall – aber stellen Sie sich vor, mit welchen Schmerzen und Schwierigkeiten das Laufen verbunden wäre, wenn das so wäre und man Ihnen die ersten Glieder aller Zehen amputiert hätte. Katzen verlassen sich, wie gesagt, hauptsäch-lich auf ihre Krallen, um sich zu verteidigen und das Gleich-gewicht zu halten. Wir dagegen brauchen die Zehen nicht zur Verteidigung – aber stellen Sie sich auch einmal vor, wie hilflos Sie sich fühlen würden, wenn das so wäre und all Ihre Zehen verstümmelt wären.

Es ist unlauter, dies als »Krallenentfernung« zu bezeichnen. Eine Zehenamputation ist ebenso wenig eine bloße »Krallenent-fernung«, wie man das Absägen Ihres Armes als »Gliederentfer-nen« bezeichnen könnte – als täte man Ihnen einen Gefallen, wie bei der Eis- oder Geruchsentfernung. Das nichtssagende Wörtchen »entfernen« verhüllt die schreckliche Wahrheit dessen, was tatsächlich geschieht.

Kein Tierarzt würde medizinische Gründe für die Krallenentfernung geltend machen. Es ist eine Mehrfachverstümmelung, die ausschließlich der (vermeintlichen) Annehmlichkeit des Klienten dient. Manche Tierärzte, mit denen ich zu tun hatte, sagten, die zehn Amputationen seien nötig, da ihre Klienten drohten, die Katzen sonst einschläfern zu lassen. Vor vielen Jahren hatte ich zu Beginn meiner lebenslangen beruflichen Arbeit mit Katzen als Tierarzthelferin das große Pech, bei vielen Eingriffen zugegen zu sein oder zu assistieren, bei denen es sich, wie ich heute weiß, um Zehenamputationen handelte. Eine quälend lange Zeit dachte ich, wir würden lediglich die Krallen, nicht Teile der Zehen entfernen. Und da ich sah, mit welcher Routine dieser Eingriff vorgenommen wurde – der Tierarzt hatte Kastration und Krallenentfernung häufig als Paket im Angebot –, kam ich nicht auf die Idee, ihn allzu sehr zu hinterfragen oder zu überlegen, welche Alternativen es dazu gäbe.

Die Geschichte von Kater Charlie

Bei meiner Arbeit als Tierarzthelferin sah ich zum ersten Mal, wie die Operation zur Krallenentfernung und ihre Folgen einem schwarz-weißen Kätzchen namens Kater Charlie zugemutet wurden.

Der winzige Kater war aus den Händen seines Besitzers direkt in meine Arme gesprungen. Als ich ihn streichelte, maunzte er und schob seine Stirn gegen die meine. Er schnurrte so laut, dass er noch auf der anderen Seite des Raumes zu hören war. Ich spürte seine raue Zunge an meiner Wange. Die Krallenentfernung wurde von Carla vorgenommen, einer fröhlichen, untersetzten Frau, die an diesem Tag als Vertretungsärztin in der Praxis arbeitete. Als sie Kater Charlie betäubte, erzählte sie mir, dass ihr bei dieser Operation nicht wohl sei. »Sie ist lächerlich und unnötig«, sagte sie. Aber als diensthabende Vertretungsärztin war es ihre Aufgabe. Sie sagte, dass sie schon lange keine Krallenentfernung mehr gemacht habe, und war anfangs unsicher, wo sie den Schnitt setzen sollte. Mit zitternden Händen griff sie zu ihrem Operationswerkzeug. Vielleicht haben auch Sie es zu Hause: eine Krallenzange für Hunde.

»Ich hasse das.« *Schnipp.* »Ich hasse das.« *Schnipp.* Bei jedem Schnitt zitterte Carla am ganzen Leib. Ich zuckte, als die abgetrennten Spitzen von Kater Charlies Zehen auf den Behandlungstisch fielen. (Ich sollte allerdings erst später verstehen, dass es Kater Charlies Zehenspitzen waren. Zum damaligen Zeitpunkt hatte noch nie jemand in diesem Zusammenhang Wörter wie »Zehe«, »Zehenglied« oder gar »Amputation« in den Mund genommen, und so sah ich, was die allgemeine Sprachregelung mich zu glauben gelehrt hatte: dass hier, so schrecklich falsch dies auch war, lediglich die *Krallen am Ende der Zehen* abgeknipst wurden.)

Da der Besitzer wollte, dass Kater Charlie klettern konnte, verschonte Carla die Zehenspitzen an den Pfoten der Hinterläufe. Nach der Amputation aller Zehenspitzen der Vorderpfoten spreizte Carla die entstandenen Löcher mit einer Gefäßklemme. Ich blickte in die klaffenden, fleischigen Röhren, in denen sich seine Krallen (und wie wir inzwischen wissen, die damit verbundenen Zehenknochen) befunden hatten. Ich konnte die weißrosa glänzenden Knochen darin sehen. Auf Carlas Anweisung ließ ich einen Tropfen Gewebekleber in jedes Loch fallen, um die Wunde zu schließen.

Als die Amputation vorüber war, verbanden Carla und ich Kater Charlies Vorderbeine von den Pfoten bis zu den Ellenbogen. Sie sahen aus wie zwei riesige Keulen. Tierarzt und Tierverhaltensexperte Dr. Nicholas Dodman erklärt, was danach zu erwarten ist:

Wie unmenschlich dieses Verfahren ist, zeigt sich schon daran, wie schwer die Katzen sich allein von der Anästhesie erholen, die für diese Operation nötig ist. Im Gegensatz zur Rekonvaleszenz nach Routineeingriffen … gehen die meisten Katzen nach der Entfernung der Klauen vor Schmerzen buchstäblich die Wände des Käfigs hoch, in dem sie aufwachen. Katzen von stoischem Charakter kauern sich in eine Ecke des Käfigs, hilflos erstarrt unter den unvorstellbaren Schmerzen. Das Entfernen der Krallen entspricht genau der Lexikon-Definition des Begriffs »Verstümmelung«. Auf diese grausame Operation passen Wörter wie »deformieren«, »entstellen«, »abtrennen«, »zerstückeln«. Die teilweise Amputation der Finger ist so schmerzhaft, dass sie als Folterung bei Kriegsgefangenen angewandt wurde, und in der Veterinärmedizin dient dieses klinische Verfahren zur Erzeugung schwerster Schmerzen als Test für die Wirksamkeit schmerzstillender Medikamente. Solche Medikamente können zwar auch postoperativ verabreicht werden, doch das geschieht nur in den seltensten Fällen, und die Wirkung ist ohnehin unvollständig und vorübergehend, sodass die Schmerzen früher oder später auf jeden Fall zum Durchbruch kommen.[90]

Als ich am nächsten Morgen die Praxis aufschloss, wurde mir klar, dass es *durchaus* Schlimmeres gab als das, was ich am Tag davor gesehen hatte. Kater Charlie war kein schwarzes Kätzchen mit weißer Zeichnung mehr. Er war ein blutiges Knäuel aus Schmerz und Wut. Er hatte einen schwarz-weißen Spielzeugpanda dabeigehabt, mit dem er gern gekuschelt und den er gern geknetet hatte. Dieser Panda war nun mit blutroten Flecken übersät. Der junge Kater hatte nachts die Verbände heruntergerissen und sich in seinem kleinen Edelstahlkäfig so heftig hin und her geworfen, dass Wände, Decke, Boden und sogar die Gittertür blutverschmiert waren. Nun saß er auf den Hinterläufen und achtete peinlich genau darauf, dass die Vorderpfoten den Boden nicht berührten. Er schrie ohne Unterlass. Ich hatte ihn gerade in den Arm genommen, um ihn zu trösten, als der Tierarzt hereinkam. Wir fingen an, Charlie neue Verbände anzulegen, als der Arzt sah, dass sich eines seiner Gelenke durch die mit Kleber versiegelte Wunde gebohrt hatte. Wir mussten ihn noch einmal betäuben, schlossen die Wunde dieses Mal mit einer Naht und verbanden ihn wieder.

Wenn Anthropomorphismus im Kampf gegen Tierquälerei von Vorteil wäre, würde ich sagen, Kater Charlie fragte sich, womit er eine solch grausame Behandlung nur verdient haben konnte. Ich ziehe es vor, alle Finger und Zehen zu behalten, und finde es deshalb nur fair, einem geliebten Freund – meinem Kater – keinen Schmerz zuzumuten, den ich selbst nicht erdulden möchte, und keine künftige Behinderung, die ich niemandem wünschen würde. »Bewaffnet« mit der Geschichte von Kater Charlie, überzeugte ich später heimlich etliche Klienten, ihren Katzen die Krallen- und Zehenamputation zu ersparen.

Sehen wir uns einige weitere Nachteile der Zehenverstümmelung bei Katzen an. Gelegentlich wird dieser Eingriff einfach nicht gut gemacht, und bei allen Operationen können Komplikationen auftreten – auch bei Verstümmelungen: Einer Studie zufolge kam es bei 50 Prozent aller Zehenamputationen unmittelbar nach dem Eingriff und bei beinah 20 Prozent nach der Entlassung der Katze zu Schwierigkeiten.[91] Bei einigen Tieren wachsen die Nägel verkrüppelt nach und verursachen weitere Schmerzen. Bei anderen können sich später Beschwerden oder gar Phantomschmerzen einstellen. Ich sehe Katzen, die auch Jahre nach der Amputation ihre Pfoten nicht putzen oder sich davor fürchten, irgendwo herunterzuspringen oder mit ihrem ehemaligen Lieblingsspielzeug zu spielen.

Zehenschmerz kann dazu führen, dass sich der Gang einer Katze verändert, was Versteifungen und Schmerzen der Beine, Hüften und Wirbelsäule zur Folge haben kann – wie das auch bei Ihnen der Fall wäre, wenn die Schuhe nicht richtig sitzen. Ein Tier kann den Gleichgewichtssinn verlieren, der praktisch synonym mit dem Wort »Katze« ist. Ein amputiertes Tier wurde seiner Krallen und der vollen Funktion seiner Zehen beraubt, obwohl beides für sein körperliches und geistiges Wohlbefinden so überaus wichtig ist. Viele Katzenhalter, mit denen ich in den vergangenen zwanzig Jahren gearbeitet habe, sagen, sie würden heute von der Amputation absehen. Ihre früher so freundliche und verspielte Katze war ohne ihre Krallen zu einem ängstlichen, zurückgezogenen und in sich gekehrten Tier geworden. Andere beißen häufiger zu, wenn die Krallen fehlen. Viele landen deshalb im Tierheim.

Seit zwanzig Jahren stehen die Zehenamputation bei Katzen sowie das Kupieren von Schwanz und Ohren beim Hund im Mittelpunkt einer hitzigen ethischen Debatte in den USA. Die Argumente für die Zehenamputation sind einfach. Franny Syufy, Amputationsgegnerin und Autorin bei cats.abbout.com, schildert die Ereignisse, als sie der Legislative des US-Bundesstaates Kalifornien einen Gesetzentwurf vorlegte, wonach Klienten vor einem solchen Eingriff umfassend aufgeklärt werden und eine Bedenkfrist einhalten sollten. Ein parlamentarischer Assistent fragte wegen dieses Gesetzentwurfs zugunsten einer Aufklärungspflicht die California Veterinary Association, die tierärztliche Vereinigung Kaliforniens sowie den Leiter des örtlichen Tierheims um Rat. Wie Syufy schrieb, waren die Befragten »übereinstimmend der Ansicht: ›Wenn man das Krallenentfernen verbieten würde, kämen mehr Katzen ins Tierheim oder würden eingeschläfert.‹«[92] Die Association of Veterinarians for Animal Rights, eine tierärztliche Vereinigung für Tierschutz, bezeichnete dies zu Recht unmissverständlich als emotionale Erpressung und stellte die Eignung dieser Menschen als Katzenhalter in Frage, »vor allem angesichts der Tatsache, dass Millionen von Katzen mit unversehrten Krallen harmonisch mit Menschen zusammenleben«.

Dem habe ich nur eines hinzuzufügen: Die Amputation ist vor allem deshalb sittenwidrig, *weil das Problem des unerwünschten Krallenwetzens so leicht zu lösen ist.*

Zum Glück verliert die Krallenentfernung immer mehr an Beliebtheit. Die Internetseite www.declawing.com listet 22 aufgeklärte Länder auf. Dort ist dieser Eingriff »entweder illegal oder gilt als äußerst unmenschlich und wird nur unter extremen Umständen vorgenommen«. Die meisten davon befinden sich in Europa (wobei die beiden großen Länder Spanien und Polen durch Abwesenheit glänzen), man findet aber auch Australien, Neuseeland, Israel und Brasilien darunter. Das föderale System der Vereinigten Staaten garantiert, dass es keine bundesweiten Lösungen geben kann.* In jedem Staat müssen erneut Abgeordnete mit dem Bewusstsein und dem politischen Willen gefunden werden, die Zehenamputation bei Katzen zu verbieten.

Die American Veterinary Medical Association hält eine Amputation nur dann für akzeptabel, wenn einer Katze der unangemessene Gebrauch ihrer Krallen nicht abzugewöhnen ist. Hier komme ich ins Spiel.

Fallstudie: Shanti, der Universalzerkleinerer

Shanti war eine zwei Jahre alte Tonkanese und, wie ihr Besitzer Rajeev sagte, »die beste Katze der Welt«. Leider gab es einen Vorbehalt, den ich häufig höre: »Bis auf eine Kleinigkeit.« Bei Shanti war dies, dass sie mit Vorliebe die Krallen an den Lautsprechern von Rajeevs Stereoanlage wetzte und die Einrichtung zu Konfetti verarbeitete.

Das Problem: Weitreichende Zerstörungswut

Rajeev beschrieb das destruktive Verhalten seiner Katze Shanti wie folgt (Auszug):

> Nicht nur die Lautsprecher der Stereoanlage, auch die Lehnen aller Sofas und Sessel hängen in Fetzen herab. Manchmal kaut sie auf

---

* Aus Gründen der Fairness ist zu sagen, dass die größere Häufigkeit von Zehenamputationen in den Vereinigten Staaten vermutlich damit zusammenhängt, dass Amerikaner (und Kanadier) Katzen öfter in der Wohnung halten.

einem Stück Füllmaterial herab oder wirft es in die Luft. Mein Haus sieht aus, als ob ein Verrückter mit einer Machete darin gewütet hätte.

Die Beratung

Als ich Rajeevs Wohnzimmer betrat, sah ich zuerst die Polsterung, die aus dem Sofa quoll, als sei sie mitten in einer Explosion erstarrt. Wohin ich auch blickte, alle Möbel hatten sichtbare Schäden. Was das Ausmaß von Shantis Zerstörungswut anging, hatte Rajeev beileibe nicht übertrieben.

»Mit welchen Lösungsansätzen haben Sie es bislang versucht?«, fragte ich.

»Ich klatsche in die Hände und sage: ›Nein!‹«

»Hm. Das funktioniert offenbar nicht besonders gut.«

»Nein, es ist sogar schlimmer geworden. Jetzt zerlegt sie Sofas und Lautsprecher, wenn ich nicht da bin. Außerdem ist sie wohl gerade auf der Suche nach neuen Stellen, an denen sie loslegen kann.«

»Ganz genau«, erwiderte ich. »Sie haben ihr geholfen, ein sogenanntes ›Verhalten in Abwesenheit des Besitzers‹ zu entwickeln. Sie hat gelernt, nur dann zu kratzen, wenn Sie nicht zu Hause sind, um nicht von Ihnen zurechtgewiesen zu werden.«

Ich fügte hinzu, dass jede Form von negativer Aufmerksamkeit (selbst wenn man nur in die Hände klatscht und »Nein!« ruft) für eine Katze belastend sein kann und Shanti, um den Stress abzubauen, die vorhandenen Materialien umso heftiger mit den Krallen bearbeitet haben könnte.

Rajeev sagte, er habe ein Kratzbrett gekauft, damit Shanti ihre Krallen anderswo wetzen konnte. »Aber sie hat das Brett nur angeschaut, ist daran vorbei zum Sofa gelaufen und hat angefangen, dort an der Seite die Krallen zu schärfen.« Er lachte. »Dafür *schläft* sie gern darauf.«

Sie können die wilden Instinkte Ihrer Katze nicht ausmerzen, aber Sie können bestimmen, wo sie sie auslebt. Sie müssen sie annehmen, wie sie ist – als Katze –, und Sie müssen akzeptieren, dass Katzen Krallen sowie den Drang haben, sie auch zu benutzen. Es ist leicht, das Krallenwetzen als »Fehlverhalten« zu betrachten, aber es wäre klüger, Katzen als die erstaunlichen Geschöpfe anzunehmen, die sie sind – samt ihrer Krallen. Zu viele Katzenhalter scheinen sich eine mechanische Katze zu wünschen, die auf Tastendruck funktioniert und weder Krallen noch Fell oder Instinkte besitzt.

Vorbeugung

Künftige Kratzprobleme lassen sich wohl am besten dadurch verhindern, dass Sie Ihr Kätzchen von klein auf an den Kratzbaum und das Krallenkürzen gewöhnen. Ältere Katzen wetzen die Krallen unter anderem deshalb, um die alten Krallenhüllen zu entfernen. Falls Sie ihnen diese Arbeit abnehmen, indem Sie ihnen die Krallen kürzen, wird ihr Kratzbedürfnis nachlassen. Und wenn sie es trotzdem tun, können sie mit stumpfen Krallen natürlich nicht so viel Schaden anrichten.

Kürzen Sie einer Katze niemals die Krallen, unmittelbar *nachdem* sie sie geschärft hat: Sie könnte dies als Bestrafung empfinden, und negative Assoziationen mit dem Krallenkürzen (oder dem Wetzen an angemessenen Objekten, sofern sie dies tut) sind grundsätzlich zu vermeiden. Warten Sie, bis das Tier ruhig ist und nach Ihrer Zuneigung verlangt. Loben, streicheln, massieren Sie es, während Sie ihm die Krallen kürzen, geben Sie ihm Futter und Leckerbissen. Falls Ihre Katze statusbedingt oder anderweitig aggressiv ist, sollten Sie in Erwägung ziehen, diese Aufgabe einem Profi zu überlassen.

Der CAT-Plan gegen unerwünschtes Kratzverhalten

Beenden Sie das unerwünschte Verhalten

Auch Sie selbst zeigen ein Verhalten, das ein Ende haben muss: Sie müssen unbedingt aufhören, Ihre Katze zurechtzuweisen. Sie wissen, dass es nicht funktioniert – wie auch Rajeev erkannte – und das Tier nur zusätzlich belastet. Warum also sollten Sie es tun? Im Folgenden werden Sie jedoch einige Maßnahmen finden, die auch funktionieren.

Das Verhalten verhindern
Bitte bedenken Sie, dass es inzwischen schon zur Gewohnheit geworden ist, wenn eine Katze die Krallen seit einer Weile am Sofa wetzt. Das heißt, Sie müssen die Stelle, an der sie künftig nicht mehr kratzen soll, unattraktiv machen, um die Gewohnheit zu brechen.

Um die Katze davon abzuhalten, an kleineren Flächen zu kratzen, sollten Sie doppelseitiges Klebeband (oder speziell dafür entwickelte Produkte) auf diese Flächen kleben. Größere Flächen oder Möbel schützen Sie, indem Sie eine Teppichschutzmatte mit den spitzen Noppen nach oben darüberlegen oder darauf fixieren. Abschreckung ist die effektivste Methode. Statt Ihre Katze jedes Mal anzuschreien, wenn sie kratzt, helfen Sie ihr dabei, selbst festzustellen, dass ihre früheren Lieblingsplätze nun tabu sind.

Machen Sie zugleich Werbung für die Stellen, an denen Ihre Katze kratzen *soll* (wie Sie im zweiten Schritt dieses CAT-Plans lesen werden).

Vorsicht, moderner Aberglaube!

Falls Ihre Katze fast ausschließlich an bestimmten Stellen im Haus kratzt, werden manche Menschen sagen, Sie sollten versuchen, ihr den Zutritt zu diesen Bereichen zu verwehren, da sie das Tier anregen, die Gewohnheit weiter zu festigen. Sie raten, Absperrungen wie Türen, Babyschutzgitter und Trennwände anzubringen oder (o Schreck!) sogar Elektromatten auszulegen – ob Sie im Haus sind oder nicht. So mancher empfiehlt sogar, Geräuschfallen aufzustellen, zum Beispiel mit kleinen platzenden Luftballons, oder aber Knallbonbons mit Fäden zu präparieren, damit sie losgehen, wenn man daran zieht.

Wie Sie sicher vermuten, halte ich viele dieser Abschreckungsmaßnahmen für unmenschlich. Andere, wie Babyschutzgitter, gehen am eigentlichen Problem vorbei. Ich würde mir nicht die Mühe machen, ein Zimmer zu sperren. Ihre Katze wird sich einfach *andere* Stellen zum Kratzen suchen und noch mehr Möbel ruinieren. Ich rate in diesem Fall auch von Katzenschreckgeräten wie Abschreckungssprays ab. Sie bräuchten mehr als eines davon, und sie würden jedes Mal ausgelöst, wenn *irgendjemand* – Katze, Hund oder Mensch – in einem Abstand von drei bis sechs Metern daran vorbeiläuft. Der Stress, den dies für Ihre Katze bedeuten würde, könnte sie zu weiteren unerwünschten Verhaltensweisen veranlassen.

Falls Ihnen die Vorstellung missfällt, Ihre Möbel mit abschreckenden Materialien abzudecken, können Sie auch versuchen, die Krallen Ihrer Katze mit Plastikkappen zu versehen. Der Krallenschutz muss jedoch mit dem Krallenwechsel alle sechs bis zwölf Wochen erneuert werden. Sie können die Katze auch ablenken, sobald sie sich auf den Weg macht, um an einer unerwünschten Stelle zu kratzen, oder auch nur in die entsprechende Richtung sieht. Locken Sie das Tier mit einem Spielzeug oder einer von Ihnen befürworteten Kratzgelegenheit (wie Sie im zweiten Abschnitt dieses CAT-Plans lesen werden). Wenn Sie ihr ein Halsband mit Sicherheitsverschluss umlegen und es mit einem Glöckchen versehen, wissen Sie jederzeit, wo sie sich befindet.

Machen Sie das erwünschte Verhalten attraktiv
Kratzmöbel – der richtige Winkel

Rajeev befand sich zwar auf dem richtigen Weg, musste aber verschiedene Kratzmöbel ausprobieren, bis er das richtige für Shanti fand. Er hatte ein Kratzbrett gekauft, das flach auf dem Boden lag. Aber die Art und die Beschaffenheit der Spuren, die Shanti an Sessel, Sofa und Lautsprechern hinterließ, verrieten deutlich, dass sie senkrechte Flächen bevorzugte. Das ist nicht ungewöhnlich, da das Kratzen an senkrechten Flächen den zusätzlichen Vorteil hat, dass sich die Katze dabei wunderbar dehnen kann. Am besten beginnt man mit Kratzmöbeln, die ähnlich positioniert sind wie die Gegenstände, die Ihre Katze so verlockend findet. Wenn es das Sofa ist, bevorzugt sie senkrechte, wenn es der Läufer ist, waagerechte Flächen. Falls Sie nicht sicher sind, ob Ihre Katze waagerechte oder senkrechte Flächen bevorzugt – oder beides –, müssen Sie ein wenig experimentieren. Hier können Kratzbäume eine gute Lösung sein. Sie bieten im Wesentlichen senkrechte Kratzmöglichkeiten, sind aber am Fuß und auf den einzelnen Ebenen oft auch mit waagerechten Kratzflächen ausgestattet.

Kratzmöbel – der richtige Platz

Bieten Sie auf dem Weg zu der Stelle, an der Ihre Katze normalerweise die Krallen wetzt, sowie unweit davon eine oder mehrere Kratzgelegenheiten an. In den Kernbereichen des Hauses sollten sich weitere Möglichkeiten befinden, da Katzen dort instinktiv am häufigsten kratzen. An den Außengrenzen ihres Streifgebiets lässt die Aktivität etwas nach. Platzieren Sie Kratzmöbel deshalb nicht in entlegenen Ecken (oder im Keller oder der Garage), da die Wahrscheinlichkeit dort geringer ist, dass Ihre Katze auch Gebrauch davon machen wird. Bei Ihren Überlegungen, wo Sie die Kratzmöbel genau hinstellen werden, sollten Sie versuchen, die Atmosphäre der Stellen nachzuempfinden, an denen Ihre Katze bislang die Krallen gewetzt hat. Die Kratzmöbel sollten ebenso geschützt oder offen daliegen wie das bislang bevorzugte Kratzobjekt.

Kratzmöbel – das richtige Material

Vielleicht finden Sie ein Material, das Ihre Katze ebenso anziehend findet wie die Oberfläche, an der sie unerwünschterweise die Krallen wetzt. Sisal, Teppich oder Wellpappe bieten interessante Texturen, mit denen Sie experimentieren können. Andere Kratzmöbel werden aus Hanf, Holzstämmen oder gar Stoff hergestellt. Mag sein, dass Ihnen die Vorstellung von Holzstämmen nicht behagt. Aber Ihrer Katze geben sie vielleicht das Gefühl, ein waschechter Waldarbeiter zu sein. Wie der Forscher Benjamin Hart entdeckte, kratzen Katzen gern an Materialien mit langen, geraden Fasern und zeigen weniger Begeisterung für fest gewebte, genoppte Fasern.

Weitere Tipps, was bei Kratzmöbeln wünschenswert ist

Kratzbäume oder -möbel sollten einen stabilen Fuß haben und nicht wackeln, wenn Ihre Katze daran kratzt. Falls die Gefahr besteht, dass sie ihr auf den Kopf fallen, oder es tatsächlich dazu kommt, könnte sie Angst haben, diese Kratzmöbel weiterhin zu nutzen.

Viele Katzen verschmähen Kratzmöbel, die noch nicht nach ihnen riechen. Geben Sie deshalb etwas Katzenminze darauf oder fahren Sie mit einer Spielangel oder einem Federwedel darüber, um sie anzulocken, damit sie ihren Duft darauf überträgt. Während sie sich in der Katzenminze wälzt oder mit dem Spielzeug spielt, wird sie irgendwann mit den Krallen an der Oberfläche hängenbleiben und verstehen, wozu dieser Gegenstand da ist. *He! Dieses Ding eignet sich wunderbar zum Kratzen!* Nehmen Sie niemals die Pfote Ihrer Katze in die Hand, um sie auf das Kratzmöbel zu legen oder damit über die Oberfläche zu streichen. Wenn Sie eine Katze körperlich zu etwas zwingen, bewirken Sie das Gegenteil des Gewünschten.

Übertragen Sie niemals die Gesichtspheromone der Katze oder künstliche Pheromone auf Kratzmöbel. Da Katzen die Stellen, die sie mit dem Gesicht markieren, nur selten auch mit den Krallen markieren, könnten Sie damit ausgerechnet das Verhalten verhindern, das Sie eigentlich fördern möchten.

Pheromone als Kratzschutz

Aus dem gleichen Grund sollten Sie diese Duftstoffe natürlich auf Flächen aufbringen, an denen Ihre Katze auf das Kratzmarkieren verzichten soll. Dies gilt besonders für Stellen, die sie früher mit den Krallen bearbeitet hat, sowie für alle ähnlichen Bereiche. (Falls Ihre Katze also bislang nur die linke Seite des Sofas mit den Krallen bearbeitet hat, ist es klug, auch die rechte mit Pheromonen zu behandeln.) Pheromone fördern das Gesichtsmarkieren aller Flächen, auf die sie aufgetragen werden. Falls Sie keine synthetischen Pheromone bekommen können, übertragen Sie täglich die Gesichtspheromone Ihrer Katze auf die Gegenstände, die Sie schützen möchten (siehe Kapitel 4). Ziehen Sie außerdem in Betracht, Pheromonzerstäuber in der Nähe der Stellen anzubringen, an denen die Katze nicht mehr kratzen soll, um stressbedingtes Kratzmarkieren zu reduzieren.

Gute Worte, gute Taten

Loben Sie Ihre Katze, wenn sie die neuen Kratzangebote nutzt. Streicheln und bürsten Sie sie (sofern sie das mag) oder holen Sie ihr Lieblingsspielzeug heraus.

Clickertraining

In Anhang A erfahren Sie, wie Sie das erwünschte Verhalten bei Ihrer Katze mit dem Clickertraining fördern können. Wenn sie die Krallen an einem Kratzmöbel wetzt, belohnen Sie sie mit dem Clicker und geben ihr ein Leckerli. Dieses Belohnungssystem kann sogar helfen, das Band zwischen Ihnen und Ihrer Katze zu flicken, wenn es Schaden genommen hat, weil Sie sie zurechtgewiesen haben.

Positive Verstärkung

Es ist wichtig, einer Katze zu zeigen, was sie in einer bestimmten Umgebung statt des unerwünschten Verhaltens *tun soll*. Wenn Sie Ihre Haustiere schon wie Kinder behandeln müssen, sollten Sie wenigstens dieses Grundprinzip beachten!

Sobald Ihre Katze die neuen Kratzmöbel einige Wochen regelmäßig benutzt hat, können Sie das doppelseitige Klebeband oder die Teppichschutzmatten von den Flächen entfernen, die sie früher zerkratzt hat.

Verbessern Sie die Lebensbedingungen

Während Sie das unerwünschte Verhalten beenden und wünschenswertere Alternativen attraktiv machen, werden Sie gleichzeitig das Lebensumfeld Ihrer Katze verändern.

Spielzeug, Kratzbäume, Katzentunnel und andere Möglichkeiten gegen Stress und Langeweile

Unterziehen Sie das Lebensumfeld Ihrer Katze einer genauen Prüfung. Könnte sie gelangweilt und unterfordert sein? Fehlt es ihr an Möglichkeiten, aufgestaute Energie oder Stress abzubauen? Gestalten Sie die Umgebung Ihrer Katze anregend. Greifen Sie häufiger zu einer interaktiven Spielangel und spielen Sie mindestens einmal am Tag mit ihr. Bieten Sie ihr auch Spielsachen und Snackspielzeug an, mit denen sie sich selbständig beschäftigen kann. Stellen Sie einen Kratzbaum und einen Katzentunnel auf (eine ausführliche Anleitung finden Sie in Kapitel 5).

Ist Ihre Katze mit dem Futter- und dem Toilettenangebot zufrieden? In Kapitel 5 lesen Sie, wie Sie das Toilettenangebot so gestalten, dass sie es zu würdigen weiß. Wie ist ihr Verhältnis zu den anderen Katzen, Hunden oder Menschen im Haushalt? Lesen Sie Kapitel 7, um Aggressionen und soziale Konflikte auszuräumen. Wenn Sie die Stressfaktoren finden und beseitigen, kann das ein übermäßiges Kratzverhalten eindämmen.

Und so ging es mit Shanti weiter

Rajeev hatte den CAT-Plan erst ein paar Tage befolgt, als er berichtete, dass Shanti zum Sofa gelaufen und stehen geblieben sei, um gleich darauf kehrtzumachen und sich einem ihrer neuen Kratzmöbel zuzuwenden. Ich fragte ihn, was er dann getan habe. »Ich habe sie natürlich gelobt, und manchmal habe ich ihr auch einen besonderen Leckerbissen gegeben!«

Rajeev hatte sehr schnell Erfolg, aber haben Sie Geduld. Manchmal kann es eine Woche oder länger dauern, bis Sie merken, dass das unerwünschte Kratzverhalten nachlässt. Bis sich das Verhalten vollständig gelegt hat, kann natürlich noch mehr Zeit vergehen. Shanti war erst zwei Jahre alt, als ich sie sah. Je älter das Tier ist und je länger die Angewohnheit bereits besteht, desto schwerer kann es sein, etwas daran zu ändern.

Wenn Katzen auf Tische und Arbeitsflächen springen: Warum Katzen hoch hinauswollen

Ich werde von Klienten auch dann um Hilfe gebeten, wenn es darum geht, Katzen von erhöhten Plätzen fernzuhalten – dem Herd und der Arbeitsfläche in der Küche, dem Esstisch und den Kommoden. An erhabenen Plätzen zu sitzen und zu ruhen ist Katzen angeboren, genau wie das Kratzmarkieren. Von da aus können sie das Revier überblicken. Außerdem – und das ist sehr wichtig – fühlen sie sich dort sicher. Auf diesen erhöhten

Flächen befinden sich selbstverständlich auch manchmal Nahrungsmittel, zum Beispiel ein Steak, oder andere reizvolle Objekte (wie etwa ein Gegenstand, der aussieht, als könne man ganz wunderbar damit spielen). Sie können das Verlangen Ihrer Katze so kanalisieren, dass sie darübersteht, aber Sie können es nicht vollkommen auslöschen – zumindest nicht auf humane Art und Weise. Wie beim übermäßigen Miauen verstärken Katzenbesitzer das Verhalten oft, ohne es zu wissen, oder beschädigen mit ihren negativen Reaktionen die Verbindung zwischen Katze und Mensch.

Ich werde oft gefragt: »Wie bringe ich meine Katze dazu, mir zu gehorchen und sich von den Arbeitsflächen in der Küche fernzuhalten?« Wenn Sie bei der Lektüre bis hierher gekommen sind, kennen Sie die Antwort bereits. Sie können eine Katze dazu bringen, das zu tun, was Sie möchten. Aber Sie können nicht erwarten, dass sie einen Befehl befolgt, um Ihnen eine Freude zu machen. Diese Art Gehorsam ist nur etwas für Rudeltiere. Für gewöhnlich verzichten Katzen allerdings auf ein Verhalten, das negative Folgen hat. Eine seltene Ausnahme ist die negative Aufmerksamkeit ihres Besitzers, nach der manche Katzen geradezu gieren. Der Trick besteht also darin, das unerwünschte Verhalten unbefriedigend oder sogar etwas unangenehm zu machen.

Der CAT-Plan, wenn die Katze auf Tische und Arbeitsflächen springt

Beenden Sie das unerwünschte Verhalten
Lassen Sie nichts Essbares herumstehen

Räumen Sie alle Lebensmittel weg, falls sie Ihre Katze auf die Arbeitsflächen in der Küche locken! Sorgen Sie dafür, dass sie für Ihre Katze unerreichbar sind, wenn Sie gerade nicht in der Nähe sind, um ein Auge darauf haben zu können. Im Grunde ist es ihr gegenüber unfair, Lebensmittel auf der Arbeitsplatte oder in der Spüle herumstehen zu lassen.

Und unterschätzen Sie keinesfalls ihre Fähigkeit, sich für Nahrung aller Art zu erwärmen. Mein Kater Clawde hat eine unheilige Leidenschaft für Brot, und bevor ich meinen eigenen Rat befolgte, erklomm er sogar den Kühlschrank, um in diesen Genuss zu kommen. Ich werde auch niemals die Klientin vergessen, deren Katze es gelang, ein ganzes Grillhähnchen von der Arbeitsfläche zu zerren und ins Schlafzimmer zu verschleppen. Sie folgte der Fettspur und fand den kleinen Räuber unter dem Bett. Er hatte den ganzen Körper schützend um das Hühnchen gelegt und jede einzelne seiner Klauen hineingeschlagen. Er fauchte und knurrte und spuckte jeden an, der versuchte, ihm seine Beute streitig zu machen oder auch nur einen Blick unters Bett zu werfen.

Vielleicht springt Ihre Katze auf die Arbeitsplatte, weil sie Hunger hat. In diesem Fall sollten Sie darauf achten, sie oft genug zu füttern, oder dafür sorgen, dass jederzeit Futter für sie bereitsteht – wenn sie imstande ist, die Nahrungsaufnahme zu regulieren.

Füttern Sie nicht in der Küche

Falls Ihre Katze normalerweise in der Küche frisst, können Sie in Erwägung ziehen, sie an einem anderen Ort zu füttern. Durch das Füttern in der Küche kann eine starke Verknüpfung zwischen diesem Ort und der Nahrung sowie ein erhöhtes Interesse an den Arbeitsflächen entstehen.

Vermeiden Sie widersprüchliche Botschaften

Senden Sie Ihrer Katze keine widersprüchlichen Botschaften, wenn sie sich auf der Arbeitsplatte befindet. Sehr viele Menschen machen den Fehler, die Katze *nicht konsequent* zu verscheuchen, sobald sie auf die Arbeitsfläche springt, und sie ein anderes Mal sogar zu streicheln, wenn sie sich so angenehm auf Armhöhe befindet. Eine Katze, die – wie das bei den meisten Tieren der Fall ist – gern Zeit mit Ihnen verbringt und mit der Sie manchmal reden oder die Sie zuweilen streicheln, während Sie in der Küche sind, mag es für die beste Möglichkeit halten, die gewünschte Aufmerksamkeit zu bekommen, wenn sie sich auf der Arbeitsplatte herumtreibt. Sie müssen sich also entscheiden: Entweder Sie erlauben ihr, dort zu bleiben, ohne sie zu verscheuchen, oder Sie halten sich an den folgenden Rat und achten konsequent darauf, dass sie unten bleibt.

Setzen Sie auf Abschreckung

Machen Sie den Aufenthalt auf der Arbeitsfläche für Ihre Katze unangenehm. Gehen Sie dabei aber so vor, dass scheinbar keine Verbindung zu Ihrem Tun besteht und Ihrer Katze nichts passiert. Stellen Sie zum Beispiel ein Abschreckungsspray auf, das über einen Bewegungsmelder gesteuert wird. (Vergewissern Sie sich vorher, dass keine Ihrer Katzen in der Nähe der Spraydose gefüttert wird.) Jedes Mal, wenn Ihre Katze auf die Arbeitsplatte springt, wird die Dose zunächst ein Warnsignal, dann einen Sprühstoß und einen für Katzen unangenehmen Ton von sich geben. Im Allgemeinen können Sie schon nach wenigen Trainingstagen den Luftstoß abstellen. Das Gerät gibt dann nur noch einen Warnton von sich, der bereits ausreichen kann, um Ihre Katze abzuschrecken. Irgendwann wird schon der bloße Anblick der nicht eingeschalteten Dose auf der Arbeitsfläche sie daran erinnern, unten zu bleiben. Falls sie mittendrin beschließt, ihre Grenzen zu testen, schalten Sie das Gerät einfach wieder ein paar Tage ein. Ich habe diese Methode mit meinen eigenen Katzen ausprobiert und finde sie hochwirksam, aber trotzdem human. (Sie können auch Attrappen bauen, die wie das Originalspray aussehen. Diese Potemkinschen Dosen sind besonders hilfreich, wenn Sie eine große Küche haben und Geld sparen möchten.)

In einem Mehrkatzenhaushalt mit einem besonders scheuen Tier kann ein über einen Bewegungsmelder gesteuertes Abschreckungsspray zu verstörend sein – obwohl die Belastung deutlich geringer ist als bei einem schreienden Besitzer.

Anstelle von oder in Verbindung mit Produkten wie Katzenabschreckungssprays können Sie auch Tischsets mit doppelseitigem Klebeband versehen und an strategischen Punkten auf der Arbeitsplatte platzieren. Geben Sie etwas Wasser auf Backbleche und stellen Sie diese auf, oder breiten Sie Teppichschutzmatten mit den Noppen nach oben aus. Schneiden Sie die Stücke maßgerecht zu und fixieren Sie sie falls nötig mit Klebeband. Nach ein paar Wochen können Sie die meisten Matten wieder entfernen. Lassen Sie ein paar davon von den Unterschränken hängen, um Ihre Katze daran zu erinnern, wie unangenehm es dort oben für sie war. Falls sie erneut anfängt, auf die Arbeitsfläche zu springen, legen Sie auch die Teppichschutzmatten wieder ein paar Tage aus. Mit solchen gelegentlichen Erinnerungen können Sie in der Katzenerziehung sehr viel erreichen. Von Abschreckungsmaßnahmen wie umgekehrten Mausefallen, Elektromatten oder übelriechenden Chemikalien rate ich ab.

Ablenken – Zeigen Sie die kalte Schulter

Es könnte sein, dass Sie keine Katzenschreckgeräte verwenden möchten. In diesem Fall sollten Sie Ihre Katze mit Spielzeug ablenken, sobald Sie sehen, wie sie die Arbeitsplatte beäugt, und sie aus dem Zimmer locken, bevor sie hochspringen kann. Befindet sie sich bereits dort oben, dürfen Sie ihr keine Beachtung schenken – vor allem wenn sie damit normalerweise Ihre Aufmerksamkeit erregen will. Setzen Sie das Tier nicht auf den Boden. Sehen Sie es nicht an, sagen Sie nichts und nähern Sie sich nicht (es sei denn natürlich, es wäre kurz davor, etwas zu fressen oder kaputt zu machen oder könnte sich zum Beispiel an einer heißen Pfanne verbrennen). Falls Sie glauben, Ihre Katze sei nur hochgesprungen, um Ihre Aufmerksamkeit zu erregen (statt sich etwa irgendetwas genauer anzusehen), sollten Sie die Küche am besten umgehend verlassen. Sie wird allmählich lernen, die entsprechende Verbindung herzustellen.

Es ist ungeheuer wichtig, dass Sie das erwünschte Ergebnis mit einer minimalinvasiven und minimalaversiven (MIMA) Abschreckungsmaßnahme erzielen. Dazu müssen Sie Ihre Katze gut genug kennen, um die Grenzen ihrer Empfindsamkeit zu respektieren und sie nicht zu überschreiten (und damit neue Probleme zu schaffen). Wie ich bereits sagte, könnte ein Abschreckungsspray bei einem sehr schüchternen, nervösen Tier zu viel sein.

Wichtig ist auch, eine abschreckende Maßnahme zu wählen, die nicht in ein Verhalten in Abwesenheit des Besitzers mündet. Spritzpistolen bleiben langfristig oft ohne Erfolg. Einige Klienten berichten, sie würden ihre Katzen jedes Mal heimlich mit Wasser bespritzen, wenn sie die Tiere auf der Arbeitsfläche anträfen. Doch selbst wenn diese nicht sehen, wie sie den Abzug drücken, finden möglicherweise höhere Denkprozesse statt: *Seltsam! Immer wenn ich auf die Arbeitsfläche springe und sie da ist, werde ich nass. Jetzt ist sie weg, ich bin hochgesprungen, und nichts passiert!* Die Folge kann eine nun trockene Katze sein, die immer dann auf die Arbeitsfläche springt, wenn Sie nicht in der Nähe sind. Sorgen Sie deshalb dafür, dass Sie gänzlich außen vor sind. Der Trick ist, die Arbeitsfläche an und für sich zu einem unwirtlichen Ort zu machen – ob Sie nun da sind oder nicht. Dies wird zudem das gute Verhältnis zu Ihrer Katze erhalten.

Es könnte auch andere Gründe dafür geben, dass Ihre Katze die Arbeitsplatte in der Küche mag. Vielleicht hat sie von dort aus eine bessere Aussicht in den Garten oder das Gefühl, vor dem bellenden Hund oder dem Zweijährigen sicher zu sein, der sie so gern am Schwanz packt. Je mehr Sie darüber in Erfahrung bringen, weshalb es Ihrer Katze dort oben so gefällt, desto eher werden Sie die Veränderungen vornehmen können, die es ihr ermöglichen, auf andere Weise Befriedigung zu finden. Falls sie dort oben sitzt, weil die

Beziehung zu einem Artgenossen angespannt ist, sollten Sie Kapitel 4 über das zweite Kennenlernen und Kapitel 7 über Spannungen zwischen Katzen lesen.

Machen Sie das erwünschte Verhalten attraktiv

Während Sie Ihre Katze von ungeeigneten Aussichtsplätzen fernhalten, *müssen* Sie ihr gleichzeitig Alternativen anbieten. Es ist möglich, ihr ein Angebot zu machen, das für sie sogar noch begehrenswerter ist als Tische oder Arbeitsflächen. Falls es im Revier Ihrer Katze bislang nicht genügend Klettermöglichkeiten gab, könnten Ergänzungen die entscheidende Verbesserung bringen. Vielleicht wurde sie von Plätzen in luftiger Höhe angezogen, um einem Hund, anderen Katzen oder Kleinkindern zu entfliehen? Ein Kratzbaum könnte zum Beispiel einen Teil der Bedürfnisse befriedigen, die sie auf der Arbeitsfläche zu erfüllen versuchte. Falls sie dort die Gelegenheit hatte, die Vögel draußen zu beobachten, sorgen Sie für alternative Aussichtsplätze, die eine gefahrlose Vogelbeobachtung ermöglichen. Sie können sogar ein Vogelhäuschen an einem strategisch günstigen Punkt vor dem Fenster aufstellen, das dem Sitzplatz am nächsten ist, an den Sie Ihre Katze locken möchten. Wenn sie einfach nur bei Ihnen sein wollte, wie das bei vielen meiner Katzen der Fall ist, genügt es vielleicht schon, eine neue Sitzgelegenheit in der Küche zu schaffen, damit sie sich mit dem Gesicht oder Kopf an Ihnen reiben kann. Um ihr den neuen Sitzplatz schmackhaft zu machen, zeigen Sie ihr mit Spielangel oder Federwedel den Weg, bestreuen ihn mit Katzenminze oder legen einen Leckerbissen obenauf.

Ganz gleich, wofür Sie sich entscheiden, schenken Sie Ihrer Katze besonders viel Aufmerksamkeit, wenn sie sich an der gewünschten Stelle aufhält. Falls sie mit Leckerbissen oder Futter zu motivieren ist, können Sie das erwünschte Verhalten hervorragend mit dem Clickertraining fördern (siehe Anhang A). Clickern Sie, sobald Sie sie an einem der von Ihnen genehmigten Aussichtsplätze sitzen sehen, und belohnen Sie sie dafür. Dann wird sie es bald wieder tun.

Verbessern Sie die Lebensbedingungen

In Kapitel 5 erfahren Sie alles darüber, wie Sie Ihren Katzen ein Gefühl von Sicherheit geben und für verlockende Aussichtsplätze sowie Anregungen der rechten Art und im rechten Umfang sorgen können. Sie brauchen dazu viele Kratzbäume, ein angemessenes Angebot an Katzentoiletten, getrennte Wasser- und Futterplätze, Snackspielzeug und reichlich Spielsachen aller Art. Natürlich sollten Sie mit Ihren Katzen auch häufig Spiel- und Jagdsequenzen üben.

ZWÖLF

Die zwanghafte Katze

Die Dschungelvölker haben es nicht gerne,
daß man sie aus ihrer Ruhe aufschreckt.[93]

RUDYARD KIPLING: *Das Dschungelbuch,*
»Kaas Jagdtanz«

Katzen können wie auch andere Tiere aus Gründen, die denen
des Menschen teilweise nicht unähnlich sind, Verhaltensweisen
entwickeln, welche als zwanghaft einzustufen sind. Der Hauptgrund für zwanghaftes Verhalten ist Überbelastung, vor allem
der Stress, den Katzen empfinden, wenn sie zwischen zwei
unvereinbaren Handlungsalternativen hin- und hergerissen
sind. So kann Ihre Katze zum Beispiel einerseits den Drang verspüren, Sie zu begrüßen, und Ihnen andererseits aus Angst vor
Strafe aus dem Weg gehen wollen. Oder sie möchte vor einem
Artgenossen fliehen und ihm gleichzeitig die Stirn bieten. Ganz
ähnlich verhält es sich, wenn Sie einen Hund rufen und er
Ihnen einerseits gehorchen will, andererseits aber nicht weiß,

ob Sie wütend sind. Dadurch kann ein »Kurzschluss« in seinem Gehirn entstehen, und er kann anfangen, sich im Kreis zu drehen.

Diese kognitiven Konflikte führen unter anderem zum sogenannten Wollenuckeln oder -fressen. Die Katze saugt oder kaut an unverdaulichen Materialien, zu denen nicht nur die Wolle, sondern auch Baumwoll- und Synthetikgewebe, Papier sowie noch ausgefallenere Stoffe gehören, wie Sie in diesem Kapitel sehen werden. Zu den Zwangsstörungen bei Katzen gehört auch die übertriebene Fellpflege oder gar das Ausrupfen des eigenen Fells, das als »psychogene Alopezie« bezeichnet wird. Gelegentlich jagen sie sogar den eigenen Schwanz oder schlagen sich mit den Pfoten ins Gesicht, wie das beim felinen Hyperästhesie-Syndrom der Fall ist.

Zwanghaftes Verhalten kann nicht nur auf kognitive Konflikte zurückzuführen sein, sondern auch genetische Gründe haben. Die Veranlagung wird offenbar von den Eltern an die Jungen weitergegeben. Zwanghaftes Verhalten kann auch dadurch entstehen, dass eine Katze zu früh entwöhnt wurde oder Stress in Form von Angstzuständen, Frustration, Langeweile oder Trennungsangst erlebt – vor allem wenn diese belastenden Faktoren wiederholt auftreten oder über einen längeren Zeitraum hinweg bestehen bleiben.

Eine Katze ist aus den gleichen Gründen frustriert wie wir. Sie möchte etwas haben oder tun und kann es nicht. Vielleicht befindet sie sich im Haus, sieht zum Fenster hinaus und möchte die Katze angreifen, die ihr Revier durchquert. Vielleicht möchte sie spielen, jagen, beschleichen, töten oder fressen, hat aber keinen Spielgefährten, keine Spielsachen oder kommt nicht an ihr Futter heran. Eine Katze mit Trennungsangst reagiert vielleicht aufgeregt, wenn ihr Besitzer das Haus verlässt, und widmet sich in übertriebenem Maße der Fellpflege, wenn sie zu lange allein ist.

Kurz gesagt, kann die eine Katze zwanghafte Verhaltensweisen entwickeln, weil sie zu früh entwöhnt wurde. Die nächste hat vielleicht widersprüchliche Bedürfnisse, ist ängstlich, gelangweilt oder frustriert. Bei wieder einer anderen könnte eine genetische Veranlagung für das Bekauen unverdaulicher Materialien vorliegen.

Alle Tiere zeigen typische Reaktionen auf Langeweile, Frustration, Konflikte und Stress anderer Art. Raubkatzen laufen im Zoo auf und ab; Wölfe, Füchse und Eisbären laufen hin und her, koppen (sie kauen Holz oder Luft, während sie einatmen) und verstümmeln sich selbst. Giraffen schaukeln hin und her. Gus, der berühmte neurotische Eisbär im Central-Park-Zoo, schwimmt zwanghaft seine Runden. Pferde koppen oder weben (stereotypes Pendeln mit Kopf und Hals), Schweine nagen an den Gitterstäben ihrer Verschläge.

Zwanghafte Handlungen wie die übertriebene Fellpflege und das Wollenuckeln beruhen auf Verhaltensweisen, die zum natürlichen Repertoire der Katzen gehören, nun aber auffällig geworden sind, da sie aus dem Zusammenhang gerissen und scheinbar automatisch immer wiederholt werden und manchmal sowohl auf ihre Umgebung (in der natürlich auch Sie leben!) als auch auf die Tiere selbst zerstörerisch wirken können. Wenn Sie nichts tun, um den Stress zu beseitigen, der dem Zwangsverhalten zugrunde liegt, können auch Faktoren, die eigentlich nichts damit zu tun haben, wiederholte Schübe auslösen. Dadurch kann das zwanghafte Verhalten im Laufe der Zeit auch dann auftreten, wenn kein Stress besteht.

Gesundheitshinweis

Wenn Sie bei zwanghaftem Verhalten Ihrer Katze den Tierarzt zu Rate ziehen, kann dies dazu beitragen, mögliche medizinische oder psychologische Ursachen aufzudecken. Zwangsstörungen können unter anderem auf gesundheitliche Probleme wie eine unausgewogene Ernährung, Funktionsstörungen der Organe, Nerven- und Stoffwechselerkrankungen, Serotoninmangel, Hyperkinese, kognitive Dysfunktion sowie Erkrankun-

gen der Wirbelsäule und des Nervensystems zurückzuführen
sein.

Aber auch diverse Hautkrankheiten, Nahrungsmittelallergien,
Pollen, Schimmel oder (am häufigsten) Flohstiche können eine Katze dazu veranlassen, zu kauen und sich übertrieben zu
putzen, oder einfach dazu führen, dass sie Haare verliert.
Zwanghafte Verhaltensweisen können sogar von Parasiten
oder Rückenschmerzen herrühren. Ich habe erlebt, dass sich
Katzen mit Schilddrüsenüberfunktion, verstopften Analbeu-
teln, Blasensteinen oder anderen Erkrankungen der Harnwege das Fell vom Bauch lecken, um damit entweder die
Schmerzen an dieser Stelle oder die durch die Schmerzen verursachte Angst zu lindern. Bei Zystitis, einer Entzündung der
Harnblase, kann es nicht nur vorkommen, dass eine Katze an
ihrem Bauch kaut oder leckt, sie kann auch im ganzen Haus
Urin absetzen. Eine Katze, die sich am Schwanz verletzt, kann
anfangen, ihn zu jagen oder daran zu kauen. Bitte bedenken
Sie: Selbst wenn die körperlichen Probleme behoben sind,
können Verhaltensweisen zurückbleiben, die sich einschleifen
und der Modifikation bedürfen

Einige zwanghafte Verhaltensweisen können Ihrer Katze, andere Ihrem Eigentum Schaden zufügen. Wieder andere können
sich wie chinesische Wasserfolter anfühlen, wenn Sie dabei
zusehen oder zuhören müssen: *Leck, leck, Pause ... leck, leck,
Pause ...* Ein solches Verhalten sollte grundsätzlich behandelt
werden – je früher, desto besser.

Ich werde nun die zwanghaften Verhaltensweisen beschreiben, die am häufigsten anzutreffen sind: die übertriebene Fellpflege, wie wir sie schon bei Nada in der Einleitung gesehen
haben, und das Wollenuckeln. Bitte bedenken Sie bei der Lektüre der CAT-Pläne gegen Zwangsstörungen, dass diese Verhaltensauffälligkeiten besonders schwierig zu diagnostizieren und
zu behandeln sind, da sie wie eine Sucht wirken können. Aus

diesem Grund kann zusätzlich zu den empfohlenen Verhaltens-
modifikationen ein Besuch beim Tierarzt oder gar eine medizinische Behandlung angezeigt sein. An dieser Stelle wissen Sie
bereits, dass ich nichts davon halte, verhaltensauffälligen Katzen automatisch Medikamente zu verabreichen. Sollte dies
allerdings tatsächlich erforderlich sein – vor allem damit sich
das Tier keinen Schaden zufügt –, bin ich absolut dafür.

Übertriebene Fellpflege (psychogene Alopezie)

Nehmen wir an, Ihre Katze befindet sich im Freien und versucht, eine Entscheidung zu treffen: Soll sie vor dem streunen-
den Artgenossen fliehen, der soeben Ihren Garten betreten
hat, oder soll sie sich behaupten? Vielleicht putzt sie sich kurz,
um ihre Besorgnis zu verdrängen. Das Putzen ist bei Katzen ein
völlig normales selbstberuhigendes Verhalten. Es ist auf dem
Weg zum Tierarzt, bei der Begegnung mit einem Artgenossen
oder nach einem Sturz aus größerer Höhe zu beobachten. Steht
eine Katze dagegen fortwährend oder immer wieder unter
Stress, leckt sie vielleicht über ein als normal einzustufendes
Maß hinaus weiter, sodass kahle Flecken im Fell und wunde
Stellen entstehen. Einige Tiere gehen sogar so weit, dass sie am
eigenen Fell nuckeln oder sich die Haare mit den Zähnen aus-
reißen – manchmal auch büschelweise. In Extremfällen verursachen sie damit so tiefe Wunden, dass es zu Infektionen
kommen kann.

Übertriebenes Putzverhalten zeigt sich bei ängstlichen Tieren, vor allem bei reinrassigen orientalischen Katzen. Weib-
liche Tiere sind häufiger betroffen als Kater. Ich kann allerdings sagen, dass mir dieses Verhalten bei Tieren praktisch
aller Rassen und Farben sowie beider Geschlechter begegnet
und die Ursachen sehr vielfältig sind. Sehen wir uns nun einige
davon an.

Betrachten wir zunächst die Situation von Nada, die Sie bereits aus der Einleitung kennen. Sie hatte Streit mit einem Kater, der neu in ihr Revier gekommen war. Die Tiere wahrten – jedes auf seinem eigenen Stockwerk in Susans Haus – eine angespannte Pattsituation. Darüber hinaus lebte Nada in einer sehr kargen Umgebung ganz ohne Spielmöglichkeiten oder Anregungen. Ein steriles Umfeld, das kein Ventil für das normale Scharr- oder Spielbedürfnis oder (bei nichtkastrierten Tieren) den sexuellen Ausdruck bietet, kann nicht nur zu übertriebener Fellpflege, sondern auch zu Selbstbefriedigung, zwanghaftem Scharren rund um den Futternapf oder die Katzentoilette sowie aggressiven Extremen beim Spielen führen.[94]

Auch Caramello hatte ein Problem mit übertriebener Fellpflege. Die Besitzer des rot getigerten Katers hatten sich ursprünglich wegen eines einfachen Unsauberkeitsproblems an mich gewandt. Im Gespräch erwähnte seine Halterin Patrice mir gegenüber aber auch, dass sich Caramello während des dreiwöchigen Urlaubs der Familie auf Hawaii, für den er keine Einladung bekommen hatte und während dessen er zu Hause von einer Tierbetreuerin versorgt worden sei, das ganze Fell vom Bauch geleckt habe. Es sei ihr auch nicht sofort aufgefallen. »Als wir nach Hause kamen, schien alles in Ordnung.«

Doch später am ersten Abend las Patrice im Bett die Zeitung. »Ich weiß noch, dass ich hörte, wie er sich putzte. Wenn ich die Zeitung weglegte, hörte er auf damit. Aber sobald ich wieder anfing zu lesen, begann auch er wieder, sich zu lecken. Schließlich nahm mein Mann ihn einfach in den Arm wie ein Baby – was beide mögen – und erschrak. Das dichte Fell an Mellos Bauch war verschwunden, und es war nur noch pfirsichfarbener Flaum übrig.«

Ich stolpere häufig während Beratungsgesprächen zu ganz anderen Verhaltensproblemen über die übertriebene Fellpflege. Wenn ich eine Klientin frage, ob ihre Katze kahle Stellen am Körper oder nur eine dünne Flaumschicht auf dem Bauch hat, wird dies häufiger bestätigt, als man meint. Die Halter machen sich deswegen oft keine Sorgen, weil sie denken, Katzen würden sich eben putzen. Sie haben keinen Vergleich zu dem, was sie kennen. Der eine oder andere sagt sogar, er habe nicht gewusst, dass Katzen überhaupt Haare am Bauch haben. Sobald ich erkläre, dass die kahle Stelle die Folge einer übertriebenen Fellpflege und dies wiederum ein Zeichen von Stress ist, sind viele Halter entsetzt und können dies nur schwer glauben, da sie keine Ahnung haben, dass ihre Katze unter Stress steht.

Patrice zum Beispiel behauptete steif und fest, Caramello sei im Augenblick nicht gestresst und hätte auch in Abwesenheit der Familie dazu keinen Anlass gehabt. Sie sagte, die Katzensitterin habe jede Nacht im Haus geschlafen, mit ihm gespielt und ihm alles gegeben, was er brauchte. Als ich weiterforschte, fand ich allerdings heraus, dass sie ihren jungen Deutsch-Kurzhaar-Welpen dabeigehabt hatte, was sehr wohl die Ursache für Caramellos Stress gewesen sein könnte. Möglicherweise wurde die Belastung noch dadurch verstärkt, dass der Kater zwei widersprüchliche Triebe empfand: Einerseits wollte er den Welpen von seinem Lieblingsplatz auf dem Sofa vertreiben, andererseits wollte er die Stelle aus Angst vor dem Hund meiden.

Ich habe Patrice den Plan gegeben, den ich bei Problemen mit übertriebener Fellpflege grundsätzlich empfehle. Bei Caramello zeigte er vermutlich deshalb sehr schnell Erfolg, da die belastende Situation bei ihm von eher kurzer Dauer gewesen war, das übertriebene Putzverhalten noch nicht lange bestand und sich noch nicht verfestigt hatte, wie das der Fall ist, wenn sie länger anhält. Bei anderen Katzen kann mehr Zeit vergehen, bis der Plan Wirkung zeigt.

Der CAT-Plan gegen übertriebene Fellpflege

Beenden Sie das unerwünschte Verhalten
Handeln Sie schnell

Übertriebene Fellpflege ist eine ernste Angelegenheit. Je länger Sie warten, desto schwieriger kann es werden, das Verhalten zu beseitigen. Lassen Sie die Katze zunächst vom Tierarzt untersuchen, damit Sie gesundheitliche Ursachen mit Gewissheit ausschließen können.

Beseitigen Sie Stressfaktoren

Jeder Stress kann dazu führen, dass Ihre Katze sich übertrieben putzt oder an sich herumkaut. Versuchen Sie herauszufinden, welche Faktoren in ihrem Leben die Ursache sein könnten, um die Auslöser beseitigen oder zumindest abschwächen zu können. Dazu kann ein wenig Detektivarbeit nötig sein, aber es ist sehr wichtig. In den Kapiteln 3, 4 und 5 finden Sie Beispiele für bestimmte Stressoren. Achten Sie auch darauf, das Verhalten nicht dadurch zu verstärken oder zu verschlimmern, dass Sie die Katze unterdessen zurechtweisen (oder ihr eine andere Form der Aufmerksamkeit schenken).

Wenn der Auslöser unbekannt bleibt oder nicht zu beseitigen ist, sollten Sie professionelle Hilfe in Anspruch nehmen. Hier finden Sie Hilfe, um herauszufinden, was Ihre Katze ängstigt, oder Sie lernen Techniken der Verhaltensmodifikation kennen, um den Umgang mit den Stressfaktoren zu erleichtern, gegen die nichts zu machen ist. Möglicherweise wird man Ihnen auch empfehlen, sich bezüglich einer medikamentösen Behandlung an einen Tierarzt zu wenden.

🐾 🐾   Vorsicht, moderner Aberglaube!

🐾 Vielleicht kennen Sie die Empfehlung, Ihre Katze in einen Käfig zu sperren oder ihr eine Halskrause umzulegen, damit sie es mit der Fellpflege nicht übertreiben kann. Weder das eine noch das andere wird sie heilen. Sowohl die Gefangenschaft als auch die Halskrause hindern sie lediglich daran, das zu tun, was sie trotzdem unbedingt tun möchte. Das kann sie noch mehr belasten. Und wenn Sie das Tier schließlich aus dem Käfig lassen oder die Halskrause entfernen, wird es das Verhalten sofort wiederaufnehmen.

Hören Sie auf, das Verhalten zu verstärken

Falls Sie Ihrer Katze während der übertriebenen Fellpflege positive oder negative Beachtung schenken, hören Sie sofort damit auf. Wenn Sie das Tier streicheln oder mit ihm sprechen, um es zu beruhigen, während es sich putzt, können Sie das Verhalten damit positiv verstärken und dafür sorgen, dass es noch häufiger vorkommt. Zurechtweisungen können den Stress noch erhöhen, wodurch sich das Putzverhalten noch weiter steigern kann.

Machen Sie das erwünschte Verhalten attraktiv

Bieten Sie eine Spieltherapie an

Falls Ihnen irgendwelche Anzeichen verraten, dass Ihre Katze gleich mit dem zwanghaften Verhalten beginnen wird, lenken Sie sie ab: Geben Sie ihr etwas zum Spielen oder greifen Sie selbst zur interaktiven Katzenangel. Spielen Sie nicht mit ihr, nachdem sie mit dem zwanghaften Verhalten begonnen hat, da Sie es damit vermutlich weiter verstärken. Das Spiel mit der Katze kann angestaute Spannungen abbauen und dazu beitragen, ihr Selbstbewusstsein zu stärken, was Angst und Stress lindert. Greifen Sie zweimal täglich zu interaktivem Spielzeug und spielen Sie mit Ihrer Katze.

Versuchen Sie es mit dem Clickertraining

Wenn Sie mit dem Clicker arbeiten, um Ihre Katze zu belohnen oder ihr Kunststückchen beizubringen, kann das besonders wirksam sein. Es kann ihr genügend Anregung bieten und ihr damit helfen, dass sie nicht ständig ans Putzen denken muss, und Stress und Anspannung lindern (weitere Informationen zum Clickertraining finden Sie in Anhang A).

Verbessern Sie die Lebensbedingungen

Minimieren Sie Stress, lindern Sie Anspannung und sorgen Sie für Anregungen verschiedenster Art, damit Ihre Katze andere Dinge im Kopf hat als die übertriebene Fellpflege. Nutzen Sie Pheromone, Freifütterung oder Snackspielzeug. Bieten Sie ihr eine dreidimensionale Umgebung mit Klettergerüsten und Katzentunnels, offenen Kartons mit Katzenminze und Spielzeug, Kratzbäumen und Fensterliegen. Oder stellen Sie Ihre Möbel so, dass sie verschiedene Ebenen bilden, damit Ihre Katze darauf herumklettern oder aus dem Fenster sehen kann. Stellen Sie Aquarien auf. Legen Sie DVDs ein, die speziell für Katzen gemacht und natürlich jugendfrei sind …! Stellen Sie Vogelhäuschen vor dem Fenster auf. All das kann Ihre Katze unterhalten und ihr beim Stressabbau helfen. Ich empfehle, häufig mit der Katze zu spielen. Auch batteriebetriebene Spielsachen sind eine gute Möglichkeit der geistigen Beschäftigung. Sorgen Sie täglich für Abwechslung bei den Spielsachen und ihrer Platzierung, damit die Umgebung immer wieder neu wirkt. (Ausführliche Informationen darüber, wie Sie ein anregendes und stressfreies Lebensumfeld für Ihre Katze schaffen, finden Sie in Kapitel 5.)

Falls Ihre Katze dazu neigt, das zwanghafte Verhalten nur an bestimmten Stellen zu zeigen, können Sie versuchen, sie davon fernzuhalten, sofern dies möglich ist, *ohne sie noch mehr zu belasten*.

Wollenuckeln und -fressen

Es dürfte nicht überraschen, dass junge Kätzchen einen starken Saugtrieb entwickeln, da sie bis zum Alter von sieben Wochen aktiv saugen. Ab diesem Zeitpunkt beginnt die Mutter mit einem allmählichen Abstillprozess, in dem sie die Bemühungen der Kleinen immer mehr vereitelt. Kleine Katzen können bis zum sechsten Monat versuchen, sich durch das Nuckeln Trost zu verschaffen. Unter normalen Umständen sollte der Saugtrieb danach abklingen. Werden sie dagegen zu früh oder zu plötzlich abgestillt, können sie den Saugtrieb auf nichtverdauliche Ersatzmaterialien übertragen, die in ihrem Aussehen oder ihrer Beschaffenheit der Mutter ähneln. Ein Kätzchen, das nicht an den Zitzen seiner Mutter saugen kann, ist wie ein menschliches Baby ohne Mutter, Flasche *und* Schnuller. Das kann – zumindest bei kleinen Katzen – verschiedene zwanghafte Verhaltensweisen zur Folge haben, die meist oraler Natur sind. Sind die Tiere später erwachsen, versuchen sie vielleicht, ähnliche Gebilde zu bekauen oder zu fressen wie die, an denen sie bereits als Babys genuckelt haben. Das ist zwar nicht verwunderlich, aber auch nicht ganz normal.

Unterernährte Kätzchen können ebenfalls zwanghafte orale Verhaltensweisen entwickeln, unter anderem das anhaltende Saugen, eine schlecht angepasste (maladaptive) Reaktion auf Stress und Mangelernährung. Dabei wird ihr angeborenes Bedürfnis zu saugen auf unpassende Objekte wie die Körper von Geschwistern, Besitzern, Hunden oder anderen Tieren umgelenkt – ja sogar auf Teile des eigenen Körpers wie den Schwanz, die Hautfalten der Flanken, die Vulva oder das Skrotum. Das anhaltende Saugen kann schließlich ins Wollenuckeln übergehen, das ebenfalls eine zwanghafte und fehlgeleitete Form des natürlichen Saugverhaltens junger Katzen ist.

Wie bereits ausgeführt wurde, kann sowohl das Wollenuckeln als auch das Wollefressen bei erwachsenen Tieren die Folge von Stress, Trennungsangst, Langeweile, inneren Konflikten oder Frustration sein. Das Wollenuckeln (ich werde diesen Begriff im Folgenden sowohl für das Wollenuckeln als auch das Wollefressen verwenden) kann auch einen genetischen Aspekt haben. Bei den Katzen, die diese Verhaltensauffälligkeit entwickeln, handelt es sich meist um reinrassige orientalische Tiere wie Siam- oder Burmakatzen, oder sie zählen eine solche zu ihren Vorfahren.[95] Das Wollenuckeln begegnet mir jedoch bei Katzen beinah aller Rassen.

Es ist unter Umständen nur dann ein Problem, wenn dabei Gegenstände beschädigt werden, die Sie schätzen, zum Beispiel Ihre Kleidung oder Ihr Mobiliar, wenn das Kätzchen oder die Katze an Gegenständen saugt oder kaut, die ihr gefährlich werden können, zum Beispiel Kunststoffen oder Stromkabeln, oder wenn sie das unverdauliche Material irgendwann schluckt, was zu einem Darmverschluss führen und später eine Operation erforderlich machen oder gar den Tod zur Folge haben kann. Wenn es derart ausartet, haben Sie ein Problem. Oder wie Dr. Nicholas Dodman sagte: »Wenn man mit einer Katze lebt, die das Wollenuckeln auf diesem Niveau betreibt, ist das, als hätte man eine zehn Pfund schwere Motte im Haus.«[96]

Vorsicht, moderner Aberglaube!

Entgegen der landläufigen Meinung geht es beim Wollenuckeln nicht ausschließlich um Wolle! Katzen saugen oder kauen an vielen Stoffen, einschließlich Wolle (sie ist für 93 Prozent der wollenuckelnden Katzen die erste Wahl), Baumwolle (64 Prozent) und Teppichen (53 Prozent), aber auch synthetischen Materialien wie Gummi und Plastik (22 Prozent), Papier und Pappe (8 Prozent).[97] Manche Tiere nuckeln sogar am eigenen Körper, den Haaren ihres Halters oder dem Fell eines anderen Tieres. (Da sich viele Katzen beim Wollenuckeln nicht auf ein Material beschränken, ergibt sich eine Gesamtsumme von mehr als 100 Prozent.)

Im Allgemeinen gibt sich das Wollenuckeln mit der Zeit, es kann aber in Stressphasen erneut aufleben – genau wie orale Fixierungen beim Menschen. Beobachten Sie das nächste Mal, wenn Sie im Berufsverkehr festsitzen, die Menschen in den benachbarten Fahrzeugen. Sie wollen, dass etwas vorwärtsgeht, aber da sich nichts bewegt, kauen viele von ihnen frustriert an den Fingernägeln oder zwirbeln ihre Haare.

Das Pica-Syndrom

Sie werden mit Freuden hören, dass die meisten wollenuckelnden Kätzchen später nicht dazu übergehen, Unverdauliches zu fressen. (Trotzdem sollten Sie versuchen, die Kleinen mit Elementen aus dem folgenden CAT-Plan für andere Aktivitäten zu begeistern.) Wird aus dem Wollenuckeln tatsächlich mehr, bezeichnet man diese Störung als »Pica-Syndrom«. Sie hat ähnliche Ursachen wie die anderen oralen Fixierungen.

Um diese Verhaltensauffälligkeiten zu beseitigen, müssen Sie versuchen, die Ursachen Ihres speziellen Katzenproblems zu finden. Neben den vielen bereits beschriebenen Gründen haben manche Katzen vielleicht einfach nur Hunger – genug, dass sie den Drang verspüren, Löcher in Ihr Sofa zu nagen! In manchen Fällen wird es Ihnen vielleicht nicht gelingen, die genauen Ursachen zu ermitteln. Aber auch da wird Ihnen der CAT-Plan in diesem Kapitel bei der Bewältigung des Problems helfen, selbst wenn es sich nicht restlos beseitigen lässt.

Gesundheitshinweis

Lassen Sie Ihre Katze vom Tierarzt gründlich untersuchen, um sicher sein zu können, dass ihr Verhalten keine gesundheitlichen Ursachen hat. Dazu gehören unter anderem Infektions- und Stoffwechselkrankheiten wie Panleukopenie, Leberprobleme sowie von Zecken übertragene Erkrankungen, neurologische Erkrankungen wie die psychomotorische Epilepsie, neoplastische Erkrankungen des Zentralnervensystems sowie Erkrankungen der Bandscheiben. Auch eine unausgewogene Ernährung kann eine orale Fixierung auslösen und sollte am besten vom Tierarzt behandelt werden.

Achten Sie darauf, Ihre Katze vollwertig und angemessen zu ernähren. Bitten Sie Ihren Tierarzt um Empfehlungen und beachten Sie meine Hinweise zu den Fütterungszeiten in Kapitel 5.

Lassen Sie dem Tier unter keinen Umständen die Zähne ziehen. Es ist grausam und ändert nichts an dem zugrunde liegenden Problem. Es könnte die ganze Sache sogar noch schlimmer machen, da das Tier nun möglicherweise dazu übergeht, unverdauliche Materialien unzerkaut zu verschlingen, was sehr gefährlich werden kann.

Der CAT-Plan gegen Wollenuckeln und das Pica-Syndrom

Beenden Sie das unerwünschte Verhalten
Beseitigen Sie Auslöser für Stress
Werfen Sie einen genauen Blick auf das Umfeld Ihrer Katze und beseitigen oder verringern Sie alles, was eine Belastung für sie darstellen könnte. In den Kapiteln 3, 4 und 7 finden Sie Hinweise auf Auslöser, die auf Konflikten oder Frustration beruhen. Belastend wirken auch Auseinandersetzungen zwischen heimischen Katzen, fremde Freigänger rund ums Haus, Trennungsangst, Langeweile, Besucher, deren Anwesenheit dem Tier Angst oder Sorge bereitet, sowie Veränderungen im Tagesablauf – Ihrem oder dem der Katze.

Setzen Sie auch Trockenfutter auf den Speiseplan
Falls das Tier, das Unverdauliches bekaut oder frisst, ein Kätzchen ist, bekommt es vielleicht gerade sein bleibendes Ge-

biss. Wenn Sie während des Zahnwechsels nur Nassfutter geben, sollten Sie unbedingt auch etwas Trockenfutter anbieten, um ihm mit dem Kauen den Zahnwechsel zu erleichtern. Anderenfalls wird es vielleicht harte Gegenstände wie Buchrücken und die Kanten des Laptops bekauen, um den Schmerz im Maul zu lindern. *Aua!* Auch manche erwachsenen Katzen verlangt es nach knackigem Trockenfutter, und es hat sich bewährt, um das Nuckeln, Bekauen und Fressen unverdaulicher Materialien einzudämmen oder zu beseitigen.

Wenn Sie Ihre Katzen häufiger füttern oder ihnen freien Zugang zum Futter gewähren, kann das ebenfalls dazu beitragen, ihr Interesse an Unverdaulichem zu dämpfen.

Machen Sie Unverdauliches unzugänglich – oder uninteressant

Falls Ihr Kätzchen oder Ihre Katze unverdauliche Materialien bekaut oder frisst, kann es mit Abstand am besten sein, derartige Objekte für sie unerreichbar zu machen. Gerade beim Pica-Syndrom wird dies definitiv die beste Lösung sein.

Ist das nicht möglich, können Sie versuchen, die Gegenstände, an denen Ihre Katze künftig weder nuckeln noch kauen und die sie erst recht nicht fressen soll, mit einem Bitterstoffspray zu behandeln. Verwenden Sie unbedingt ausreichende Mengen davon, anderenfalls könnte die gewünschte Abschreckungswirkung ausbleiben. Lassen Sie die ungenießbaren Gegenstände mindestens dreißig Tage lang an strategisch günstigen Stellen herumliegen, wo Ihre Katze sie bestimmt finden wird. Beobachten Sie das Tier, um sich zu vergewissern, dass das Bitterstoffspray auch wirkt und verhindert, dass sie die Sachen ins Maul nimmt. Falls ein Produkt oder ein Bitterstoff nicht funktioniert, sollten Sie verschiedene Alternativen durchprobieren, bis Sie etwas finden, was Ihre Katze wirksam abschreckt. Mit der Zeit wird der unangenehme Geschmack sie lehren, die verbotenen Gegenstände in Ruhe zu lassen.

Machen Sie ein neues Verhalten attraktiv
Ab- und umlenken

Wenn Sie sehen, dass Ihre Katze ein mögliches Ziel beäugt oder sich zum Kauen anschickt, setzen Sie auf Ablenkung. Geben Sie ihr etwas zum Spielen oder verwickeln Sie sie in eine Jagdsequenz.

Helfen Sie Ihrer Katze mit neuen Fressangeboten, sich von angestauter Energie oder Besorgnis zu befreien und das unerwünschte Verhalten durch alternative Möglichkeiten zu ersetzen, sich zu beruhigen, abzulenken, anzuregen und zu trösten. Verstecken Sie zum Beispiel mehrere kleine Näpfe mit Katzenfutter im ganzen Haus, finden Sie leichte Verstecke für Leckerbissen oder regen Sie ihren Jagd- und Futterinstinkt mit Snackspielzeug an. (Es könnte sein, dass Sie ihr zeigen müssen, wie diese Spielsachen funktionieren.)

Sorgen Sie für Ersatz

Lesen Sie auf Seite 154 (»Pflanzenfresser«), welche grünen Blattgemüse Sie Ihrer Katze anbieten können.

Korrigieren Sie den Speiseplan

Wie sich gezeigt hat, lässt sich durch die Erhöhung des Ballaststoffanteils das Wollenuckeln sogar dann verringern, wenn ein Mangel an Faserstoffen in der Nahrung nicht unbedingt *ursächlich* für das Verhalten ist. Fragen Sie Ihren Tierarzt, ob Sie Ihrer Katze zusätzliche Ballaststoffe zum Beispiel in Form von Biokürbisfleisch aus der Dose geben können (aber nehmen Sie bitte *nicht* die süße Fertigfüllung für Kürbiskuchen). Wenn er dies befürwortet, können Sie zunächst täglich ungefähr einen viertel bis einen halben Teelöffel davon unter das Nassfutter mischen. Sie können das Kürbisfleisch aber auch einfach auf einen Teller geben. Manche Katzen mögen den Geschmack, und sie fressen es sofort auf.

🐾 🐾 Vorsicht bei ballaststoffreicher Ernährung!

🐾 Viele Katzenbesitzer kommen wegen der zwanghaften oralen Beschäftigung ihrer Katzen zu mir, nachdem die Tiere eine längere ballaststoffreiche Diät zur Gewichtsreduktion hinter sich haben. Je nach Katze und Speiseplan könnte das Problem auch daher rühren, dass das Tier zu viele Ballaststoffe und nicht genügend Nährstoffe bekommt. Möglicherweise ist es sogar nach den Mahlzeiten noch unbefriedigt und fängt an, auch Unverdauliches zu fressen. 🐾 🐾

Füttern Sie frei

Hat Ihre Katze tatsächlich Hunger, können Sie versuchen, Futter auch zwischen den geplanten Mahlzeiten frei zugänglich zu machen (siehe Kapitel 5) oder die Fütterungshäufigkeit zu erhöhen. Da Sie nur die Anzahl der Fütterungen, nicht aber die Menge der Gesamtkalorien erhöhen, müssen Sie sich keine Sorgen machen, dass sie an Gewicht zunehmen könnte. Für manche Katzenbesitzer kann ein programmierbarer Futterautomat von Vorteil sein.

Versuchen Sie es mit dem Clickertraining

Das Clickertraining kann dazu beitragen, erwünschte Verhaltensweisen und Betätigungen zu fördern, die Ihre Katze fordern, ihr Bewegung verschaffen, sie unterhalten und dafür sorgen, dass sie selbstbewusster, entspannter und weniger gestresst ist.

Verbessern Sie die Lebensbedingungen

Bitte befolgen Sie die Anregungen im CAT-Plan gegen übertriebene Fellpflege und schlagen Sie in Kapitel 5 nach, um den Stress Ihrer Katze zu verringern und eine anregende Umgebung für sie zu schaffen.

Falls dieser CAT-Plan das Problemverhalten nicht innerhalb von dreißig Tagen deutlich lindert oder ganz beseitigt, wird bei Ihrer Katze sehr wahrscheinlich eine Erkrankung vorliegen, die der medikamentösen Behandlung bedarf. Wenden Sie sich im Zweifelsfall wieder an Ihren Tierarzt.

Das feline Hyperästhesie-Syndrom

Huch! Vielleicht sieht Ihre Katze Dinge, die Sie nicht sehen können, rast ohne jeden Grund wie von der Tarantel gestochen durchs Zimmer, oder das eben noch ruhige Tier gebärdet sich in der nächsten Sekunde wie wild. Vielleicht schlägt die Haut auf ihrem Rücken plötzlich Wellen. Oder sie zerrt mit einem Mal an ihrem Schwanz oder beißt sich ins Bein. Ist sie besessen? Schizoid? Wahrscheinlicher ist, dass sie am felinen Hyperästhesie-Syndrom leidet, auch bekannt als Rolling-Skin-Syndrom. Niemand weiß genau, wodurch es verursacht wird, aber es kann sich in anfallartigem Verhalten äußern, das möglicherweise neurologische Ursachen hat, es kann Ähnlichkeiten zu den oben beschriebenen zwanghaften Verhaltensweisen aufweisen – oder beides. Der Begriff »Hyperästhesie« beschreibt im Wesentlichen eine Überempfindlichkeit gegen Sinnesreize aller Art. Ich habe das feline Hyperästhesie-Syndrom in dieses Kapitel aufgenommen, weil es häufig mit zwanghaftem Verhalten verwechselt wird, obwohl es – soweit man weiß – andere Ursachen hat.

Und so äußert es sich: Während die Katze friedlich ruht, beginnt ihre Haut aus heiterem Himmel zu zucken und Wellen zu schlagen. Ihre Pupillen weiten sich. Sie windet sich verzweifelt, um ihr Hinterteil zu putzen oder daran zu kauen, und geht manchmal sogar auf Teile der unteren Körperhälfte los. Es kommt auch vor, dass sie plötzlich davonrennt, als wollte sie vor sich selbst fliehen. Da ihre Haut in diesem Zustand sehr empfindlich ist, kann das übertriebene Lecken oder Bekauen des Fells, in dem manche Tiere Linderung suchen, zu Haarverlust führen, weshalb das feline Hyperästhesie-Syndrom gelegentlich mit übertriebenem Putzverhalten verwechselt wird. Eine Katze, die an dieser Störung leidet, kann rastlos wirken, übermäßig vokalisieren oder hin und her laufen. Manche dieser Tiere reagieren auch sehr empfindlich auf Berührungen am Rücken. Zuweilen können die Anfälle dadurch ausgelöst werden, dass eine Katze in diesem Bereich gestreichelt wird. Das Syndrom kann auch in grundloser Aggression zum Ausdruck kommen, die sich ebenso schnell wieder legt, wie sie entstanden ist. Bei einer entsprechend veranlagten Katze vermag jede Art von Stress oder Aufregung einen Anfall auszulösen.

Wenn Sie vermuten, dass Ihre Katze am felinen Hyperästhesie-Syndrom leiden könnte, sollten Sie unbedingt zuerst einen Tierarzt aufsuchen, um sie gründlich medizinisch untersuchen zu lassen und andere gesundheitliche Probleme auszuschließen. Anschließend sollten Sie die Hilfe eines Verhaltensexperten in Anspruch nehmen. Die Behandlung dieses Phänomens ist einfach zu schwierig, um sie allein bewältigen zu können. Aus diesem Grund bekommen Sie hier auch keinen CAT-Plan von mir. Ich kann Ihnen aber *sehr wohl* den allgemeinen Hinweis geben, dass Stress zwar nicht die Ursache des felinen Hyperästhesie-Syndroms ist, es aber durchaus auslösen oder verstärken kann. Daher sollten Sie Stress und Spannungen aus dem Leben Ihrer Katze verbannen und sie regelmäßig mit Spielangeln, Federwedeln und anderen interaktiven Spielsachen beschäftigen. Bitte halten Sie sich auch an die in Kapitel 5 dargelegten Empfehlungen zur Gestaltung der äußeren Umgebung.

Von all den Verhaltensauffälligkeiten, bei denen Medikamente verordnet werden, ist ihr Nutzen bei Zwangsstörungen, wie sie in diesem Kapitel beschrieben werden, am größten. Eine medikamentöse Behandlung kann manchmal nicht nur hilfreich, sondern sogar notwendig sein. In schweren Fällen von übertriebenem Putzverhalten, Wollenuckeln und seinen Varianten sowie feliner Hyperästhesie sollten Sie den Tierarzt fragen, ob Psychopharmaka eingesetzt werden können, um den psychi-

schen Auslöser für den Verhaltenszyklus Ihrer Katze vorübergehend auszuschalten. Allerdings wird die medikamentöse Behandlung in Verbindung mit den in diesem Kapitel dargestellten
Verhaltensplänen deutlich wirksamer sein.

Nachwort

»Schöne Reden halten kann ich nicht,
aber ich spreche die Wahrheit.«[98]
RUDYARD KIPLING: *Das Dschungelbuch,* *»Moglis Brüder«*

Obwohl ich mich früher als eine Art Alice sah und meine Katzen in meinem ganz persönlichen Wunderland zum Tee einlud, hatte ich am Ende wohl mindestens ebenso viel von Mogli aus dem *Dschungelbuch.* Bis auf eine kurze Phase in meiner späten Jugend war ich stets von einer ganzen Menagerie verschiedener Tiere umgeben, zu der nicht nur Katzen gehörten, sondern noch sehr viel mehr. Meine Freunde hatten nicht ganz unrecht, als sie sagten, dass diese Tiere mich großgezogen hätten.

Ich bin sehr dankbar für die unbefangene Zeit, die ich als Kind in ihrer Gesellschaft verbringen durfte. Wer wie ich bereits in jungen Jahren ihre Bekanntschaft macht, der begreift, dass man ihnen eigentlich nichts *befehlen* kann – nicht, wenn man sie anschreit, ja noch nicht einmal, wenn man »flüstert«. Auf kein Tier trifft dies besser zu als auf die Katze. Um ein »Katzenflüsterer« zu sein, wie man so schön sagt, muss man vor allem zuhören. Man muss lernen, auf das zu *hören,* was Katzen uns über ihre Wünsche und Bedürfnisse mitteilen, und die Welt mit ihren Augen zu *sehen.*

Katzen haben mich viel gelehrt – auch über die Spezies Mensch und vor allem über mich selbst. Ich hoffe, dieses Buch wird Ihnen wenigstens einen Bruchteil dessen geben, was ich von Katzen und von anderen Tieren bekommen habe. Ich glaube wirklich, dass ich ohne sie niemals restlos glücklich sein könnte. Sie waren immer meine wahrhaftigsten Freunde.

Ich weiß, dass Sie in völliger Harmonie und einem Zustand der gegenseitigen Ruhe und Zufriedenheit mit Ihren Katzen leben können. Üben Sie sich darin, die Welt mit ihren Augen zu sehen. Der Rest kommt von ganz allein.

Anhang A

Das Clickertraining für Katzen

Das Clickertraining ist eine Form der sogenannten operanten Konditionierung, eine auf Belohnung beruhende Erziehungsmethode, mit deren Hilfe Sie Ihrer Katze in nur wenigen Tagen beibringen können, wünschenswerte Verhaltensweisen zu wiederholen. Statt müßigerweise mit ihr wegen etwas zu schimpfen, was Ihnen missfällt, fördern Sie durch positive Verstärkung das Verhalten, das Sie sehen möchten. Falls Sie verhindern wollen, dass Ihre Katze auf die Arbeitsplatte in der Küche springt, werden Sie das Tier belohnen, wenn es auf dem Boden sitzt oder seine Katzenliege nutzt. Falls sich zwei Katzen, die sich häufig bekriegen, im gleichen Zimmer aufhalten und sich dabei ausschließlich um ihre eigenen Angelegenheiten kümmern, werden Sie dieses Verhalten mit dem Clickertraining belohnen. Sollten Sie oft im Flur von Ihrer Katze angegriffen werden, können Sie clickern und sie belohnen, wenn sie darauf verzichtet. Katzen lernen durch Erfahrung. Sie werden eher Verhaltensweisen zeigen oder sich an bestimmten Orten einfinden, wenn es sich lohnt. Sie werden eher von Verhaltensweisen absehen oder bestimmten Orten fernbleiben, wenn es sich nicht lohnt (oder sogar unangenehm ist, weil die Arbeitsplatte zum Beispiel mit doppelseitigem Klebeband geschützt wurde).

Hier eine kurze Zusammenfassung, wie das Clickertraining funktioniert: Wenn Ihre Katze ein erwünschtes Verhalten zeigt oder von einem unerwünschten Verhalten absieht (zum Beispiel davon, Ihnen beim Vorübergehen im Flur einen Pfotenhieb zu versetzen), clickern Sie und geben ihr sofort ein Leckerli. Erfolgen Clickergeräusch und Belohnung gleichzeitig, wird sie allmählich eine Verbindung herstellen und merken, dass der Clicker eine positive Bedeutung hat und nur dann zu hören ist, wenn sie etwas Bestimmtes tut. Das Tolle am Clickertraining ist, dass Sie damit sehr genau auf ein bestimmtes Verhalten eingehen können – und zwar in dem Augenblick, in dem es stattfindet, und sogar vom anderen Ende des Raumes aus. Eine höchst effiziente Angelegenheit!

Es gibt für das Clickertraining auch nur eine Voraussetzung: Damit es funktioniert, muss Ihre Katze durch Leckerbissen oder Futter zu motivieren sein. Nach dem Anfangstraining können Sie ausprobieren, wie wirksam andere Belohnungen wie Streicheln, Bürsten oder Spielen sind.

Das Clickertraining wird Ihre Katze geistig fordern und so dazu beitragen, das breite Spektrum an Verhaltensproblemen zu verhindern, die in einer faden, stumpfsinnigen Umgebung auftreten können. Es eignet sich auch wunderbar, um das Selbstbewusstsein einer Katze zu steigern, sie zu beschäftigen, das möglicherweise angeschlagene Verhältnis zu ihr zu verbessern und sie beim Abbau angestauter körperlicher und geistiger Energie zu unterstützen (Letzteres ist besonders hilfreich, wenn man zwanghafte Verhaltensweisen beseitigt). Das Clickertraining kann Ihre Erfolgschancen erhöhen, wenn Sie Katzen das erste oder auch zweite Mal miteinander bekannt machen (siehe Kapitel 4). Es kann wild aufgewachsenen Katzen erheblich dabei helfen, sich zu entspannen und sich berechenbarer und gefälliger zu verhalten. Wenn sich Ihr Haushalt um eine Person vergrößert und diese das Clickertraining übernimmt, kann das der heimischen Katze eine berechenbare und positive Erfahrung bescheren, sodass sie die Gegenwart des Neuankömmlings – des Belohnungsclickers – als erfreulich und als Quelle vieler guten Dinge empfindet. Holen Sie deshalb auch Ehemänner und Freunde, Ehefrauen und Freundinnen beim Clickertraining mit ins Boot!

Nach ein paar Lektionen können Sie allmählich mehr von Ihrer Katze verlangen. Sie wird verschiedene Verhaltensmöglichkeiten ausprobieren, um herauszufinden, welche davon mit dem Clickergeräusch und den Leckerbissen belohnt werden. Wenn sie sich gern auf dem Boden wälzt und streckt, können Sie ihr beibringen, dies öfter zu tun oder sich sogar auf den Rücken zu rollen.

Auf diese Weise habe ich meiner Katze Jasper Moo Foo das Abklatschen (High Five) beigebracht. Da meine Katzen ihre Pfoten für allerlei Aktivitäten einsetzen, nutzte ich das Clickertraining, um ihre vorhandenen Fähigkeiten auszubauen und sie das Abklatschen zu lehren. Weil Jasper Moo Foo sich *so gern* kämmen lässt (er zieht das Kämmen sogar seinen geliebten Leckerbissen vor), clickte und belohnte ich ihn jedes Mal mit ein paar Kammstrichen, wenn er dem Abklatschen einen winzigen Schritt näherkam und zum Beispiel die Pfote vom Boden in meine Richtung hob. Jasper Moo Foo klatschte bereits seit Jahren ab, als ihn das neue Kätzchen Farsi eines Tages dabei beobachtete und es ihm nachmachte. Ich achtete darauf, dieses erste Mal zu clickern und sie zu belohnen, und sorgte auch später dafür, dass sie jedes Mal, wenn sie meine Hand mit der Pfote berührte, den Clicker hörte und eine Belohnung bekam. Sie begriff schnell und ist jetzt ebenso gut im Abklatschen wie Jasper Moo Foo.

Möglicherweise denken Sie, derartige Kunststückchen hätten keinen echten Wert. Doch beim Clickertraining bringen Sie Ihrer Katze nicht nur das erwünschte Verhalten bei (während Sie das unerwünschte im Idealfall mit anderen Strategien aus diesem Buch beseitigen). Sie legen auch ein wertvolles Fundament, um jedes Problemverhalten verändern zu können, das später einmal auftreten könnte. Und ich habe sehr ruhige, unproblematische Katzen, die sogar abklatschen!

Damit das Clickertraining erfolgreich ist, benötigen Sie dreierlei:

1. Einen *Clicker* erhalten Sie in den meisten Zoofachgeschäften. Ich empfehle, bei Katzen das leiseste Modell zu verwenden, das Sie finden können. Ein ganz normaler kleiner Plastikclicker funktioniert meist sehr gut. Falls Ihre Katze das Geräusch nicht mag, können Sie den Clicker mit einem Wattebausch und etwas Klebeband dämmen.

2. *Leckerbissen* oder *Futter*, das *heiß begehrt* ist, müssen *sofort* verfügbar sein, ungefähr eine erbsengroße Menge. Brechen Sie größere Leckerlis in kleinere Stücke. Beim Clickertraining kommt es darauf an, dass Ihre Katze das Futter oder den Leckerbissen mehr mag als alles andere. Je verrückter Ihre Katze nach der kulinarischen Belohnung ist, desto schneller wird das Training Erfolg haben. Falls sie keine sonderliche Vorliebe für Leckereien hat, werden Sie verschiedene Futtersorten durchprobieren müssen. Dosenfutter funktioniert normalerweise sehr gut, genau wie exklusive Markenleckerbissen. Aber halten Sie wie immer Rücksprache mit Ihrem Tierarzt, bevor Sie den Speiseplan Ihrer Katze erweitern. Wenn das Tier jederzeit Zugang zu Nahrung hat, sollten Sie sein Futter ungefähr drei Stunden vor dem Training wegräumen, um seinen Appetit anzuregen. Ein besonderer Hinweis: Manche Katzenbesitzer glauben, ihre Katzen hätten nichts für Leckerbissen übrig, aber viele von ihnen erwarten, dass sie ihnen die Happen aus der Hand fressen. Manche Tiere fressen jedoch lieber von einem Teller am Boden. Ich habe festgestellt, wenn ich das Leckerli auf den Boden fallen lasse und ein wenig herumschubse, damit es an Beute erinnert, fressen es normalerweise sogar die heikelsten Katzen.

3. Sie werden vor allem am Anfang ein *ruhiges Plätzchen* brauchen, an dem Ihre Katze weder von Geräuschen noch von anderen Tieren abgelenkt wird. Ein kleines Badezimmer ist manchmal am besten.

Schritt 1: Ein kleiner Click zur rechten Zeit
(oder am rechten Ort)

Zuerst müssen Sie Ihre Katze lehren, was das Clickergeräusch bedeutet, da es zunächst einfach irgendein Laut ohne positive Bedeutung oder positive Assoziationen für sie ist. Folgt *unmittelbar* auf das Geräusch (den sekundären Verstärker) eine Belohnung (der primäre Verstärker), bringen Sie der Katze bei, dass es sehr wohl eine Bedeutung hat.

Sobald Sie sich mit der Katze in einem ruhigen, abgeschlossenen Raum befinden, clicken Sie einmal (Sie clicken und lassen wieder los, dabei ertönt ein Doppelclick) und geben ihr sofort ein Futterstückchen oder einen Leckerbissen – etwas, wonach sie gerade so richtig verrückt ist.»Sofort« ist hier wörtlich gemeint. Sie haben keine Zeit, das Leckerli aus Ihrer Tasche oder einer Tüte zu wühlen. Es muss unmittelbar verfügbar sein, damit Click und Leckerbissen innerhalb von einer Sekunde aufeinanderfolgen. Clicken, Leckerli, clicken, Leckerli – genau so, wie Sie das jetzt hier lesen. Je wertvoller die Belohnung, desto erfolgreicher wird das Clickertraining sein. Das richtige Timing ist alles! Ich möchte noch einmal darauf hinweisen, dass die Leckerbissen sehr klein sein sollten: Ein Stückchen Trockenfutter oder ein winziger Happen Nassfutter, beide etwa erbsengroß, sind ein Leckerli. Wenn Ihre Katze zu schnell zu viel zu essen bekommt, sind die Trainingseinheiten zu schnell vorüber. Achten Sie deshalb darauf, ihr nur kleine Futter- oder Leckerbissen zu geben. Üben Sie diesen Ablauf mehrmals mit ihr. Das Clickertraining nimmt nur ein paar Minuten in Anspruch. Wenn Sie möchten, können Sie allerdings gern mehrmals täglich üben.

Irgendwann wird Ihre Katze nach Futter oder Leckerbissen Ausschau halten, sobald sie den Clicker hört. Das heißt, dass sie das Clickergeräusch allmählich mit Nahrung in Verbindung bringt. Meine Katzen hatten schon nach viermal Clickern und Belohnen den Bogen raus. Bei anderen können einige auf mehrere Tage verteilte Trainingseinheiten nötig sein. Jedes Tier ist anders. Haben Sie Geduld. Schimpfen oder strafen Sie nicht, wenn Ihre Katze das Prinzip nicht sofort erfasst. Sie sollten ohnehin nie mit ihr schimpfen oder sie bestrafen!

Sobald sie auf das Clickergeräusch reagiert (und auf ihre kulinarische Belohnung wartet), können Sie zum nächsten Schritt übergehen.

Schritt 2: Fördern Sie wünschenswerte Verhaltensweisen

Sie können nun damit beginnen, jedes Verhalten, das Ihre Katze wiederholen soll, mit einem Click und einem Leckerbissen zu belohnen. Wenn sie sitzt, clickern und belohnen Sie dieses Verhalten. Wenn sie zu ihrem Kratzbaum läuft, ja sogar wenn sie nur einen oder zwei Schritte darauf zumacht, clickern und belohnen Sie diese winzigen Fortschritte auf dem Weg zu dem Verhalten, das Sie sich von ihr wünschen – dass sie ihre Krallen am Kratzbaum wetzt oder daran hochklettert. Alles, was sie dem gewünschten Verhalten näherbringt, ist einen Click und einen Leckerbissen wert. Die Katze muss mit anderen Worten nicht die gesamte Verhaltenssequenz zeigen, um sich eine Belohnung zu verdienen.

Clickertraining hat viele Facetten und kann noch erheblich vielschichtiger und spezieller werden. Es gibt mittlerweile einiges an Literatur über diese sanfte, aber verblüffend erfolgreiche Erziehungsmethode, die sich nicht nur für Katzen eignet. Darum legen Sie los und beginnen Sie mit diesem ausgesprochen lohnenswerten Training.

Anhang B

Checkliste für die Beseitigung von Unsauberkeitsproblemen

Diese Checkliste ist eine praktische Hilfe, auf die Sie immer wieder zurückgreifen können. Sie wird Sie daran erinnern, wie Sie die Zufriedenheit Ihrer Katze mit dem Toilettenangebot erhalten können.

Beenden Sie das unerwünschte Verhalten

* Finden Sie heraus, welche Ihrer Katzen »der Übeltäter« ist.
* Vergewissern Sie sich, dass Sie es nicht mit Harnmarkieren zu tun haben (siehe Kapitel 9).
* Gehen Sie mit der Katze zum Tierarzt, um mögliche medizinische Hintergründe abklären zu lassen.
* Putzen Sie die beschmutzten Flächen mit Enzymreiniger.
* Prüfen Sie die Länge der Haare am Hinterteil der Katze und lehnen Sie Einladungen zu einem »Kotball« energisch ab.
* Unterbinden und beseitigen Sie Aggressionen oder Bedrohungen durch dominante Tiere, die Ihrer Katze den Zugang zur Toilette verwehren (siehe Kapitel 7).
* Schließen Sie bei Problemen mit dem Kotabsatz das Kotmarkieren aus.
* Verknüpfen Sie die ehemals beschmutzten Stellen mit einem Trieb, der mit der Ausscheidung unvereinbar ist:

- Spielen Sie dort ganze Jagdsequenzen durch (siehe Seite 160).
- Stellen Sie (falls Ihre Katze nach der Jagdsequenz spielt) den Futternapf auf.

❖ Wenn sehr viele Stellen beschmutzt wurden, machen Sie einige davon vorübergehend mit Absperrungen unattraktiv.

❖ Stellen Sie eine Katzentoilette an der ehemals beschmutzten Stelle auf, sofern Sie nicht stört, wenn sie auf Dauer dort stehen bleibt.

Machen Sie das erwünschte Verhalten attraktiv

Anzahl und Platzierung der Katzentoiletten

❖ Stellen Sie mindestens eine Katzentoilette mehr auf, als Katzen oder Stockwerke vorhanden sind. Erhöhen Sie die Anzahl in schwierigen Fällen während des Umlernprozesses bis auf das *Doppelte*.

❖ Stellen Sie die Toiletten dort auf, wo Ihre Katze einen guten Überblick über das Revier hat.

❖ Stellen Sie Toiletten auf dem Weg zu den Stellen auf, die früher beschmutzt wurden.

❖ Verteilen Sie die Toiletten in Mehrkatzenhaushalten im ganzen Haus, um die Anzahl der wichtigen Zugangswege zu erhöhen, den Eindruck der Konkurrenz um wichtige Ressourcen zu lindern und die Wahrscheinlichkeit zu minimieren, dass ein Tier ein anderes an der Benutzung einer verfügbaren Toilette hindert.

❖ Vermeiden Sie es:
- mehr als eine Katzentoilette in einer Waschküche, einem Badezimmer oder an anderen überfüllten oder lauten Orten aufzustellen;
- Katzentoiletten unter Fenstern aufzustellen, wo fremde Freigänger Ihre Katze beobachten könnten;
- Katzentoiletten an Orten aufzustellen, die schwer zugäng-

lich, versteckt oder weit vom Kernbereich des Haushalts entfernt sind;

- Katzentoiletten an stark frequentierten Punkten aufzustellen;
- Katzentoiletten in der Nähe des Nestbereichs (von Futter, Wasser, Betten, Aussichts- und Liegeplätzen) aufzustellen;
- Katzentoiletten an die Wand oder an andere Gegenstände zu stellen, was die Anzahl der möglichen Zu- und Ausgänge einschränkt.

Art der Katzentoilette (siehe Kapitel 5)

❧ Falls Sie eine selbstreinigende Katzentoilette verwenden, sollten immer auch normale Katzenkisten verfügbar sein.

❧ Wenn Sie eine Haubentoilette haben, entfernen Sie *sofort* die Abdeckung.

❧ Achten Sie darauf, dass die Katzentoilette großzügig geschnitten ist, mindestens 40 mal 50 Zentimeter misst und niedrige Seitenwände hat (nicht höher als 13 bis 18 Zentimeter).

❧ Verwenden Sie keine Katzentoilettenbeutel oder -folie.

Hygiene

❧ Machen Sie die Katzentoilette in der Umlernphase dreißig Tage lang mindestens zweimal täglich sauber. Danach liegt das *absolute Minimum* bei einmal am Tag (obwohl zwei Putzgänge nach wie vor am besten wären) oder wie es aufgrund der Bevorzugung und der Frequentierung der Toilette erforderlich ist.

❧ Tauschen Sie die Katzentoilette aus, wenn sie so alt ist (in der Regel ein halbes Jahr oder älter), dass der Kunststoff den Geruch von Kot, Urin oder Reinigungsmittel angenommen hat.

Katzenstreu

❧ Sehen Sie zu, dass die Streu weder zu hart noch zu weich, weder zu groß noch zu klein für Ihre Katze ist. Da sie eigene

Vorlieben hat, werden Sie möglicherweise verschiedene Marken durchprobieren müssen.

❀ Verwenden Sie zunächst dreißig Tage lang eine spezielle Trainingsstreu und gehen Sie dann zu einer normalen Einstreu über.

❀ Die Katzentoilette sollte im Allgemeinen 5 bis 8 Zentimeter hoch mit Streu gefüllt sein. Der Füllstand sollte weder zu hoch noch zu niedrig sein, und wenn Sie das rechte Maß kennen, sollten Sie den Stand halten, indem Sie beim Saubermachen die entsorgte Menge durch ebenso viel frische Streu ersetzen.

❀ Wenn Sie nicht bereit sind, zweimal täglich die beschmutzten Pellets zu entfernen oder den Inhalt der Katzentoilette häufiger auszutauschen, sollten Sie Pellets grundsätzlich vermeiden.

❀ Meiden Sie Papierstreu. Die meisten Katzen mögen keine feuchte Einstreu.

❀ Die Streu sollte keinen Geruch haben, der Katzen unangenehm ist, wie das oft bei Marken der Fall ist, die mit Kiefernnadel- oder anderen Düften parfümiert sind.

❀ Ich rate auch von Mais- oder Weizenstreu ab, da es sich dabei um Nahrungsmittel handelt und dies dem Verlangen der Katze, sich zu lösen, widerspricht.

Verbessern Sie die Lebensbedingungen

❀ Sorgen Sie dafür, dass die Toilette Tag und Nacht gut beleuchtet ist.

❀ Minimieren Sie Stress:
  – Planen Sie voraus, um die Belastung durch Veränderungen im Haushalt (zum Beispiel durch einen neuen Ehepartner, siehe Kapitel 7), die Anschaffung weiterer Möbelstücke (machen Sie diese mit synthetischen Pheromonen oder dem Duft Ihrer Katze attraktiv) oder die Ankunft eines Babys zu verringern (laden Sie, wenn möglich, eine Freun-

din mit Kind zu sich ein, um Ihre Katze an Säuglinge zu gewöhnen).

— Vermeiden Sie plötzliche Veränderungen wichtiger Ressourcen (zum Beispiel Umstellungen der Futter- oder Katzenstreumarke sowie neue Futter- und Wasserplätze, um nur einige zu nennen).

Anhang C

Hilfsmittel zur Verhaltensmodifikation

Als Hilfsmittel zur Verhaltensmodifikation, wie sie in den Kapiteln dieses Buches beschrieben wird, empfehle ich Ihnen Produkte aus folgenden Kategorien, die im Zoohandel oder übers Internet erhältlich sind:

* Pheromone (als Spray, Zerstäuber und Halsband),
* ganzheitliche Mittel wie ätherische Öle und Bachblüten,
* Katzenschreckgeräte (auch für den Außenbereich),
* interaktives Spielzeug (wie Katzenangeln und Federwedel),
* batteriebetriebenes Spielzeug,
* Katzentoiletten,
* Katzenstreu,
* spezielle Trainingsstreu,
* Lockstoffe,
* Kratzbäume,
* Katzenliegen,
* Katzenbetten,
* Kratzmöbel und -matten,
* Katzenfutter,
* programmierbare Futterautomaten,
* selbstreinigende Katzentoiletten (wenn es unbedingt sein muss),
* Leckerlis,

* Snack- oder Intelligenzspielzeug,
* Katzentunnel,
* Filme für Katzen,
* Bitterstoffsprays,
* Katzengeschirre, »Walking Jackets« (das sind Geschirre, die an kleine Jäckchen erinnern) und Leinen,
* Trinkbrunnen.

Dank

Ich werde meiner Literaturagentin Michelle Brower von Folio Literary Management sowie den für die Verlagsgruppe Random House tätigen Lektorinnen Beth Rashbaum, Caitlyn Alexander, Kelli Fillingham und Hannah Elman ewig dankbar dafür sein, dass sie an meine Sache geglaubt haben und mit meinem massiven Mangel an Organisation fertiggeworden sind. Ein großes Dankeschön auch an John Babbitt für zusätzliche redaktionelle Arbeiten. Meinem Sohn Joel danke ich dafür, dass er es duldet, wenn tagtäglich eine Schicht von Katzenhaaren an seinen Kleidern und an seinem Rucksack klebt, und Verständnis für die viele Zeit hatte, die ich in das Buch stecken musste. Du bist ein wahrer Tierfreund mit einem großen Herzen, und ich bin sehr stolz, dass du bist, wie du bist.

Ich danke den Künstlerinnen Tamara Hess und Maya Wolf für die gemeinsame Arbeit an den Katzenillustrationen im vorliegenden Buch. Ich danke meiner Geistesverwandten und Freundin, der Katzenliebhaberin Holly M. Sorensen, und ihrer Familie einschließlich ihrer Russisch Blau Puck und der kleinen Daphne Sorensen dafür, dass sie Puck die Erlaubnis gaben, an diesem Buch mitzuwirken. Ich danke meinem Fotografen Leo Lam und Spotty Dotty (der heißestgeliebten Katze der Modebranche) für all die Schönheit, die sie erschaffen, um die Liebe zu den Katzen zu mehren.

Ich danke allen meinen Klientinnen und Klienten sowie all den mitfühlenden, fleißigen Tierärztinnen und Tierärzten, denen ich in den vergangenen zwanzig Jahren helfen und von denen ich lernen durfte. Ich stehe in eurer Schuld und werde euch ewig dankbar dafür sein, dass ihr mir zutraut, euren Klienten bei den Verhaltensproblemen ihrer Katzen helfen zu können. Danken und würdigen möchte ich auch Dr. med. vet. James Shultz für seine begeisterte Beteiligung und seinen Beitrag zu diesem Buch.

Ua, ich danke dir von Herzen für deine Liebe und Unterstützung, die dieses Buch letztlich möglich gemacht hat.

Auch Inge Cheatham, einer wahren Tierfreundin, meiner größten Stütze und meinem größten Fan, werde ich immer dankbar sein. Danke für deine Liebe und deinen Glauben an mich. Ich werde dich nie vergessen.

Das letzte und größte Dankeschön geht an Cameron Powell, ohne den dieses Buch niemals so gut geworden wäre, wie es ist. Danke für dein Engagement und deinen Glauben an mich und meine Träume.

Anmerkungen

1 Gwenn Cooper ist Autorin des Buchs: Homer und ich. Wie mir ein blindes Kätzchen die Freude am Leben zurückgab, München: mvg-Verlag 2010.

2 Rudyard Kipling: Das Dschungelbuch, München: dtv 1976, S. 16.

3 Lewis Caroll: Alice im Wunderland, Frankfurt, Insel Verlag 1963.

4 Bonnie Beaver: Feline Behavior: A Guide for Veterinarians, St. Louis, Missouri: Elsevier Science, 2. Aufl. 2003, S. 20.

5 Ebenda, S. 5, 131.

6 Vgl. news.nationalgeographic.com/news/2004/09/0907_040907_feralcats.html. Schätzungen zufolge gibt es allein im Großraum Los Angeles über zwei Millionen freilebende Katzen, aber nur 45 000 freilebende Hunde. Vgl. www.spay4la.org/pages/facts.html. Andere bzw. neuere Zahlen vgl. http://www.spay4la.org/f&f.html.

7 Vgl. www.humanesociety.org/issues/pet_overpopulation/facts/pet_ownership_statistics.html.

8 Karen Overall: Clinical Behavioral Medicine for Small Animals, St. Louis, Missouri: Mosby Inc. 1997, S. 11. Bitte beachten Sie, dass Katzen ebenfalls über zahlreiche stimmliche und nichtstimmliche Kommunikationsmöglichkeiten verfügen und auch bei ihnen die Geschlechtsreife vor der sozialen Reife eintritt.

9 Lewis Carroll: Alice im Wunderland, Frankfurt: Insel Verlag 1963, S. 88.

10 Richard Rudgley: Abenteuer Steinzeit. Die sensationellen Erfindungen und Leistungen prähistorischer Kulturen, Essen: Magnus-Verlag 2004, S. 177.

11 Carlo Ginzburg: »Spurensicherung. Der Jäger entziffert die Fährte,

Sherlock Holmes nimmt die Lupe, Freud liest Morelli – die Wissenschaft auf der Suche nach sich selbst«, in: Spurensicherungen. Über verborgene Geschichte, Kunst und soziales Gedächtnis, Berlin: Wagenbach Verlag 1983, S. 72.

12 Rudgley, a. a. O., S. 177.

13 Ebenda, S. 178.

14 Louis Liebenberg, zitiert ebenda, S. 177.

15 Ginzburg, a. a. O., S. 69.

16 Vgl. Malcolm Gladwell: Blink! Die Macht des Moments, München: Piper 2010, S. 25.

17 Claude Lévi-Strauss: Das Ende des Totemismus, Frankfurt am Main: Suhrkamp Verlag 1965, S. 116.

18 Vgl. Rudyard Kipling: Genau-so-Geschichten, München: Goldmann 1990, S. 183.

19 Beaver, a. a. O., S. 139.

20 Jeffrey Moussaieff Masson: Katzen lieben anders, München: Heyne 2003, S. 11.

21 Vgl. ebenda, S. 13 f.

22 Ebenda, S. 50 f.

23 Ebenda, S. 52.

24 Eckhart Tolle: Tolles Tierleben, Bielefeld: Kamphausen 2009, S. 58.

25 Carroll, a. a. O., S. 88.

26 Scott M. Peck: Der wunderbare Weg, München: Goldmann 1986, S. 79.

27 Masson, a. a. O., S. 45.

28 Stephen Budiansky: The Character of Cats, www.brianmicklethwait.com/culture/archives/2004/06/a_little_catblo.html.

29 http://de.wikiquote.org/wiki/Mark_Twain.

30 »If You're Aggressive, Your Dog Will Be Too, Says Veterinary Study«, in ScienceDaily, University of Pennsylvania, 18.2.2009, www.sciencedaily.com/releases/2009/02/090217141540.htm, abgerufen am 2.8.2009. Die Studie untersuchte auch, welche Ergebnisse Hundebesitzer erzielten, die oft mit Gewalt die Rolle des Alphatiers bei ihren Hunden spielten, wie »Fernsehen, Bücher und Vertreter einer auf Bestrafung basierenden Erziehung« populär gemacht hätten. Diese Methoden würden »bei mindestens einem Viertel der Hunde, an denen sie ausprobiert wurden, eine aggressive Reaktion

auslösen«. Dr. Karen Overall erklärt: »Es ist bekannt, dass domi-
nant-aggressive Hunde es nicht mögen, wenn man sie anstarrt und
körperlich züchtigt, und dass sie noch aggressiver werden, wenn
man sie zurechtweist oder körperlich zu etwas zwingt (zum Beispiel, sich hinzulegen oder von einem Sessel, Sofa oder Bett herun-
terzugehen).« Karen Overall: Clinical Behavioral Medicine in Small
Animals, St. Louis, Missouri: Mosby Inc. 1997, S. 3.

31 Carroll, a. a. O., S. 67 f.

32 Stephen Budiansky: The Character of Cats, New York: Penguin
Group 2002, S. 16.

33 Vgl. Beaver, a. a. O., S. 4.

34 Dennis C. Turner und Patrick Bateson: Die domestizierte Katze.
Eine wissenschaftliche Betrachtung ihres Verhaltens, Rüschlikon-
Zürich: Müller 1988, S. 232 f.

35 »Extinct Sabertooth Cats Were Social, Found Strength in Numbers,
Study Shows«, in ScienceDaily: University of California Los
Angeles, 31.10.2008, www.sciencedaily.com/releases/2008/10/
081031102304.htm, abgerufen am 1.8.2009.

36 Kipling, a. a. O., S. 185.

37 Vgl. zum Beispiel http://en.wikiquote.org/wiki/Aldous_Huxley.

38 Á. Miklósi, R. Polgárdi, J. Topál und V. Csányi: »Use of Experimen-
ter-given Cues in Dogs«, in Animal Cognition, 1998: 1, S. 113 – 121;
M. Gacsi, Á. Miklósi, O. Varga, J. Topál und V. Csányi: »Are Rea-
ders of Our Face Readers of Our Minds? Dogs (Canis familiaris)
Show Situation-Dependent Recognition of Humans' Attention«, in
Animal Cognition, 2001: 7, S. 144 – 153.

39 James A. Serpell: »Domestication and History of the Cat«, in: Dennis C. Turner und Patrick Bateson: The Domestic Cat. The Biology
of Its Behaviour, Cambridge University Press: Cambridge, 2. Aufl.
2000, S. 180 (in der deutschen Ausgabe Die domestizierte Katze,
a. a. O., gekürzt).

40 Ebenda (Serpell zitiert Reay Smithers).

41 MacDonald, Yamaguchi und Kerby: »Group-living in the Domestic
Cat: Its Sociobiology and Epidemiology«, in: ebenda, S. 105.

42 Vgl. Beaver, a. a. O., S. 219.

43 Ebenda, S. 11.

44 Overall, a. a. O., S. 52.

45 Dennis C. Turner: »The Human-cat Relationship«, in: Turner/ Bateson: The Domestic Cat, a. a. O., S. 196.

46 Beaver, a. a. O., S. 67.

47 Ebenda, S. 5.

48 Carroll, a. a. O., S. 87 f.

49 Jon Bowen und Sarah Heath: Behaviour Problems in Small Animals: Practical Advice for the Veterinary Team, St. Louis, Missouri: Elsevier/Saunders 2005, S. 30.

50 Vgl. ebenda, S. 29 f., 198.

51 Kipling, a. a. O., S. 183.

52 Beaver, a. a. O., S. 219.

53 Ebenda, S. 220.

54 Ausführliche Informationen zum Beuteverhalten der Katzen findet man zum Beispiel bei Paul Leyhausen: Katzen. Eine Verhaltenskunde, Berlin und Hamburg: Verlag Paul Parey 1979, S. 13 ff., 72, 105.

55 Nicole Cottam und Nicholas Dodman: »Effect of an odor eliminator on feline litter box behavior«, in Journal of Feline Medicine and Surgery, 2007: 961, S. 44 – 50.

56 Carroll, a. a. O., S. 29.

57 Overall, a. a. O., S. 174.

58 Ebenda, S. 175.

59 Carroll, a. a. O., S. 65.

60 Cooper, a. a. O., S. 154 ff.

61 Budiansky, a. a. O., S. 186.

62 Claude Beata: »Understanding Feline Behavior«, World Small Animal Veterinary Association World Congress, 2001, www.vin.com/ VINDBPub/SearchPB/Proceedings/PR05000/PR00025.htm.

63 Beaver, a. a. O., S. 4.

64 Overall, a. a. O., S. 5.

65 Budiansky, a. a. O., S. 75.

66 Carroll, a. a. O., S. 73.

67 Plataforma SINC: »Dogs Are Aggressive if They Are Trained Badly«, ScienceDaily, 1.5.2009, www.sciencedaily.com/releases/ 2009/04/090424114315.htm.

68 Vgl. zum Beispiel www.declawing.com/htmls/outlawed.htm.

69 Eugen Herrigel: Zen in der Kunst des Bogenschießens, Frankfurt: Fischer 2004.

70 Stefanie Schwartz: »Cat Fights: Aggression Between Housemates«, www.iknowledgenow.com, 1.1.2002.

71 Ich danke Sarah Hartwell für die klare Beschreibung der Abwehrhaltungen in ihrem Artikel »Cat Communication and Language«, der auf der Internetseite www.petpeoplesplace.com/resources/articles/cats/27-cat-communication-language.htm zu finden ist.

72 Taylor Hackford (Regie): »Ein Offizier und Gentleman«, DVD, Paramount, 1981.

73 Carroll, a. a. O., S. 67.

74 Vgl. Beaver, a. a. O., S. 251.

75 Vgl. ebenda, S. 259.

76 Vgl. ebenda, S. 11.

77 Vgl. Stefanie Schwartz: »Litter Training Your Kitten or Cat«, 1. Januar 2002, www.iknowledgenow.com.

78 Carroll, a. a. O., S. 102.

79 Ernest Hemingway: Fiesta, Reinbek: Rowohlt Verlag 1977, S. 282.

80 Beaver, a. a. O., S. 255.

81 Ebenda, S. 118, 251; Overall, a. a. O., S. 74.

82 Bradshaw/Cameron-Beaumont: »The Signalling Repertoire of the Domestic Cat and Its Undomesticated Relatives«, in: Turner/Bateson: The Domestic Cat, a. a. O., S. 85.

83 B. L. Hart und R. E. Barrett: »Effects of castration on fighting, roaming, and urine spraying in adult male cats«, in Journal of the American Veterinary Medical Association 1973: 163, S. 290 – 292; Paws and Claws, 10. Februar 2009.

84 Gary Landsberg: »Why Practitioners Should Feel Comfortable with Pheromones – the Evidence to Support Pheromone Use« (Beitrag zur North American Veterinary Conference, 7. Januar 2006), www.iknowledgenow.com, S. 2.

85 Kipling: Das Dschungelbuch, a. a. O., S. 46.

86 Ebenda, S. 7.

87 Vgl. Beaver, a. a. O., S. 243; Overall, a. a. O., S. 251.

88 Vgl. zum Beispiel die bereits genannte Website www.declawing.com/htmls/outlawed.htm.

89 Overall, a. a. O., S. 253.

90 Nicholas Dodman: Katzen, die zu viel kratzen, Berlin: Ullstein 1999, S. 171 f.

91 Vgl. Karen Swalec Tobias: »Feline Onychectomy at a Teaching Institution: A Retrospective Study of 163 Cases«, in Veterinary Surgery, Juli/August 1994, 23: 4, S. 274 – 280.

92 Vgl. cats.about.com/od/declawing/f/uslaws.htm.

93 Kipling: Das Dschungelbuch, a. a. O., S. 30.

94 Beaver, a. a. O., S. 75.

95 Ebenda, S. 229.

96 Nicholas Dodman: »Wool Sucking«, www.petplace.com/cats/wool-sucking/page1.aspx.

97 Beaver, a. a. O., S. 229.

98 Kipling: Das Dschungelbuch, a. a. O., S. 14.

Register

Harmonie zwischen
Mensch und Hund

Cesar Millans erfolgreiches Hundetraining setzt auf ein großes Verständnis für das Wesen der Vierbeiner. Mit diesen Tipps können Hundehalter eine tiefe Beziehung zu ihrem Hund aufbauen.

384 Seiten
ISBN 978-3-442-21869-1